FB+IG+LINE最強全效社群行銷術

打造社群平台的精準行銷，
以最小的成本創造出最大的利潤

全面掌握行銷社群必勝的要訣

三大平台整合行銷的深入探討

觸及率翻倍超強實戰SEO關鍵

美照拍攝編修私房密技大公開

鄭苑鳳 著

ZCT 策劃

作　　者：鄭苑鳳 著、ZCT 策劃
責任編輯：賴彥穎 Kelly

董 事 長：陳來勝
總 編 輯：陳錦輝

出　　版：博碩文化股份有限公司
地　　址：221 新北市汐止區新台五路一段 112 號 10 樓 A 棟
電話 (02) 2696-2869　傳真 (02) 2696-2867

發　　行：博碩文化股份有限公司
郵撥帳號：17484299　戶名：博碩文化股份有限公司
博碩網站：http://www.drmaster.com.tw
讀者服務信箱：dr26962869@gmail.com
訂購服務專線：(02) 2696-2869 分機 238、519
（週一至週五 09:30 ～ 12:00；13:30 ～ 17:00）

版　　次：2022 年 4 月初版

建議零售價：新台幣 620 元
I S B N：978-626-333-080-1
律師顧問：鳴權法律事務所 陳曉鳴律師

本書如有破損或裝訂錯誤，請寄回本公司更換

國家圖書館出版品預行編目資料

集客瘋潮 !FB+IG+LINE 最強全效社群行銷術 / 鄭苑鳳著 . -- 初版 . -- 新北市：博碩文化股份有限公司 , 2022.04

面；　公分

ISBN 978-626-333-080-1(平裝)

1.CST: 網路行銷 2.CST: 網路社群

496　　　111004873

Printed in Taiwan

博碩粉絲團

序言

Facebook 是全球最熱門且擁有最多會員人數的社群網站，不管是視訊直播、相機濾鏡、限時動態、粉絲專頁、社團、建立活動、地標、打卡、商品標註、票選活動…等，其中「視訊直播」可以透過手機隨時做 Live 秀，直播拍賣後的視訊放在粉絲專頁或社團中，除了方便網友點閱瀏覽，還能標出下次直播時間，方便粉絲預留時間收看，預告下次競標項目能引起潛在客戶的興趣，或是分享直播送贈品，讓直播影片的擴散力最大化。

另外 Facebook 提供各種的免費廣告與付費廣告，讓企業主或新商家可以依照各自的情況選擇適合的廣告行銷方式，現在粉絲專頁也可以透過洞察報告了解各項分析資料，做為廣告行銷時的參考，再加上地標打卡探索周邊在地服務與商家資訊、Marketplace 可以買賣商品，還有建立活動、優惠折扣…等，這樣的臉書行銷效果就可以以最小的成本創造出最大的利潤。

而 Instagram 是一款依靠行動裝置興起的免費社群軟體，和時下年輕人一樣，具有活潑、多變、有趣的特色。根據國外研究，Instagram 是所有社群中和追蹤者互動率最高的平台，與其他社群平台相比，IG 更常透過圖像 / 影音來說故事，讓用戶輕鬆使用相機作生活紀錄，加上濾鏡效果處理後變成美美的藝術相片，捕捉瞬間的訊息相片然後與朋友分享。

和 Facebook 及 Instagram 比較起來，LINE 的封閉性和資訊接收的精準度，帶來了一種全新的商業方式。在社群行銷的層面上，最重要的都是活躍度，參加群組的成員並不是為了要看廣告而加入，所以當你設立群組後，必須以經營朋友圈的態度來對待所有成員。LINE 官方帳號也允許多人管理，透過專屬帳號與好友互動，能串連與好友之間的生活圈，將線上的好友轉成實際消費顧客群。

本書介紹了 Facebook、Instagram 和 LINE 的各種使用技巧與行銷方式，底下為本書中各章精彩單元：

- 達人必學的社群行銷黃金入門課
- 讓粉絲掏心掏肺的臉書行銷入門
- 粉絲專頁的贏家必勝經營攻略

- 最霸氣的業績爆發與社團行銷秘笈
- 打造集客瘋潮的 IG 行銷初體驗
- 觸及率翻倍的 IG 拍照御用工作術
- 地表最強的標籤與限時動態拉客錦囊
- Facebook 與 Instagram 整合行銷與實戰 SEO
- LINE 行銷的必修生手體驗營
- 秒殺拉客的 LINE 行銷營家攻略
- LINE 官方帳號的最猛掏金術
- 買氣紅不讓的官方帳號經營眉角
- 老鳥鐵了心都要懂得最夯社群行銷專業術語

本書搭配圖說做最精要的表達，期望降低讀者閱讀的壓力，輕鬆掌握社群行銷宣傳的要訣。最後筆者希望各位在學習本書內容後，可以成為一位 Facebook + Instagram + LINE 贏家行銷的實踐者。

目錄

01 達人必學的社群行銷黃金入門課

02 讓粉絲掏心掏肺的臉書行銷入門

03 粉絲專頁的贏家必勝經營攻略

04 最霸氣的業績爆發與社團行銷秘笈

05 打造集客瘋潮的 IG 行銷初體驗

08 Facebook 與 Instagram 整合行銷與實戰 SEO

09 LINE 行銷的必修生手體驗營

10 秒殺拉客的 LINE 行銷贏家攻略

11 LINE 官方帳號的最猛掏金術

12 買氣紅不讓的官方帳號經營眉角

A 老鳥鐵了心都要懂得最夯社群行銷專業術語

達人必學的社群行銷黃金入門課

時至今日，現代人已經離不開網路，網路正是改變一切的重要推手，而與網路最形影不離的就是「社群」，社群早已經成為現代人衣食住行中的第五個不可或缺的要素。社群的觀念可從早期的 BBS、論壇，一直到部落格、Instagram、微博或者 Facebook、Plurk（噗浪）、Twitter（推特）、Pinterest、Instagram、或者微博，主導了整個網路世界中人跟人的對話，網路傳遞的主控權已快速移轉到社群粉絲手上。例如臉書（Facebook）在 2021 年初時全球使用人數已突破 28 億，臉書的出現令民眾生活形態有不少改變，在台灣更有爆炸性成長，打卡（在臉書上標示所到之處的地理位置）是特普遍流行的現象，台灣人喜歡隨時隨地透過臉書打卡與分享照片，是國人最愛用的社群網站，讓學生、上班族、家庭主婦都為之瘋狂。

Tips

打卡（在臉書上標示所到之處的地理位置）是特普遍流行的現象，透過臉書打卡與分享照片，更讓學生、上班族、家庭主婦都為之瘋狂。例如餐廳給來店消費打卡者折扣優惠，利用臉書粉絲團商店增加品牌業績，對店家來說也是接觸普羅大眾最普遍的管道之一。

▲ 臉書不但引發轟動，當年更是掀起一股「偷菜」熱潮

1-1 行銷、品牌與網路消費者

彼得・杜拉克（Peter Drucker）曾經提出：「行銷（Marketing）的目的是要使銷售（Sales）成為多餘，行銷活動是要造成顧客處於準備購買的狀態。」行銷不但是一種創造溝通，並傳達價值給顧客的手段，也是一種促使企業獲利的過程，不管你在職場裡擔任什麼職務，這是一個人人都需要行銷的年代，我們可以這

▲ 產品發表會是早期傳統行銷的主要模式

樣形容：「在企業中任何支出都是成本，唯有行銷是可以直接幫你帶來獲利」，市場行銷的真正價值在於為企業帶來短期或長期的收入和利潤的能力。

在各位開始深入行銷領域時，經常會發現行銷的定義、內容與方式，會隨著科技與環境的演進而與時俱進。以往傳統的商品的行銷策略中，大都是採取一般媒體廣告的方式來進行，例如報紙、傳單、看板、廣播、電視等媒體來進行商品宣傳，傳統行銷方法的範圍通常會有地域上的限制，而且所耗用的人力與物力的成本也相當高。

不過當傳統媒體的廣告都呈現衰退的時，網路新媒體卻不斷在蓬勃成長，現在則可透過網路的數位性整合，讓行銷的標的變得更為生動與即時，並且可以全年無休，全天後 24 小時的提供商品資訊與行銷服務。

▲ 生動吸睛的網路廣告，讓消費者增加不少購物動機

1-1-1　品牌行銷的小心思

現代的行銷最後目的，我們可以這樣形容：「行銷是手段，品牌才是目的！」。品牌（Brand）就是一種識別標誌，也是一種企業價值理念與品質優異的核心體現，甚至品牌已經成長為現代企業的寶貴資產，品牌建立的目的即是讓消費者無意識地將特定的產品意識或需求與品牌連結在一起。

▲ 蝦皮購物為東南亞及台灣最大的行動購物平台

時至今日，品牌或商品透過網路行銷儼然已經成為一股顯學，近年來已經成為一個熱詞進入越來越多商家與專業行銷人的視野品牌（Brand）就是一種識別標誌，也是一種企業價值理念與商品質優異的核心體現，品牌建立的目的即是讓消費者無意識地將特定的產品意識或需求與品牌連結在一起。

在產品與行銷的層面上，有些是天條，不能違背，網路行銷的第一步驟就是要了解你的產品定位，並且分析出你的目標受眾（Target Audience, TA），品牌更需要去理解自己「存在的價值」，以及「為誰而服務」，最重要的是要能與目標受眾引發「品牌對話」的效果。過去企業對品牌常以銷售導向做行銷，忽略顧客對品牌的定位認知跟了解，其實做品牌就必須先想到消費者的獨特需求是什麼，而不能只想自己會生產什麼。

目標受眾（Target Audience, TA）又稱為目標顧客，是一群有潛在可能會喜歡你品牌、產品或相關服務的消費者，也就是一群「對的消費者」。

在現今消費者如此善變的時代，顧客對你的第一印象取決於你們品牌行銷的成效，而且品牌滿足感往往會驅動消費者下一次回購的意願，例如最近相當紅火的蝦皮購物平台在進行網路行銷的終極策略就是「品牌大於導購」，有別於一般購物社群把目標放在導流上，他們堅信將品牌建立在顧客的生活中，建立在大眾心目中的好印象才是現在的首要目標。

1-1-2 揭開網路消費者的面紗

網際網路的迅速發展，改變了大部分店家與顧客的互動方式，並且創造出不同的行銷與服務成果，傳統消費者的購物決策過程，通常是想到要買什麼，再跑到實體商店裡逛逛，一家家的比價和詢問，必須由店家將資訊傳達給消費者，並經過一連串心理上的購買決策活動，最後才真的付諸行動，稱為 AIDA 模式，主要是讓消費者滿足購買需求的過程，所謂 AIDA 模式說明如下：

- **注意（Attention）**：網站上的內容、設計與活動廣告是否能引起消費者注意。
- **興趣（Interest）**：產品訊息是不是能引起消費者興趣，包括產品所擁有的品牌、形象、信譽。
- **渴望（Desire）**：讓消費者看產生購買慾望，因為消費者的情緒會去影響其購買行為。
- **行動（Action）**：使消費者產立刻採取行動的作法與過程。

全球網際網路的商業活動，仍然持續高速成長，也促成消費者購買行為的大幅改變，根據各大國外機構的統計，網路消費者以 30-49 歲男性為多數，教育程度則以大學以上為主，充分顯示出高學歷、青壯族群與相關專業人才，多半是網路購物主要客群。相較於傳統消費者來說，網路消費者可以使用網路收集資料（Search），提升對商品了解的速度；另外，購買商品後也會主動在網路上分享（Share），給予商品體驗後的評價。這些購物經驗更會影響其往後的購物決策，因此網路消費者的模式就多了兩個 S，也就是 AIDASS 模式，代表搜尋（Search）產品資訊與分享（Share）產品資訊的意思。

各位平時有沒有一種體驗，當心中浮現出購買某種商品的慾望，你對商品不熟，通常會不自覺打開 Google、臉書、IG 或搜尋各式社群網路平台，搜尋網友對購買過這項商品的使用心得或相關經驗，或專注在「特價優惠」的網路交易，購物者通常都會投入很多時間在這個產品搜尋的過程，是年輕購物者都有行動裝置，很容易用來尋找最優惠的價格，所以搜尋（Search）是網路消費者的一個重要特性。

▲ 搜尋與分享是網路消費者的最重要特性

此外，喜歡分享（Share）也是網路社群消費者的另一種特性之一，網路社群最大的特色就是打破了空間與時間的藩籬，與傳統媒體最大的不同在於「互動性」，由於大家都喜歡在網路上分享與交流，分享（Share）是行銷的終極武器，除了能迅速傳達到消費族群，也可以透過消費族群分享到更多的目標族群裡。

1-2 認識社群

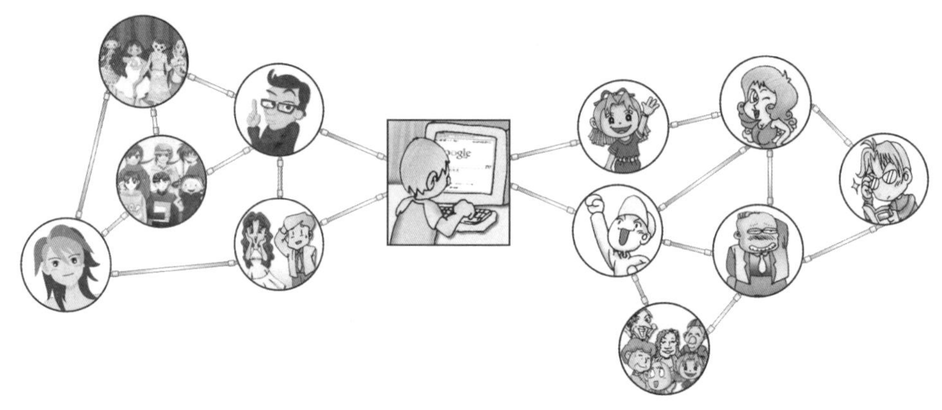

▲ 社群的網狀結構示意圖

「社群」最簡單的定義，可以看成是一種由節點（Node）與邊（Edge）所組成的圖形結構（Graph），其中節點所代表的是人，至於邊所代表的是人與人之間的各種相互連結的多重關係，新成員的出現又會產生更多的新連結，節點間相連結邊的定義具有彈性，甚至於允許節點間具有多重關係，整個社群所帶來的價值就是每個連結創造出價值的總和，節點越多，行銷價值越大，進而形成連接全世界的社群網路。

社群網路服務（Social Networking Service, SNS）的核心精神在於透過提供有價值的內容與訊息，社群中的人們彼此會分享資訊，網際網路一直具有社群的特性，相互交流間接產生了依賴與歸屬感。由於這些網路服務具有互動性，除了能夠幫助使用者認識新朋友，還可以透過社群力量，利用「按讚」、「分享」與「評論」等功能，對感興趣的各種資訊與朋友們進行互動，能夠讓大家在共同平台上，經營管理自己的人際關係，甚至把店家或企業行銷的內容與訊息擴散給更多人看到。

Tips

社群網路服務是基於哈佛大學心理學教授米爾格藍（Stanely Milgram）所提出的「六度分隔理論」（Six Degrees of Separation）來運作。這個理論主要是說在人際網路中，平均而言只需在社群網路中走六步即可到達，簡單來說，這個世界事實上是緊密相連著的，只是人們察覺不出來，地球就像 6 人小世界，假如你想認識美國總統川普，只要找到對的人在 6 個人之間就能得到連結。

▲ 美國前總統川普經常在推特上發文表達政見

Tips

推特（Twitter）是國外的一個社群網站，允許用戶將自己的最新動態和想法以輸入最多 140 字的文字更新形式發送給手機和個性化網站群，有點像是隨手記事的個人專屬留言版，不過這個留言版是公開的，由於簡短好用，和朋友互動會更為頻繁。將人與人的聊天哈拉聯結成網路話題，並達到商業資訊交流的功能，甚至可以與手機形成更為緊密的關聯。

1-2-1 社群商務與粉絲經濟

臉書創辦人馬克佐克伯：「如果我一定要猜的話，下一個爆發式成長的領域就是社群商務（Social Commerce）」。社群商務（Social Commerce）的定義就是社群與商務的組合名詞，透過社群平台來獲得更多商業顧客。由於社群中的人們彼此會分享資訊，相互交流間接產生了依賴與歸屬感，並利用社群平台的特性鞏固粉絲與消費者，不但能提供消費者在社群空間的分享與溝通，又能滿足消費者的購物慾望，更進一步能創造店家或品牌更大的商機。

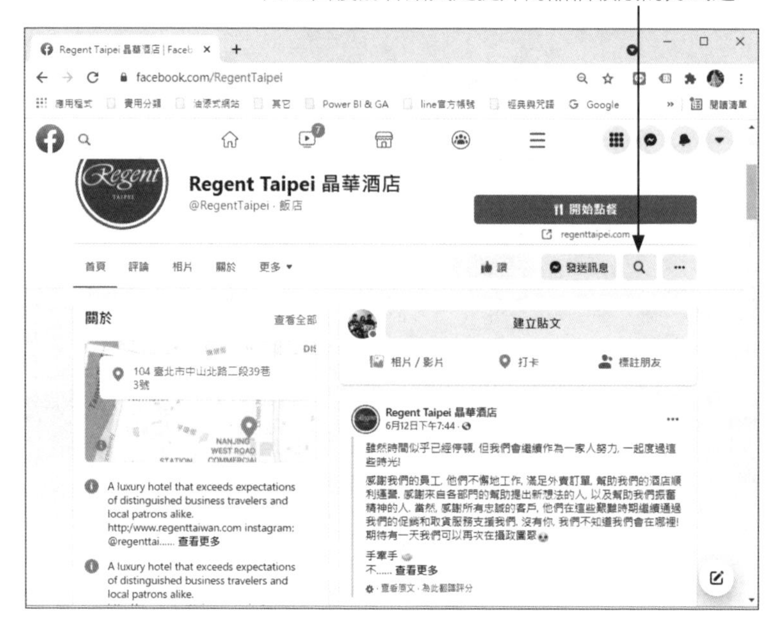

▲ 晶華酒店粉絲專頁經營就相當成功

社群商務真的有那麼大潛力嗎？這種「先搜尋，後購買」的商務經驗，正在已進行式的方式反覆在現代生活中上演，根據最新的統計報告，有 2/3 美國消費者購買新產品時會先參考社群上的評論，且有 1/2 以上受訪者會因為社群媒體上的推薦而嘗試全新品牌。比起一般傳統廣告，現代消費者更相信網友或粉絲的介紹，根據國外最新的統計，88% 的消費者會被社群其他用戶的意見或評論所影響，表示 C2C（消費者影響消費者）模式的力量愈來愈大，深深影響大多數網路者的購買決策，這就是社群口碑的力量，藉由這股勢力，也漸漸的發展出另一種商務形式「社群商務（Social Commerce）」。

Tips

「消費者對消費者」（consumer to consumer, C2C）模式就是指透過網際網路，交易與行銷的買賣雙方都是消費者，由客戶直接賣東西給客戶，網站則是抽取單筆手續費。每位消費者可以透過競價得到想要的商品，就像是一個常見的傳統跳蚤市場。

例如大陸紅極一時的小米手機的爆發性成長並非源於卓越的技術創新能力，而是因為透過培養死忠小米品牌的粉絲族群進行社群口碑式傳播，在線上討論與線下組織活動，分享交流使用小米的心得，大陸的小米手機剛推出就賣了數千萬台，更在短期內將大陸市場其他手機廠商擠下銷售排行榜。

▲ 小米機成功運用社群贏取大量粉絲

所謂粉絲經濟的定義，就是基於社群商務而形成的一種經濟思維，透過交流、推薦、分享、互動模式，不但是一種聚落型經濟，社群成員之間的互動更是粉絲經濟運作的動力來源，就是泛指架構在粉絲（Fans）和被關注者關係之上的經營性創新交易行為。品牌和粉絲就像一對戀人一樣，在這個時代做好粉絲經營，首先要知道粉絲到社群是來分享心情，而不是來看廣告，現在的消費者早已厭倦老舊的強力推銷手法，唯有仔細傾聽彼此需求，關係才能走得長遠。

1-2-2 同溫層效應

社群網路本質就是一種描述相關性資料的圖形結構，會隨著時間演變成長，網路社群代表著一群彼此互動關係密切且有著共同興趣的用戶，用戶人數也會越來越廣，就像拓展人脈般，正面與負面訊息都容易經過社群被迅速傳播，以此提升社群活躍度和影響力。由於到了網路虛擬世界，群體迷思會更加凸顯，個人往往會感到形單影隻，這時特別容易受到所謂同溫層（stratosphere）」效應的影響。

「同溫層」是近幾年出現的流行名詞，所揭示的是一個心理與社會學上的問題。美國學者桑斯坦（Cass Sunstein）表示：「雖然上百萬人使用網路社群來拓展視野，同時也可能建立起新的屏障，許多人卻反其道而行，積極撰寫與發表個人興趣及偏見，使其生活在同溫層中。」簡單來說，與我們生活圈接近且互動頻繁的用戶，通常同質性高，所獲取的資訊也較為相近，容易導致比較願意接受與自己立場相近的觀點，對於不同觀點的事物，選擇性地忽略，進而形成一種封閉的同溫層現象。

同溫層效應絕大部分也是因為目前許多社群會主動篩選你的貼文相關內容，在社群演算法邏輯下，會透過用戶過去偏好，推播與你相似的想法與言論，例如當用戶在社群閱讀時，往往傾向於點擊與自己主觀意見相洽的信息，而對相反的內容視而不見。大部分的人願意花更多的時間在與自己立場相同的言論互動，只閱讀自己有興趣或喜歡的議題，不過對於行銷產品而言，不斷地跟同溫層對話，儘管可以得到溫暖的回應，但是對於店家或品牌還是有其侷限性，應該盡量打破同溫層的藩籬，真正地走向更廣大的普羅大眾。

1-2-3 指尖下的 SOLOMO 模式

近年來公車上、人行道、辦公室，處處可見埋頭滑手機的低頭族，隨著愈來愈多社群平台提供了行動版的行動社群，透過手機使用社群的人口正在快速成長，形成「行動社群網路」(Mobile social network)。這是一個消費者習慣改變的重大結果，當然有許多店家與品牌在 SoLoMo（Social、Location、Mobile）模式中趁勢而起。所謂 SoLoMo 模式是由 KPCB 合夥人約翰 • 杜爾（John Doerr）2011 年提出的一個趨勢概念，強調「在地化的行動社群活動」，主要是因為行動裝置的普及和無線技術的發展，讓 Social（社交）、Local（在地）、Mobile（行動）三者合一能更為緊密結合，顧客會同時受到社群（Social）、本地商店資訊（Local）、以及行動裝置（Mobile）的影響，代表行動時代消費者會有以下三種現象：

- **社群化（Social）**：在行動社群網站上互相分享內容已經是家常便飯，很容易可以仰賴社群中其他人對於產品的分享、討論與推薦。
- **本地化（Local）**：透過即時定位找到最新最熱門的消費場所與店家訊息，並向本地店家購買服務或產品。
- **行動化（Mobile）**：民眾透過手機、平板電腦等裝置隨時隨地查詢產品或直接下單購買。

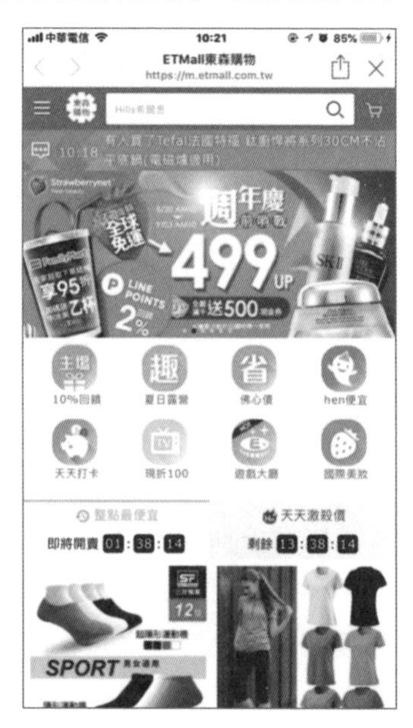

▲ 行動社群行銷提供即時購物商品資訊

例如各位想找一家性價比較高的餐廳用餐，透過行動裝置上網與社群分享的連結，然後藉由適地性服務（LBS）找到附近的口碑不錯的用餐地點，都是 SoLoMo 很常見的生活應用。

Tips

「適地性服務」(Location Based Service, LBS)或稱為「定址服務」，就是行動領域相當成功的環境感知的種創新應用，就是指透過行動隨身設備的各式感知裝置，例如當消費者在到達某個商業區時，可以利用手機等無線上網終端設備，快速查詢所在位置周邊的商店、場所以及活動等即時資訊。

1-3 社群行銷的特性

正所謂「顧客在哪，行銷點就在哪！」，對於行銷人員來說，數位行銷的工具相當多，然而很難一一投入，而且所費成本也不少，而社群媒體則是目前大家最廣泛使用的工具。尤其是剛成立的品牌或小店家，沒有專職的行銷人員可以處理行銷推廣的工作，所以使用社群來行銷品牌與產品，絕對是店家與行銷人員不可忽視的熱門趨勢。

▲ Gap 經常在 Instagram 發佈時尚短片，引起廣大熱烈迴響

所謂「戲法人人會變，各有巧妙不同」，社群行銷不只是一種網路行銷工具的應用，社群行銷已經是目前無法抵擋的趨勢，例如社群中最受到歡迎的功能，包括照片分享、位置服務即時線上傳訊、影片上傳下載等功能變得更能方便使用，然後再藉由社群媒體廣泛的擴散效果，透過朋友間的串連、分享、社團、粉絲頁的高速傳遞，使品牌與行銷資訊有機會觸及更多的顧客。各位要做好社群行銷前，先得要搞懂社群的本質，才能談如何建立死忠粉絲群，當然首先我們就必須了解社群行銷的四大特性。

1-3-1 分享性

分享是社群行銷的終極武器，分享在社群行銷的層面上，肯定是天條，絕對不能違背，共同分享與實際參與是建立消費者忠誠度的主要方法，無論粉絲專頁或社團經營，主要都是社群訊號（Social Signal）所引起。例如「分享」絕對是經營品牌的必要成本，還要能與消費者引發「品牌對話」的效果。社群並不是一個可以直接販賣的場所，有些店家覺得設了一個 Facebook 或 Instagram 粉絲專頁，以為三不五時想到就到 FB、IG 貼貼文、放放圖片，就可以打開知名度，讓品牌能見度大增，這種想法還真是大錯特錯！事實上，就算許多人已經成為你的粉絲，不代表他們就一定願意被你推銷。

Tips

社群訊號（Social Signal），也稱為社交訊號，就是用戶與社群媒體的互動行為，包括影片觀看次數、留言數、瀏覽量、點擊率、分享次數、訂閱等，因為任何能引起受眾的反應都是好事。

社群行銷的一個死穴，就是要不斷創造分享與討論，因為所有社群行銷只有透過「借力使力」的分享途徑，才能增加品牌的曝光度。例如在社群中分享真實小故事，或者關於店家產品的操作技巧、密技、好康議題等類型的貼文，絕對會比廠商付費狂轟猛炸的業配文更讓人吸睛，如果配合品質與包裝，包括圖片 / 影片美觀性、清晰性、創意性、娛樂性和新聞性，更重要是緊密配合你的行銷主軸，千萬不要圖不對題，就像放上一張美輪美奐的田園風景圖片，就絕對吸引不了想要潮牌服飾的美少女們。

Tips

所謂「業配」(Advertorial)是「業務配合」的簡稱，業配金額從數萬到上百萬都有，也就是商家付錢請電視台的業務部或是網路紅人對該店家進行採訪，透過電視台的新聞播放或網路紅人的推薦商品畢竟網紅的經濟命脈，最終仍建立於觀眾是否對他的影片買單。

社群上相當知名的 iFit 愛瘦身粉絲團，成功建立起全台最大瘦身社群，更直接開放網站團購，並與廠商共同開發瘦身商品。創辦人陳韻如小姐就是經常分享自己的瘦身經驗，除了將瘦身專業知識以淺顯短文表現，強調圖文整合，穿插討喜的自製插畫，搭上現代人最重視的運動減重的風潮，讓粉絲感受到粉絲團的用心經營，難怪讓粉絲團大受歡迎。

▲ 陳韻如靠著分享瘦身經驗坐擁大量粉絲

1-3-2 多元性

「平台多不見得好，選對粉絲才重要！」近年來社群網站如雨後春筍般來襲，青菜蘿蔔各有喜好不同，社群的魅力在於它能自行滾動，不同的社群平台，在上面活躍的使用者也有著不一樣的特性，特別是消費者不會接觸與自身核心價值抵觸的品牌。市面上那麼多不同社群平台，第一步要避免所有平台都想分一杯羹的迷思，最好先選出一個打算全力經營的社群平台，尋找出適合與消費者對話的社群，是極度重要的。稍有知名度之後，才開始經營其他平台，發展出適應每個平台不同粉絲的內容。操作社群最重要的是觀察，由於用戶組成十分多元，觸及受眾也不盡相同，選擇時的評估重點在於目標客群、觸及率跟使用偏

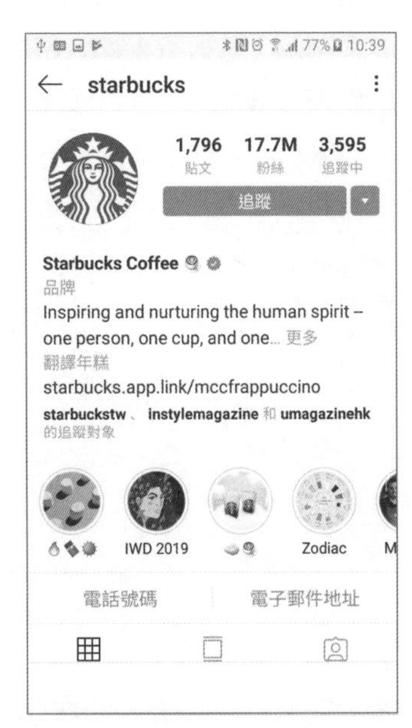

▲ 星巴克喜歡在 IG 上推出有故事的行銷方案

好，應該根據社群媒體不同的特性，訂定社群行銷策略，千萬不要將 FB 內容原封不動分享到 IG。

例如店家想要經營好年輕族群，Instagram 就是在全球這波「圖像比文字更有力」的趨勢中，崛起最快的社群分享平台，至於 Pinterest 則有豐富的飲食、時尚、美容的最新訊息。LinkedIn 是目前全球最大的專業社群網站，大多是以較年長，而且有求職需求的客群居多，有許多產業趨勢及專業文章如果是針對企業用戶，那麼 LinkedIn 就會有事半功倍的效果，反而對一般的品牌宣傳不會有太大效果。

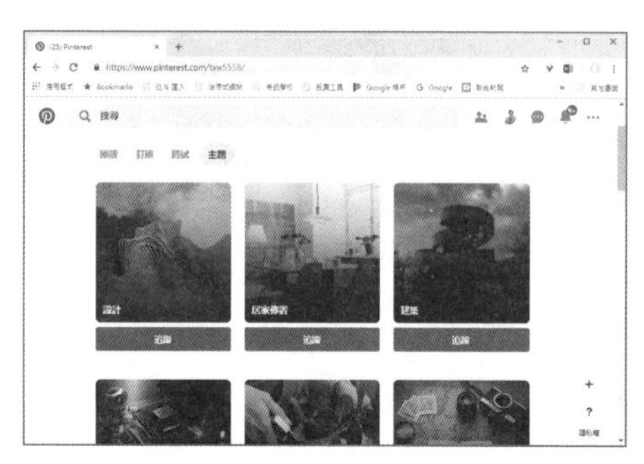

▲ Pinterest 在行銷導購上成效亮眼

▲ LinkedIn 是全球最大專業社交網站

如果是針對零散的個人消費者，推薦使用 Instagram 或 Facebook 都很適合，例如 Facebook 本身是媒體平台，以內容為核心，廣泛地連結到每個人生活圈的朋友跟家人，堪稱每人都會路過的國民社群，臉書精通於資訊的生產和傳播，更多是用來發表訊息。不過與粉絲關係較弱的社群平台！而 Line 從一誕生就是以用戶關係為核心建立起來的社群平台，就是由一對一的使用情境而出發延伸，大多數都是以親友、同事、同學等等在生活上有交集的人組成，在資訊傳播上不如 Facebook，人與人之間的交流才是這個平台的價值所在，相當適合精準行銷。

▲ LINE 儼然成為現代台灣人生活的重心了

社群行銷時必須多多思考如何抓住口味轉變極快的粉絲，就能和粉絲間有更多更好的互動，才是成功行銷的不二法門。此外，由於所有行銷的本質都是「連結」，對於不同受眾來說，需要以不同平台進行推廣，因此社群平台間的互相連結能讓消費者討論熱度和延續的時間更長，理所當然成為推廣品牌最具影響力的管道之一。

每個社群都有它獨特的功能與特點，社群行銷的特性往往是一切都是因為「連結」而提升，了解顧客需求並實踐顧客至上的服務，建議各位可將上述的社群網站都加入成為會員，品牌也開始尋找其他適當社群行銷平台，只要有行銷活動就將訊息張貼到這些社群網站，或是讓這些社群相互連結，一旦連結建立的很成功，「轉換」就變成自然而然，如此一來就能增加網站或產品的知名度，大量增加商品的曝光機會，讓許多人看到你的行銷內容，對你的內容產生興趣，最後採取購買的行動，以發揮最大成效。

1-3-3 黏著性

「熟悉衍生喜歡與信任」是廣受採用的心理學原理，好的社群行銷技巧，除了提高品牌的曝光量，創造使粉絲們感興趣的內容，特別是深度經營客群與開啟彼此間的對話就顯得非常重要。社群行銷成功的關鍵字不在「社群」，而在於「互動」！網友的特質是「喜歡互動」、「需要溝通」，要做社群行銷，就要牢記不怕有人批評你，只怕沒人討論你的鐵律。店家光是會找話題，還不足以引起粉絲的注意，根據統計，社群上只有百分之一的貼文，被轉載超過七次，贏取粉絲信任是一個長遠的過程，觸及率往往不是店家所能控制，黏著度才是重點，了解顧客需求並實踐顧客至上的服務，如此一來就能增加網站或產品的知名度，大量增加商品的曝光機會，並產生消費忠誠和提高績效的積極影響。

▲ 蘭芝懂得利用社群來培養網路小資女的黏著度

例如蘭芝（LANEIGE）隸屬韓國 AMORE PACIFIC 集團，主打的是具有韓系特點的保濕商品，蘭芝粉絲團在品牌經營的策略就相當成功，目標是培養與粉絲的長期關係，為品牌引進更多新顧客，務求把它變成一個每天都必須跟粉絲聯繫與互動的平台，這也是增加社群歸屬感與黏著性的好方法，包括每天都會有專人到粉絲頁去維護留言，將消費者牢牢攬住。

1-3-4 傳染性

行銷高手都知道要建立產品信任度是多麼困難的一件事，首先要推廣的產品最好需要某種程度的知名度，接著把產品訊息置入互動的內容，透過網路的無遠弗屆以及社群的口碑效應，口耳相傳之間，病毒立即擴散傳染，被病毒式轉貼的內容，透過現有顧客吸引新顧客，利用口碑、邀請、推薦和分享，在短時間內提高曝光率，引發社群的迴響與互動，大量把網友變成購買者，造成了現有顧客吸引未來新顧客的傳染效應。

▲ 統一陽光豆漿結合歌手以 MV 影片行銷產品

社群行銷本身就是一種內容行銷（Content Marketing），著眼於利用人們的碎片化時間，過程是不斷創造口碑價值的活動，根據國外統計，約莫有 50% 的消費者，會聽信陌生部落客的推薦而下購買決策。由於網路大幅加快了訊息傳遞的速度，加上社群網路具有獨特的傳染性功能，也拉大了傳遞範圍，那是一種累進式的行銷過程，能產生「投入」的共感交流，講究的是互動與對話，透過現有粉絲吸引新粉絲，利用口碑、邀請、推薦和分享的方式，在短時間內提高曝光率，借此營造「氣氛」（Atmosphere），引發社群的熱烈迴響與互動。

Tips

內容行銷（Content Marketing）市場逐漸成熟，當經由內容分享以及提升，吸引人們到你的社群媒體或行動平台進行觀看，默默把消費者帶到產品前，引起消費者興趣並最後購買產品。內容可以說就是網路行銷的未來，一篇好的行銷內容就像說一個好故事，一個觸動人心的故事，反而更具行銷感染力，每個故事就是在描述一個產品，成功之道就在於如何設定內容策略。

▲ 臉書創辦人祖克柏也參加 ALS 冰桶挑戰賽

2014 年由美國漸凍人協會發起的冰桶挑戰賽就是一個善用社群媒體來進行使用者創作內容（User Generated Content, UCG）行銷的成功活動。這次的公益活動的發起是為了喚醒大眾對於肌萎縮性脊髓側所硬化症（ALS），俗稱漸凍人的重視，挑戰方式很簡單，志願者可以選擇在自己頭上倒一桶冰水，或是捐出 100 美元給漸凍人協會。除了被冰水淋濕的畫面，正足以滿足人們的感官樂趣，加上活動本身簡單、有趣，更獲得不少名人加持，讓社群討論、分享、甚至參與這個活動變成一股潮流，不僅表現個人對公益活動的關心，也和朋友多了許多聊天話題。

Tips

使用者創作內容（User Generated Content, UCG）行銷是代表由使用者來創作內容的一種行銷方式，這種聚集網友創作來內容，也算是近年來蔚為風潮的數位行銷手法的一種，可以看成是一種由品牌設立短期的行銷活動，觸發網友的積極性，去參與影像、文字或各種創作的熱情，這種由品牌設立短期的行銷活動，使廣告不再只是廣告，不僅能替品牌加分，也讓網友擁有表現自我的舞台，讓每個參與的消費者更靠近品牌。

讓粉絲掏心掏肺的臉書行銷入門

Facebook 簡稱為 FB，中文被稱為臉書，是目前最熱門且擁有最多會員人數的社群網站，也是目前眾多社群網站之中，最為廣泛地連結每個人日常生活圈朋友和家庭成員的社群。臉書在台灣更有爆炸性成長，從 2009 年 Facebook 在臺灣開始火熱起來之後，小自賣雞排的攤販，大至知名品牌、企業的大老闆，都紛紛在臉書上頭經營粉絲專頁（Fans Page），打卡（在臉書上標示所到之處的地理位置）是特普遍流行的現象，透過臉書打卡與分享照片，更讓學生、上班族、家庭主婦都為之瘋狂。

想玩遊戲，由臉書右側按下「功能表」鈕，在選單中有「玩遊戲」指令可以找到更多的遊戲

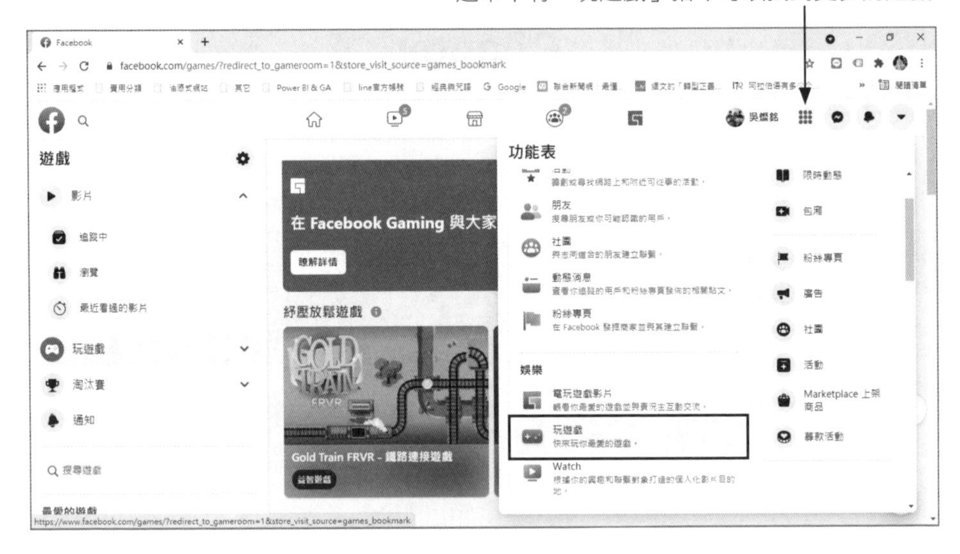

臉書不但能讓商店增加品牌業績，對店家來說也是接觸廣大消費者最普遍的管道之一，更是國人最愛用的社群網站。如果各位懂得利用臉書的龐大社群網路系統，藉由社群的人氣，增加粉絲們對於企業品牌的印象，更有利於聚集目標客群，並帶動業績成長，各位只要懂得善用臉書來進行數位行銷，必定可以用最小的成本，達到最大的成長效益。

最新動態可以看到臉書朋友所發佈的訊息

2-1 Just do it ！快去申請臉書帳號

▲ 館長與蔡阿嘎是台灣當紅的網紅代表人物

現在無論是從大型企業、公司、品牌與店家，到甚至是所謂的『網紅』，都在經營 Facebook 臉書來吸引關注。社群行銷所追求的目標當然是受眾越多越好，不過經營 FB 行銷真的稱得上是百年大計，如果你認為只是申請一個 FB 帳號，不是單純充門面的粉絲數，產品就能順利銷售出去，你最好盡早從這個美夢中醒來，因為要成立臉書粉絲專頁門檻很低，但要能成功經營卻很難，按讚只是粉絲，但不等於客戶，充其量是有潛在顧客的可能，絕對必需要有花費一段時間做功課。

Tips

所謂網紅（Internet Celebrity）就是經營社群網站來提升自己的知名度的網路名人，也稱為 KOL（Key Opinion Leader），能夠在特定專業領域對其粉絲或追隨者有發言權及重大影響力的人。這股由粉絲效應所衍生的現象，能夠迅速將個人魅力做為行銷訴求，利用自身優勢快速提升行銷有效性，充分展現了網紅文化的蓬勃發展。

目前當店家或品牌考慮要投入社群行銷之時，腦海中想得到的第一個社群平台多半可能還是 Facebook，FB 使用者多數還是習慣以文字做為主要溝通與傳播媒介，除了用戶族群差異，平台成長幅度也完全不同，社群行銷必須先選定戰場，再談戰略與方向才是上策。Facebook 是台灣用戶數最多的社群媒體，在網路行銷的戰場中，擁有最重要的戰略地位，特別是 Facebook 在功能上不斷推陳出新，店家開始經營 Facebook 時，心態上真要有鐵杵磨成針的毅力，當然如果各位能更熟悉 Facebook 所提供的各項功能，並吸取他人成功行銷經驗，肯定可以為商品帶來無限的商機。如果你還不知道怎麼發揮臉書行銷的最大效益嗎？事不宜遲，趕快來申請個帳號吧！

2-1-1 申請臉書帳號

在台灣使用臉書（FB）已經幾乎成為網路族每日的例行公事之一，各位想要建立一個 Facebook 新帳號其實很簡單，首先要擁有一個電子郵件帳號（E-Mail），也可以使用手機號碼作為帳號，接著就是啟動瀏覽器，於網址列輸入 Facebook 網址（https://www.facebook.com/r.php），就會看到如下的網頁，請在「建立新帳號」處輸入姓氏、名字、電子郵件或手機電話號碼、密碼、出生年月日、性別等各項資料，按下「註冊」鈕，再經過搜尋朋友、基本資料填寫與大頭貼上傳，就能完成註冊程序。

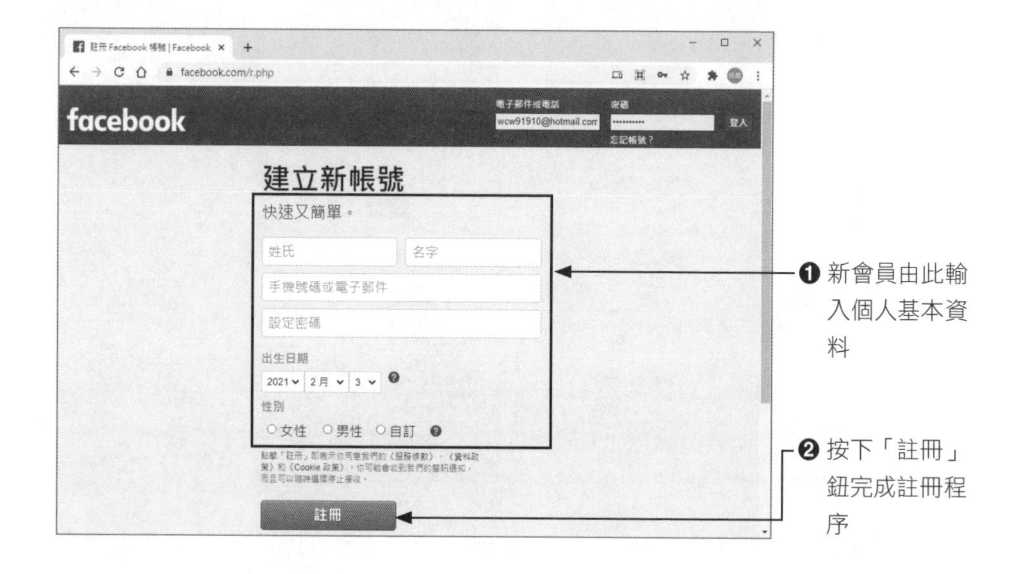

2-1-2 登入臉書

擁有臉書的會員帳號後，任何時候就可以在臉書首頁輸入電子郵件 / 電話和密碼，按下「登入」進行登入。同一部電腦如果有多人共同使用，在註冊為會員後也可以直接按大頭貼登入會員帳號。

臉書是所有社群媒體平台上擁有最多的活躍用戶，由於臉書功能更新速度相當快，如果想即時了解各種新功能的操作說明，可以在臉書底端按下「使用說明」的連結，使進入下圖的說明頁面，不僅可以搜尋要查詢的問題外，也可以看到大家常關心的熱門主題：

如果想將 Instagram、LINE、YouTube、Twitter…等社群按鈕加入到臉書個人簡介中，可在視窗右上角按下「帳號」▾ 鈕，下拉選擇「查看你的個人檔案」。進入個人頁面後，切換到「關於」標籤，接著點選「聯絡和基本資訊」的類別，在其頁面中將想要連結的網站和社群、以及帳號設定完成，同時必須將「選擇分享對象」設為「所有人」，按下「儲存」鈕就可以完成設定。

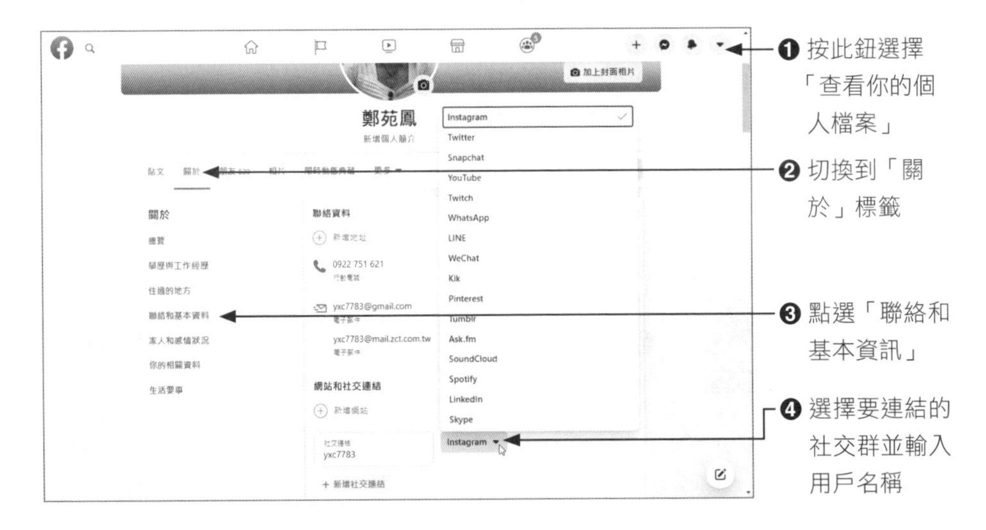

各位要從智慧型手機上進行設定，可在進入臉書後點選個人的圓形大頭貼照，按下「選項」鈕進入「個人檔案設定」的頁面，接著點選「編輯個人檔案」鈕，在「編輯個人檔案」頁面下方的「連結」按下「新增」鈕，再由「社交連結」按下「新增社交連結」，接著選定社交軟體和輸入個人帳號，按下「儲存」鈕儲存設定。

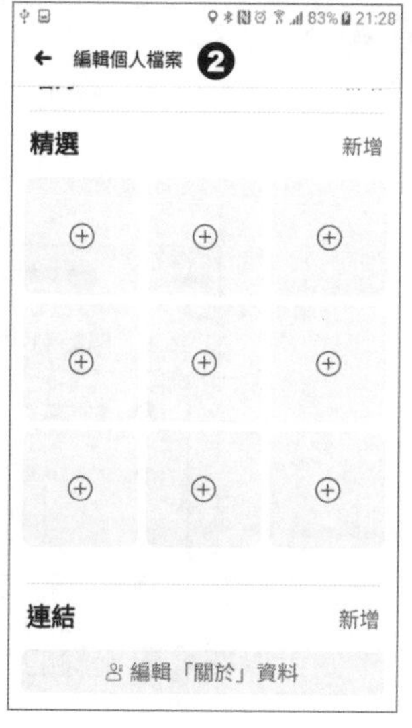

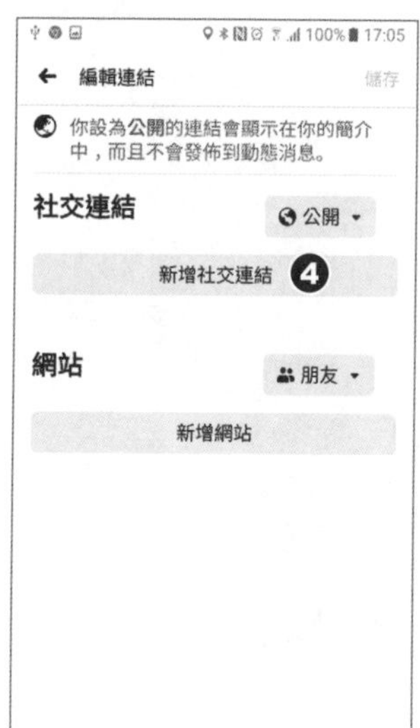

2-2 臉書最潮功能介紹

接下來我們會陸續為各位介紹臉書中店家或品牌經常運用在社群行銷的最流行工具與相關功能。由於臉書功能更新速度相當快，也讓品牌更容易鎖定不同的目標客群，如果想即時了解各種新功能的操作說明，可以在帳戶名稱右側的下拉式三角形可以找到「協助和支援」，其中可以找到「使用說明」。

可以進入下圖的說明頁面，不僅可以搜尋要查詢的問題外，也可以看到大家常關心的熱門主題。

2-2-1 百變女郎的相機功能

在全球這波「圖像比文字更有力」的社群趨勢中，因為拍攝的相片不夠漂亮，很難吸引用戶們的目光，如果將自己用心拍攝的圖片加上貼文至行銷活動中，對於提升粉絲的品牌忠誠度來說則有相當的幫助。根據官方統計，臉書上最受歡迎、最多人參與的貼文中，就有高達 90% 以上是跟相片有關，比起閱讀網頁文字，80% 的消費者更喜歡透過相片瞭解產品內容。Facebook 內建的「相機」功能包含數十種的特效，讓用戶可使用趣味或藝術風格的濾鏡特效拍攝影像，更協助行銷人員將實體產品豐富的視覺元素，透過手機原汁原味呈現在用戶面前，例如邊框、面具、互動式特效等，只需簡單套用，便可透過濾鏡讓照片充滿搞怪及趣味性。如下二圖所示：

同一人物，套用不同的特效，產生的畫面效果就差距很大

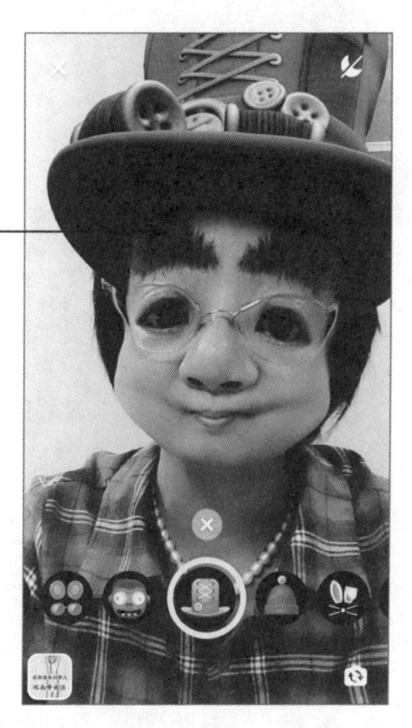

要使用手機上的「相機」功能，請先按下「在想些什麼？」的區塊，接著在下方點選「相機」的選項，使進入相機拍照狀態。在螢幕下方選擇各種的效果按鈕來套用，選定效果後按下圓形按鈕就完成相片特效的拍攝。

相片拍攝後螢幕上方還提供多個按鈕，除了可隨手塗鴉任何色彩的線條外，也能使用打字方式加入文字內容，或是加入貼圖、地點和時間。如右下圖所示：

由右而左依序為塗鴉、打字、貼圖、標助人名等設定

可加入貼圖、地點、時間等物件

螢幕左下方按下「儲存」鈕則是將相片儲存到自己的裝置中，或是按下「特效」鈕加入更多的特殊效果。

2-2-2　再看我一眼的限時動態

限時動態（Stories）能讓臉書的會員以動態方式來分享創意影像，而且多了很多有趣的特效和人臉辨識互動玩法，限時動態已經被應用在 Facebook 家族的各項服務中，而且呈現爆發式的成長。限時動態功能會將所設定的貼文內容於 24 小時之後自動消失，除非使用者選擇同步將照片或影片發佈到塗鴉牆上，不然就會在限定的時間後自動消除。相較於永久呈現在塗鴉牆的照片或影片，對於一些習慣刪文的使用者來說，應該更喜歡分享稍縱即逝的動態效果，對品牌行銷而言，限時動態不但已經成為品牌溝通重要的管道，正因為是 24 小時閱後即焚的動態模式，加上全螢幕的沈浸式的觀看體驗，會讓用戶更想常去觀看「即刻分享當下生活與品牌花絮片段」的限時內容，並與粉絲透過輕鬆原創的內容培養更深厚的關係，也能透過這個方式與粉絲分享商家的品牌故事，為粉絲群提供不同形式的互動模式。

如何在極短時間中抓住消費者的目光，是限時動態品牌內容創作的一大考驗。想要發佈自己的「限時動態」，請在手機臉書上找到如下所示的「建立限時動態」，按下「+」鈕就能進入建立狀態，透過文字、Boomerang、心情、自拍、票選活動、圖庫照片選擇等方式來進行分享。在限時動態發佈期間，也可隨時查看觀看的用戶人數：

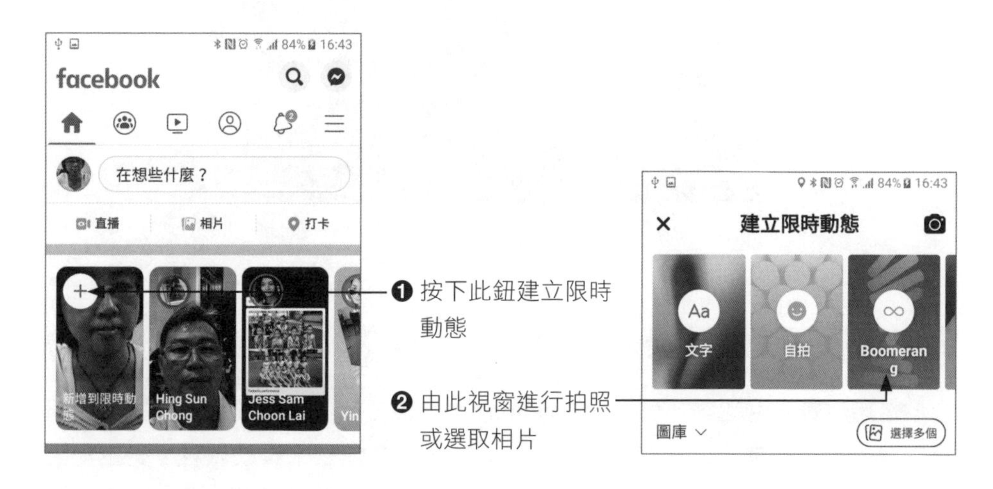

2-2-3 新增預約功能

Facebook 提供了一些免費 Facebook 商業工具，包括 Facebook 預約、主辦付費線上活動、發佈徵才貼文、在網站新增聊天室，如下圖所示：

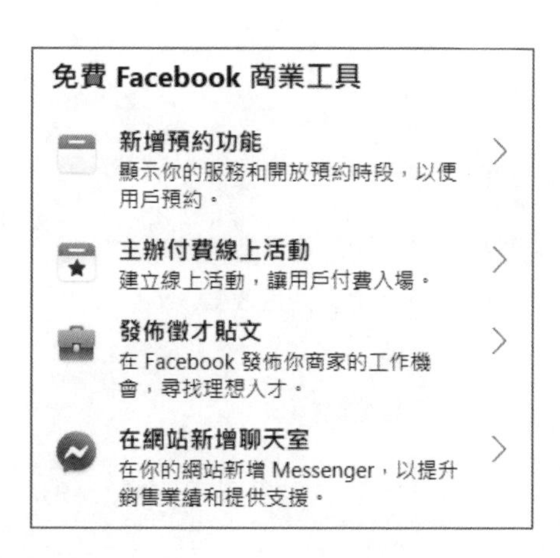

「新增預約功能」可以將粉絲化為顧客，目前可以設定開放預約的日期和時段及顯示可供用戶預約的服務，同時也可以自動發送預約確認和提醒訊息。

2-2-4　主辦付費線上活動

各位透過付費線上活動，可以在 Facebook 主辦線上活動並開放付費參加，讓粉絲在線上齊聚一堂，也只有這些粉絲可以以付費的方式來獨享內容，對主辦活動者而言也是可以增加收入，通常線上活動可以是直播視訊或訪談或有趣的活動安排，只要各位同意同意《服務條款》並新增你的銀行帳戶資訊，即可立即開始享用這項免費的行銷工具。

2-2-5　發佈徵才貼文

店家也可以在你的商家發佈徵才貼文，來協助各位快速找到合適的人才。

2-2-6　在網站新增聊天室

您的網站能輕鬆設定 Messenger 聊天室，來加強與粉絲之間的互動，也可以即時回應有關商家的各種問題，不要懷疑！這種免費的行銷工具，對您的商家業績的推廣與提升有相當大的幫助。

2-3 超人氣直播行銷與臉書熱門密技

人類一直以來聯繫的最大障礙，無非就是受到時間與地域的限制，拜 5G 及行動頻寬越來越普及之賜，透過行動裝置開始打破和消費者之間的溝通藩籬，特別是臉書開放直播功能後，手機成為直播最主要工具；不同以往的廣告行銷手法，影音直播更能抓住消費者的注意力，依照臉書官方的說法，觸及率最高的第一個就是直播功能。

▲ 星座專家唐立淇靠直播贏得廣大星座迷的信任

Tips

5G 是行動電話系統第五代，也是 4G 之後的延伸，5G 技術是整合多項無線網路技術而來，對一般用戶而言，最直接的感覺是 5G 比 4G 又更快、更不耗電，預計未來將可實現 10Gbps 以上的傳輸速率。「雲端」其實是泛指「網路」，「雲端服務」(Cloud Service)，就是透過雲端運算將各種服務無縫式的銜接，讓使用者可以連接與取得由網路上多台遠端主機所提供的不同服務。

目前全球玩直播正夯，許多店家開始將直播作為行銷手法，消費觀眾透過行動裝置，特別是 35 歲以下的年輕族群觀看影音直播的頻率最為明顯，利用直播的互動與真實性吸引網友目光，從個人販售產品透過直播跟粉絲互動，延伸到電商品牌透過直播行銷，例如小米直播用電鑽鑽手機，證明手機依然毫髮無損，就是活生生把產品發表會做成一場 Live 直播秀，這些都是其他行銷模式無法比擬的優勢，也將顛覆傳統網路行銷領域。

直播行銷最大的好處在於進入門檻低，只需要網路與手機就可以立馬開始，而且直播影片的留言數甚至比普通影片高出 10 倍，觀看時間更是平常影片的 3 倍長，特別是不需要專業的影片團隊也可以製作直播，現在不管是明星、名人、素人，通通都要透過直播和粉絲互動，而星座專家唐立淇就是利用直播建立星座專家的專業形象，發展出類似脫口秀的算命節目。

2-3-1 臉書直播不求人

「人氣能夠創造金錢」就是經營直播頻道的不敗天條，直播成功的關鍵在於創造真實的內容與口碑，有些很不錯的直播都是環繞著特定的產品或是事件，將產品體驗開箱拉到實況平台上，可以更真實的呈現產品與服務的狀況。每個人幾乎都可以成為一個獨立的新頻道，讓參與的粉絲擁有親臨現場的感覺，也可以帶來瞬間的高流量，儼然成為商品銷售的素民行銷平台，不僅能拉近品牌和觀眾的距離，這樣的即時互動還能建立觀眾對品牌的信任。

當各位要規劃一個成功的直播行銷，一定得先了解你粉絲特性、然後規劃好主題、內容和時間，在整個直播過程中，你必須讓粉絲不斷保持著「what is next?」新鮮感，讓他們去期待後續的結果，才有機會抓住最多粉絲的眼球，進而達到翻轉行銷的能力。多數店家會大多以玉石、寶物或玩具的銷售為主，現今投入的商家越來越多，不管是 3C 產品、冷凍海鮮、生鮮蔬果、漁貨、衣服…等通通都搬上桌，直接在直播平台上吆喝叫賣。

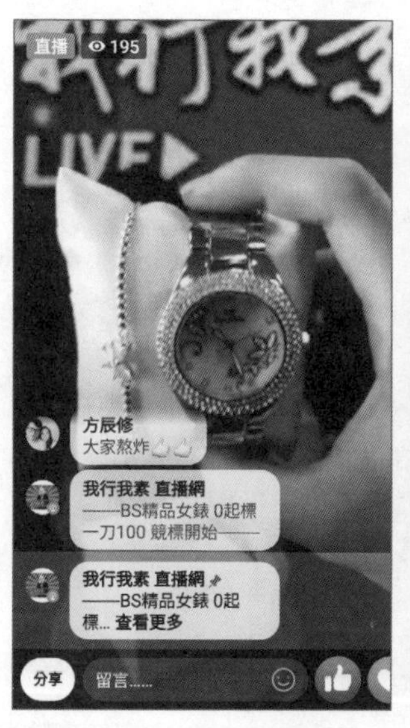

▲ 臉書直播是商品買賣的新藍海

越來越多銷售是透過直播進行，因為最能強化觀眾的共鳴，粉絲喜歡即時分享的互動性，也由於競爭越來越激烈且白熱化，目前最常被使用的方法為辦抽獎，有些商家為了拼出點閱率，拉抬臉書直播的參與度，還會祭出贈品或現金等方式來拉抬人氣，只要進來觀看的人數越多，就可以抽更多的獎金，也讓圍觀的粉絲更有臨場感，並在直播快結束時抽出幸運得主。

臉書直播功能時十分強大，更成為網路行銷的新戰場，主要是因為臉書和用戶鍾愛影片類型的貼文，不單單只是素人與品牌直播而已，還有直播拍賣搶便宜貨，能讓你的品牌的觸及率大大提升。直播主只要用戶從手機上下一個鈕，就能立即分享當下實況，臉書上的其他好友也會同時收到通知。腦筋動得快的業者就直接利用臉書直播來賣東西，甚至延攬知名藝人和網紅來拍賣商品。直播拍賣只要名氣響亮，觀看的人數眾多，主播者和粉絲之間有良好的互動，加深粉絲的好感與黏著度，粉絲自然會跟你互動，就可以在臉書直播的平台上衝高收視率，帶來龐大無比的額外業績。

臉書直播的即時性能吸引粉絲目光，而且沒有技術門檻，不用被動式的等客戶上門，也不受天氣或場地的限制，只要有網路或行動裝置在手，任何地方都能變成拍賣場，開啟麥克風後，再按下臉書的「直播」鈕，就可以向臉書上的朋友販售商品。

▲ iPhone 手機和 Android 手機都是按「直播」鈕

在店家直播的過程中，臉書上的朋友可以留言、喊價或提問，也可以按下各種的表情符號讓主播人知道觀眾的感受，適時的詢問粉絲意見、開放提問、轉述粉絲留言、回應粉絲等可以讓粉絲有參與感，盡量完全點燃粉絲的熱情，為網路和實體商品建立更深厚的顧客關係。

當拍賣者概略介紹商品後便喊出起標價，然後讓臉友們開始競標，臉友們也紛紛留言下標，搶購成一團，造成熱絡的買氣。如果觀看人數尚未有起色，也會送出一些小獎品來哄抬人氣，按分享的臉友也能到獎金獎品，透過分享的功能就可以讓更多人看到此銷售的直播畫面：

臉友的留言也會直接顯示在直播放面上

直播過程中，瀏覽者可隨時留言、分享或按下表情的各種符號

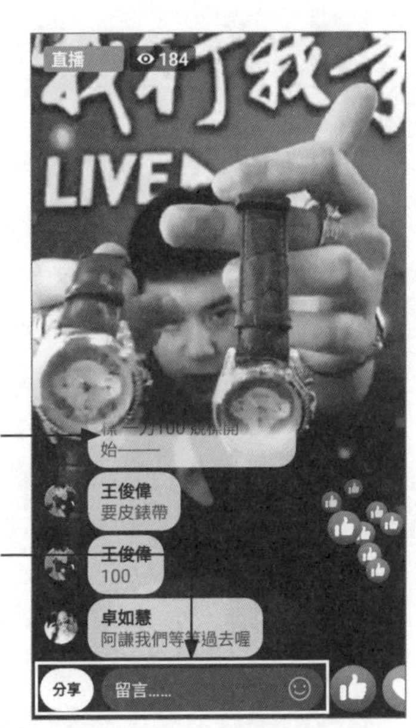

在結束直播拍賣後，通常業者會將直播視訊放置在臉書中，方便其他的網友點閱瀏覽，甚至公告出下次直播的時間與贈品，以便臉友預留時間收看，預告下次競標的項目，吸引潛在客戶的興趣，或是純分享直播者可獲得的獎勵，讓直播影片的擴散力最大化，也達到再次行銷的效果。

除了生活用的商品可以透過臉書直播功能來行銷外，直播的範圍更是擴大至全球，過去各位還可以透過臉書的直播地圖（Live Map）功能，直接從地圖上知道那些地方有進行直播，而點選藍色的圓點即可觀看該國家或地區的直播內容。

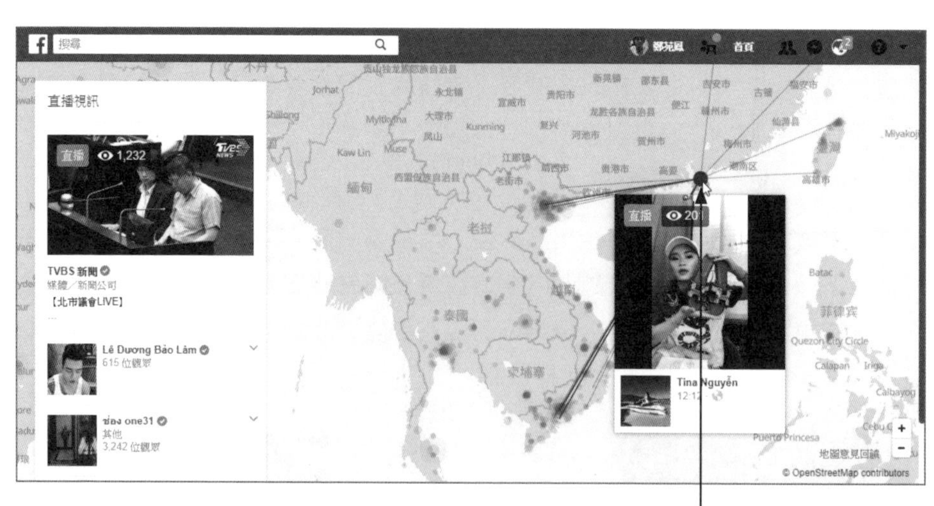

點選地圖上的藍點，就可以看到該區域的視訊直播

由於現在會使用直播功能的人越來越多，直播地圖的功能已不再適用，如果各位想從手機上觀看臉書的直播視訊，可從 Facebook APP 右上角按下「選項」鈕，向下捲動並找到「直播視訊」的選項，即可觀看目前的直播節目。如果你想搜尋特定的主題或影片，可在右上角按下 鈕進行搜尋。

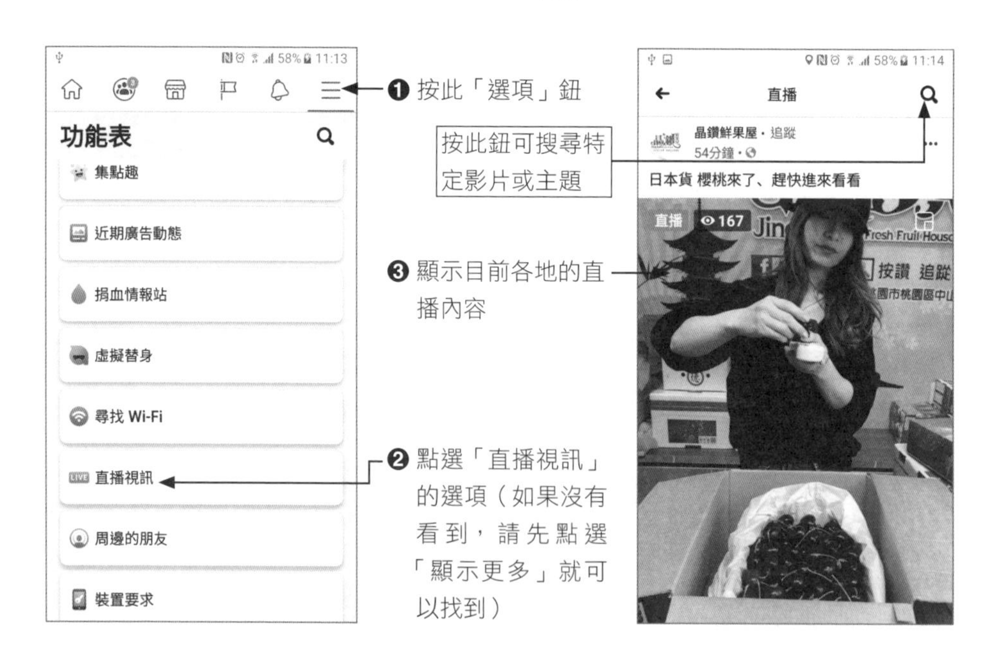

2-3-2 隨時放送的「最新動態」

不管是電腦版或手機版，首頁是各位在登入臉書時看到的第一頁內容；其中包括最新動態、朋友、粉絲專頁與其一連串貼文（持續更新）。根據臉書官方解釋，最新動態的目的就是讓使用者看見與自己最相關的內容，包含來自朋友、粉絲專頁、社團和店家的動態更新和貼文，在臉書裡面最常見也最簡單方便的行銷方式就是在「最新動態」進行行銷，隨時可以發表貼文、圖片、影片或開啟直播視訊，讓用戶在視覺效果強大的體驗中探索、思考，瀏覽及購買產品和服務。

最新動態上的行銷訊息也能在好友們的近況動態中發現，且能透過按讚及分享觸及到好友以外的客群，而達到行銷到朋友的朋友圈中，迅速擴散您的行銷商品訊息或特定理念。

動態消息區可建立貼文、上傳相片 / 影片、或做直播

動態消息的目標是臉書期望讓用戶觸及自己最渴望的素材或是新事物，不只是朋友的貼文，只要是曾經按讚、留言及分享的資訊，都很容易出現在動態消息上。新的「動態消息」可以讓各位直接由下方的圖鈕點選背景圖案，讓貼文不再單調空白，而按下右側的 ▦ 鈕還有更多的背景底圖可以選擇。

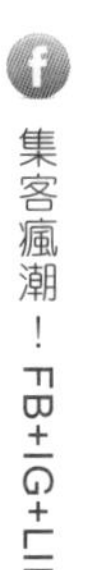

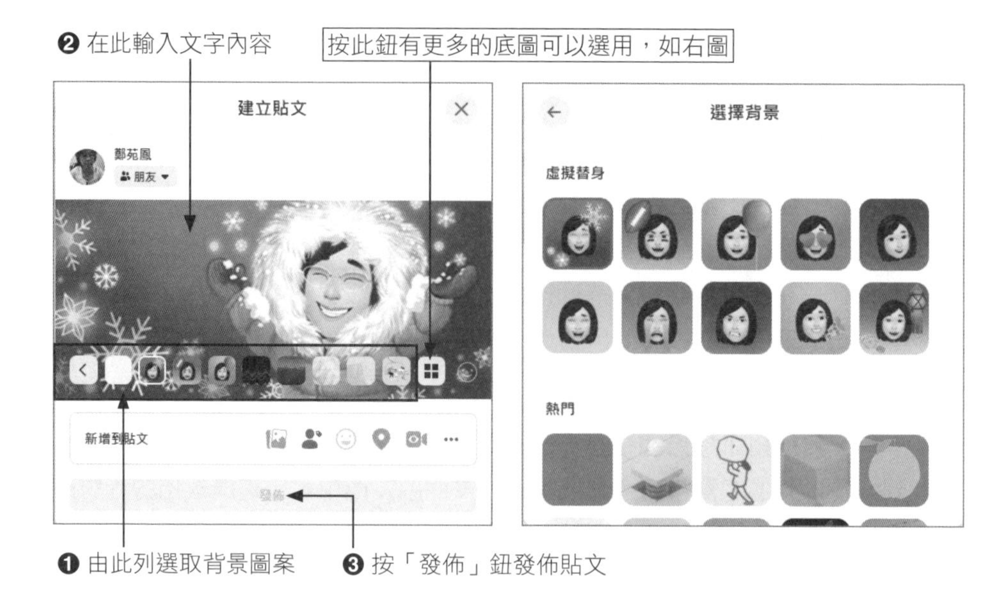

如果用戶希望每次開啟臉書時，都能將關注的對象或粉絲專頁動態消息呈現出來，搶先觀看而不遺漏，就透過「動態消息偏好設定」的功能來自行決定。請由視窗右上角按下▼鈕，下拉選擇「設定和隱私 / 動態消息偏好設定」指令。作法如下：

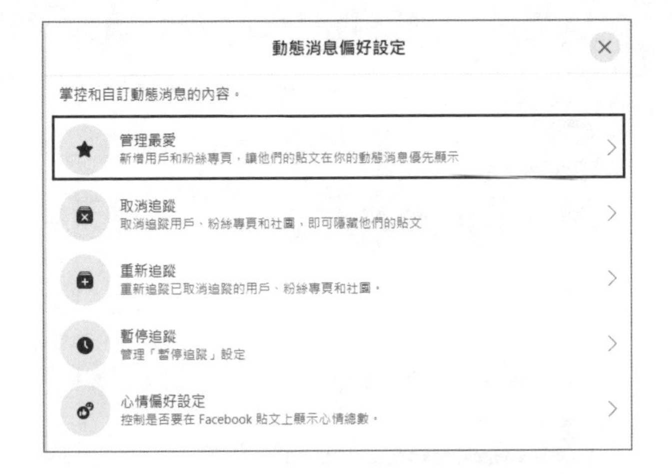

2-3-3 聊天室與 Messenger

我們都知道臉書不是發發貼文就能蹭出曝光量的事實，品牌需要投入更多資源並與用戶建立更高強度的關係連結，即時通訊 Messenger 就是不錯的工具。當各位開啟臉書時，那些臉書的朋友已上線，從右下角的「聯絡人」便可看得一清二楚。

各位看到好友或粉絲正在線上，想打個招呼或進行對話，直接從「聯絡人」或「Messenger」的清單中點選聯絡人，就能在開啟的視窗中即時和朋友進行訊息的傳送，能讓 FB 經營更有黏著度。

開啟的臉書聯絡人視窗，除了由下方傳送訊息、貼圖或檔案外，想要加朋友一起進來聊天、進行視訊聊天、展開語音通話，都可由直接在視窗上方進行點選。

每一個品牌或店家都希望能夠和自己的顧客建立良好的關係，而 Messenger 正是幫助你提供更好的使用者經驗的方法。臉書的「Messenger」目前已經成為企業新型態行動行銷工具，也是 Facebook 現在最努力推動的輔助功能之一，活躍使用的用戶正逐步上升中。過去人們可能因為工作之故，使用 email 的頻率較高，相較於 EDM 或是傳統電子郵件，Messenger 發送的訊息更簡短且私人，開信率和點擊率都比 Email 高出許多，是最能讓店家靈活運用的管道，還可以設定客服時間，讓消費者直接在線上諮詢，以便與潛在消費者有更多的溝通和互動。

如果你希望能夠專心地與好友進行訊息對話，而不受動態消息的干擾，可在臉書右上角按下 按鈕，再下拉按下底端的「到 Messenger 查看全部」的超連結，即可開啟即時通訊視窗 -Messenger。

視窗左側會列出曾經與對你對話過的朋友清單，並可加入店家的電話和指定地址，如果未曾通訊過的臉書朋友，也可以在左上方的 處進行搜尋。在這個獨立的視窗中，不管聯絡人是否已上線，只要點選聯絡人名稱，就可以在訊息欄中留言給對方，當對方上臉書時自然會從臉書右上角看到「收件匣訊息」鈕有未讀取的新訊息。

此外，利用 Messenger 除了直接輸入訊息外，也可以發送語音訊息、直接打電話，或是視訊聊天，相當的便利。當各位的臉書有行銷的訊息發佈出去，臉書上的朋友大多是透過 Messenger 來提問，所以經營粉絲專頁的人務必經常查看收件匣的訊息，對於網友所提出的問題務必用心的回覆，這樣才能增加品牌形象，提升商品的信賴感。

2-3-4 上傳相片與標註人物

臉書的「相片」功能不但特別，也非常友善，可以記錄下個人或店家的精彩生活或產品服務，依照拍攝時間和地點來管理自己的相簿，同時也能讓臉書上的朋友們分享你的生活片段，從你所上傳的照片或影片中更了解你這位朋友。

凡是臉書上的朋友，只要點選他們的大頭貼，進入他們的臉書頁面後，就可以從他的「相片」中了解這個人的習性與喜好

除此之外，當朋友在相片中標註你的名字後，該相片也會傳送到你的臉書當中，並存放到你的「相片」標籤之中，讓你也能保留相片。

相片也是在動態消息或粉絲專頁中打造吸睛貼文的絕佳選擇，如果各位的相片想在臉書上成功獲得關注需要把握兩個基本要素；一是相片與產品呈現要融合

一致，展現出產品能帶給顧客諸多好處的相關圖案，二是相片最好以說故事形式呈現，文字比例適中的相片特別能獲得較佳的效果，讓用戶想要「停指」觀看您想傳達的訊息。此外，各位也要了解如何妥善管理相片，就要了解建立相簿的方法以及新增相片的方式。

在「相簿」標籤中按下「建立相簿」的超連結，將可把整個資料夾中的相片一併上傳到臉書上，尤其是團體的活動相片，為活動紀錄精彩片段也能讓參與者或未參與者感受當時的熱絡氣氛。在新增相簿的過程中，你也可以為相片中的人物標註名字，這樣該相片也會傳送到對方的臉書「相片」中，相信被標註者也會感受你對他的重視。

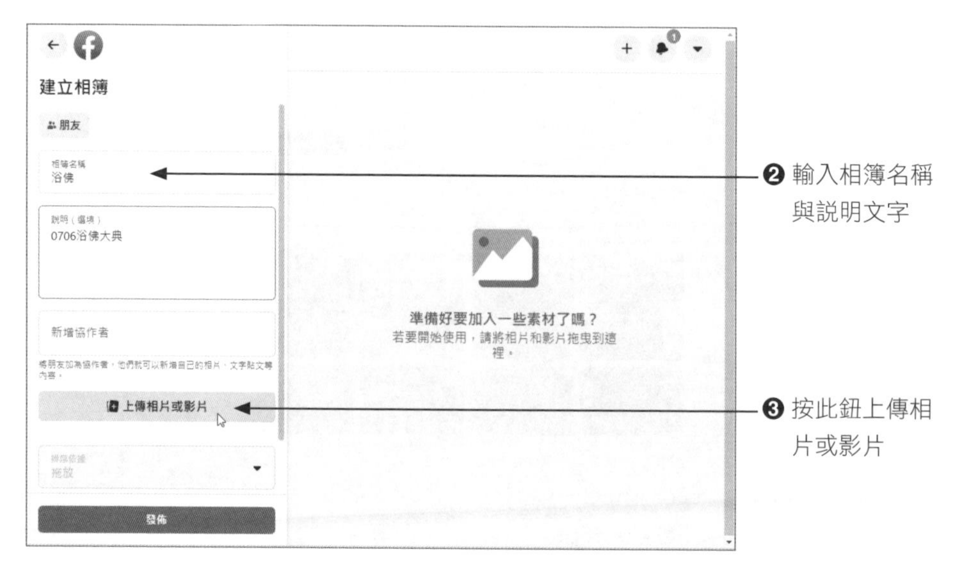

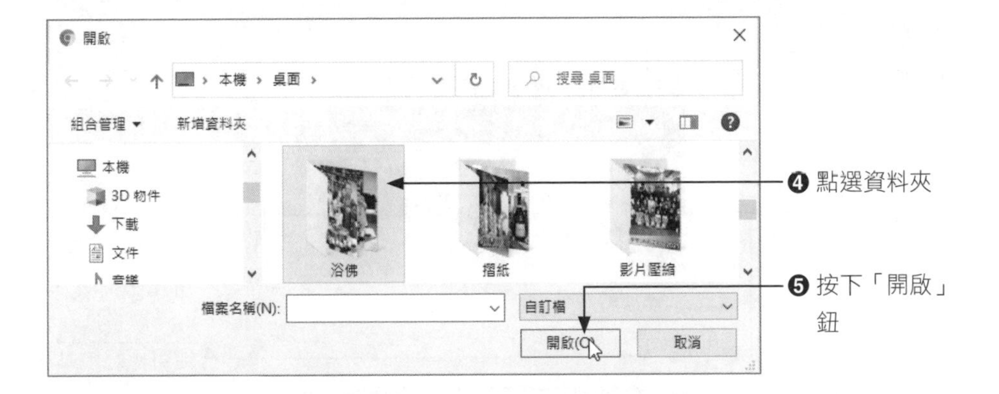
開啟
本機 › 桌面 ›
搜尋 桌面
組合管理
新增資料夾
本機
3D 物件
下載
文件
浴佛
摺紙
影片壓縮
檔案名稱(N):
自訂檔
開啟(O)
取消
❹ 點選資料夾
❺ 按下「開啟」鈕

開啟
本機 › 桌面 › 浴佛
搜尋 浴佛
組合管理
新增資料夾
3D 物件
下載
文件
音樂
桌面
01
02
03
04
檔案名稱(N): "01" "02" "03" "04"
開啟(O)
取消
❻ 選取要上傳的相片
❼ 按下「開啟」鈕

建立相簿
朋友
浴佛
0706浴佛大典
新增協作者
上傳相片或影片
拖放
發佈
鄭苑鳳
高天昌
Lotus Nking
高家菁
蔡如玲
輸入姓名
❽ 點選人頭後，由此輸入或點選人名

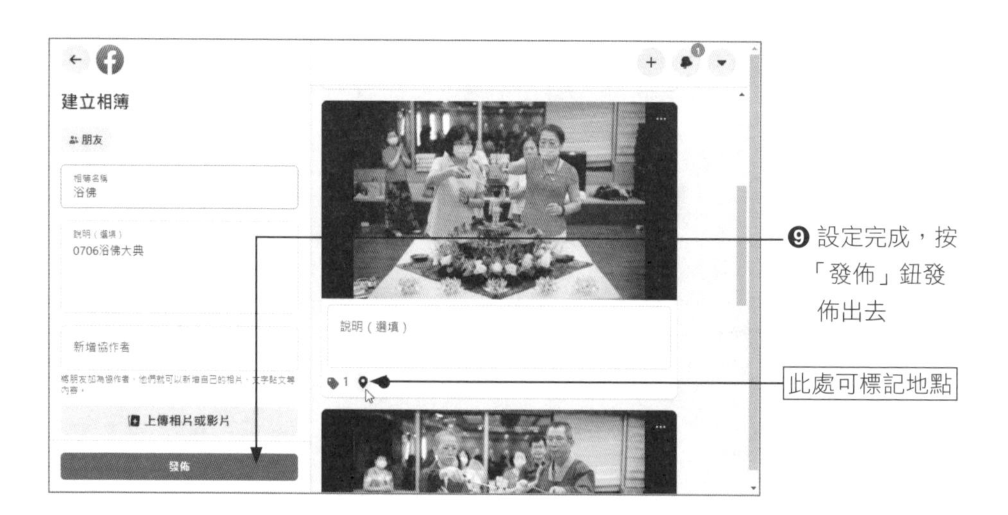

2-3-5 建立活動

多數粉絲都熱愛活動以及免費的贈品，舉辦活動對粉絲來說不僅僅是好玩的，更可以讓你了解你的用戶，增加網站的流量，帶來更多的潛在用戶。想要招募新粉絲，辦活動可能是最快的辦法，臉書裡提供「線上」和「現場」兩種方式，「線上」是透過 Messenger 視訊圈線上聊天、使用 Facebook Live 直播或新增外部連結方式來建立活動；而「現場」是在特定地點與用戶聚會。

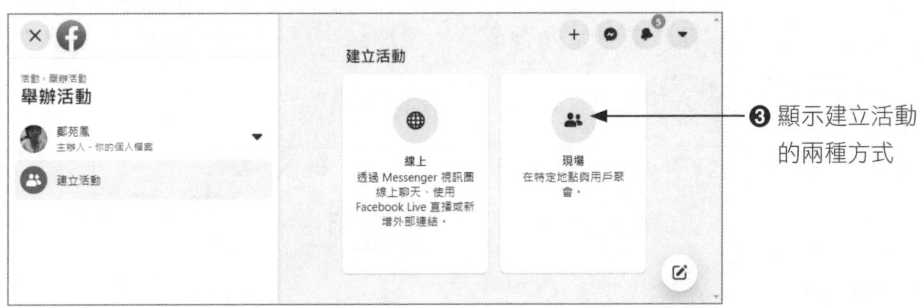

2-3-6 建立朋友關係

臉書上的朋友，有的彼此雙方往來密切，他的任何動態你都想要關注，有的只是點頭之交，甚至從不往來，但是他的動態消息總是頻繁的出現，讓你不勝其擾，這種情況不妨透過「朋友」來加以設定。請在臉書左上角按下自己的名字，接著切換到「朋友」標籤，這裡會列出所有朋友清單。

找到要設定朋友關係的聯絡人，然後按下右側的「朋友」鈕，如果希望看到他的消息，請下拉選擇「最愛」的選項，如果要減少該朋友發文出現在動態列上，那麼請選擇「取消追蹤」。

2-3-7 將相簿 / 相片「連結」分享

想要分享臉書中的相簿或相片給其他用戶或非臉書朋友嗎？其實臉書的相簿或相片都有連結的網址，只要複製該連結網址給朋友就可以了，不然相片檔在傳送時經常會經過壓縮，品質會較差些。這裡以臉書相簿為例，要取得連結的網址如下：

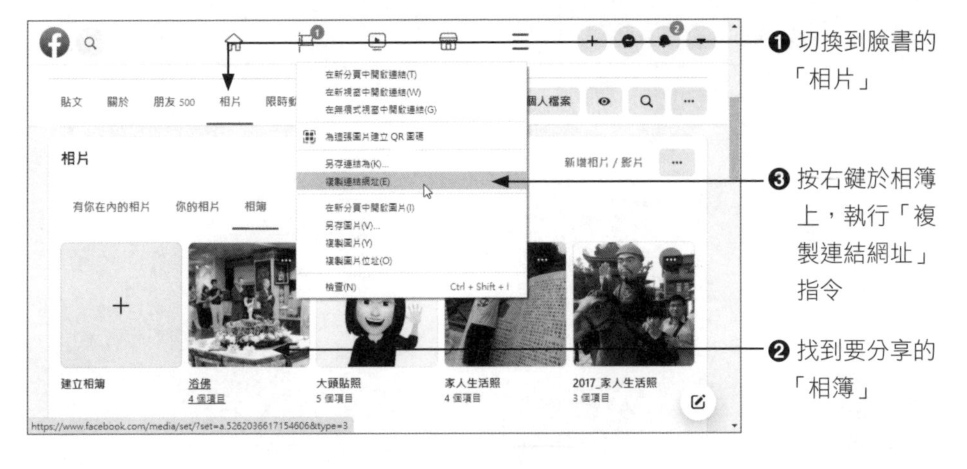

如果是要分享相片，一樣是在相片上按右鍵，執行「複製連結網址」指令即可取得連結網址。

03 Chapter

粉絲專頁的贏家必勝經營攻略

由於社群網站的崛起、推薦分享力量的日益擴大，品牌要在社群媒體上與眾不同，就必須提供粉絲具有價值的訊息，誰掌握了粉絲誰就找到了賺錢的捷徑，甚至有許多店家直接在粉絲專頁上販售商品，粉絲行銷成為社群行銷中的重要一環。店家在社群媒體上最常見的行銷手法，就是成立「粉絲專頁」帳號，所以很多的企業、組織、名人等官方代表，都紛紛建立專屬的粉絲專頁，讓消費者透過按「讚」的行為開始建立社交關係鏈，用來發佈一些商業訊息，或是與消費者做第一線的拜訪與互動。

▲ 粉絲專頁（Pages）適合公開性的行銷活動

隨著你的粉絲專頁成立，掌握粉絲專頁經營技巧變得十分重要，各位如果期望透過粉專行銷獲益，那麼首先你就該懂得如何包裝你的商品與服務，粉絲絕對不是為了買東西而使用臉書，也不是為了撿便宜而對某一粉絲團按讚。從成立粉絲專業、招募粉絲、與粉絲互動、到將粉絲變成消費者，店家或品牌需要的不只是一個臉書粉專，更不是單純充門面的粉絲數，如果沒有長期的維護經營，有可能會讓粉絲們取消關注，因此必須定期的發文撰稿、上傳相片 / 影片做宣傳、注意粉絲留言並與粉絲互動，如此才能建立長久的客戶，加強企業品牌的形象。

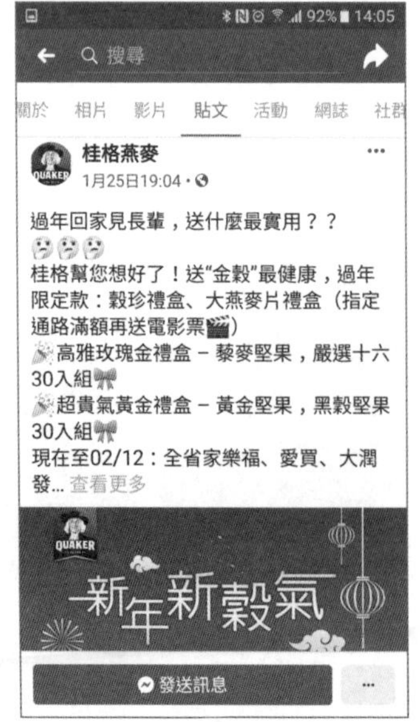

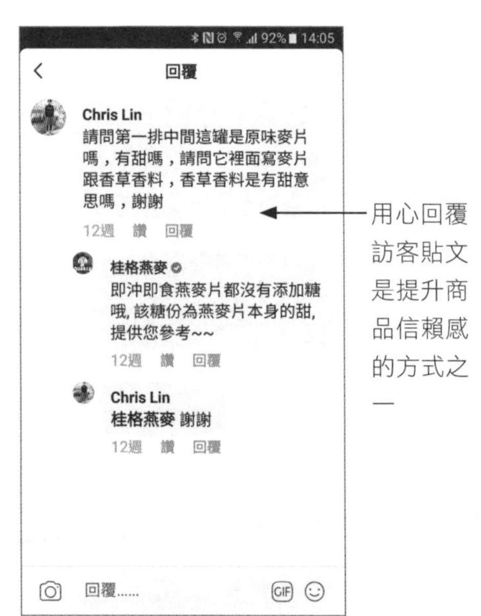

▲ 桂格燕粉絲專頁經營就相當成功

3-1 粉絲專頁經營心法

一位成功的小編必須知道網友的特質是「喜歡分享」、「需要溝通」、「心懷感動」，無論在任何社群平台的行銷策略，在找到目標受眾後，除了了解他們的興趣、痛點、年齡、性別等資訊，不僅僅是把好的想法變成實際的創意產品，更要源源不絕的冒出新奇梗，必須十八般武藝樣樣精通，簡單來說，就是什麼都要會！

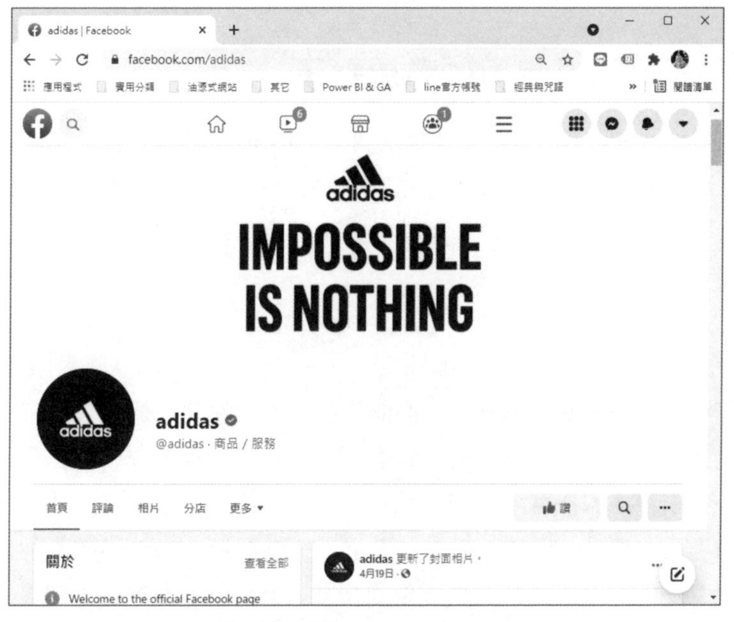

▲ 愛迪達的粉專小編相當用心經營

當店家建立了粉絲專頁，就能夠開始打造一個對你產品有興趣的用戶群，粉絲專頁不同於個人臉書，臉書好友的上限是 5000 人，而粉絲專頁可針對商業化經營的店家或品牌，它的粉絲人數並無限制，屬於對外且公開性的組織。粉絲專頁必須是組織或公司的代表，才可建立粉絲專頁。要做好粉絲行銷，首先就必須要用經營朋友圈的態度，而不是從廣告推銷的商業角度，透過這樣的分享和交流方式，讓更多人認識商品與服務。任何人在專頁上按「讚」即可加入成為粉絲，所以許多官方代表都紛紛建立專屬粉絲專頁，除了建立商譽和口碑外，讓企業以最少的花費得到最大的商業利益，進而帶動整體業績。

3-1-1 粉絲專頁類別簡介

建立粉絲專頁的目的在於培養一群核心的鐵粉，增加現有用戶對品牌認同度，並透過粉絲專頁讓潛在客戶更加認識你，吸引更多目標族群來成為粉絲。粉絲專頁是用戶能夠公開與企業商家、個人品牌或組織聯繫，也可以展示商品或服務、募集捐款和建立廣告，讓臉書的用戶能夠透過粉絲專頁探索內容或建立聯繫。每個臉書帳號都可以建立與管理多個粉絲專頁，雖然沒有設限粉絲頁的數目，但是粉絲頁的經營就代表著企業的經營態度，必須用心經營與照顧才能給粉絲們信任感。

3-1-2 玩轉粉絲專頁的私房點子

經營粉絲專頁沒有捷徑，必須要有做足事前的準備，不夠完整或過時的資訊都會顯得品牌不夠專業，為了滿足各式消費者的好奇心，例如需要有粉絲專頁的封面相片、大頭貼照，這樣才能讓其他人可以藉由這些資訊來快速認識粉絲專頁的主題。

◈ 粉絲專頁封面

進入粉專頁面，第一眼絕對會被封面照吸引，因此擁有一個具設計感的封面照肯定能為你的粉專大大加分，自然封面照在粉絲頁的重要性就不言可喻，封面主要用來吸引粉絲的注意，一開始就要緊抓粉絲的視覺動線，盡量能在封面上顯示粉絲專頁的產品、促銷、活動、甚至是主題標籤（Hashtag）都可以把它放上封面，或是任何可以加強品牌形象的文案與 logo，封面照的整體風格所傳達的訊息就至關重要，我們要注意的是，粉絲專頁的封面為公開性宣傳，不能造假或有欺騙的行為，也不能侵犯他人的智慧財產權。

◈ 大頭貼照

在 FB 的粉專頁面之中，有兩個最重要的視覺區塊：大頭貼照與封面照片。大頭貼照從設計上來看，最好嘗試整合大頭照與封面照，加上運用創意且吸睛的配色，讓你的品牌被一眼認出。

◈ 粉絲專頁說明

請依照粉絲專頁類型而定，可以加入不同類型的基本資料，粉絲專頁所要提供的資訊包括專頁的類別、名稱、網址、開始日期、營業時間、簡短說明、版本資訊、詳細說明、價格範圍、餐點、停車場、公共運輸、總經理…等各種資料，重點在你的業務內容、服務或粉絲專頁成立的宗旨，字元上限為 255 個字。基本資料填寫越詳細對消費者 / 目標受眾在搜尋上有很大的幫助，假設你開設的是實體商店，並希望增加在地化搜尋機會，那麼填寫地址、當地營業時間是非常重要的，而且千萬別選錯了類別。

3-2 菜鳥小編手把手熱身賽

粉絲專頁的內容絕對是經營成效最主要的一個重點，平時腦力激盪出的各式文案都可傾巢而出，專頁上所提供的訊息越多越好，每一個細節都有可能是成敗關鍵，當各位對於粉絲專頁的封面相片和大頭貼照的呈現方式了解之後，接著就可以開始準備申請與設定粉絲專頁。請從個人臉書右上角的「建立」處下拉選擇「粉絲專頁」指令，只要輸入的粉絲專頁「名稱」和「類別」並呈現綠色的勾選狀態，就可以建立粉絲專頁。

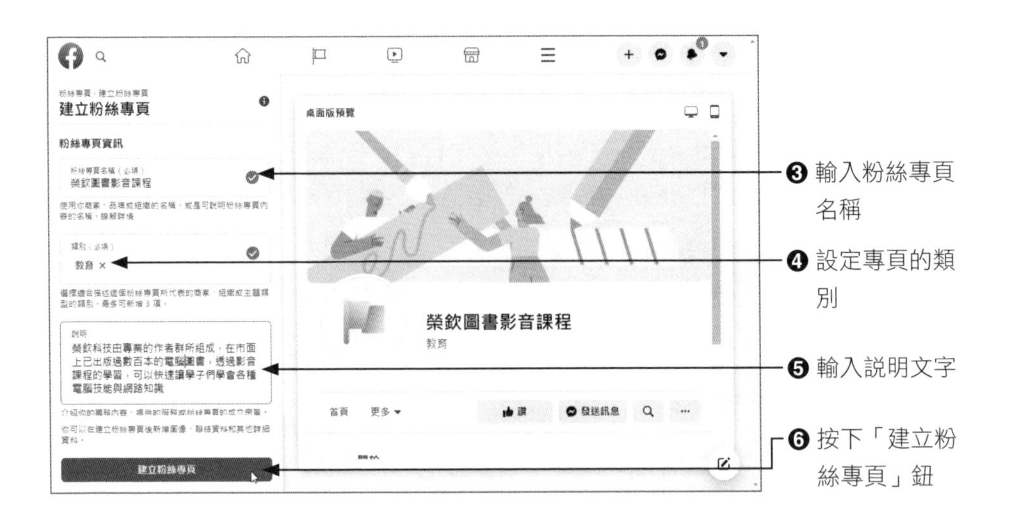

當各位按下「建立粉絲專頁」的按鈕後，你可在右側切換畫面為「行動版預覽」或「桌面版預覽」，同時在左側的欄位中還可以繼續加入大頭貼照和封面相片。

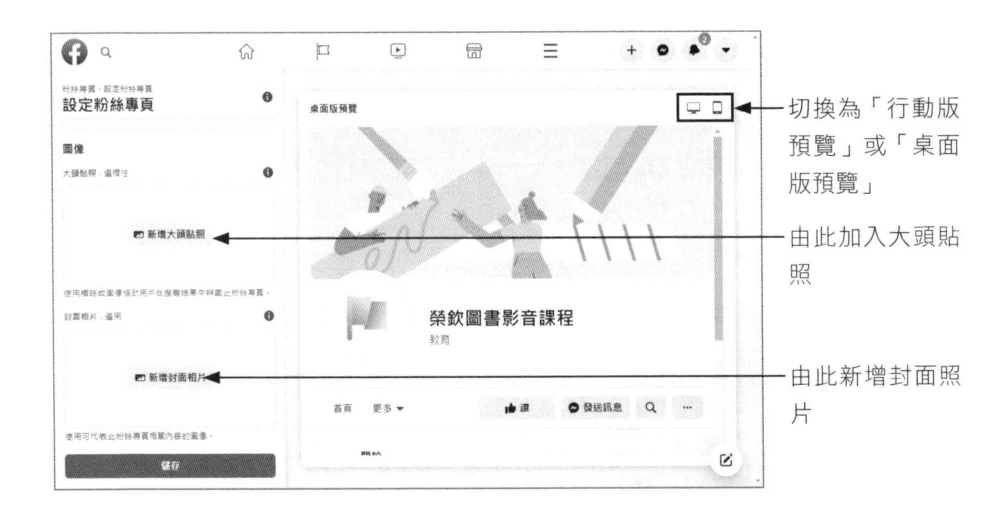

3-2-1 大頭貼照及封面相片

在大頭貼照和封面相片部分，請依照指示分別按下「新增大頭貼照」和「新增封面相片」鈕將檔案開啟，最後按下「儲存」鈕儲存圖像、就可以看到建立完成的畫面效果。

設定粉絲專頁
圖像
新增大頭貼照
新增封面相片
1
儲存
桌面版預覽
榮欽圖書影音課程
教育
首頁
更多
讚
發送訊息

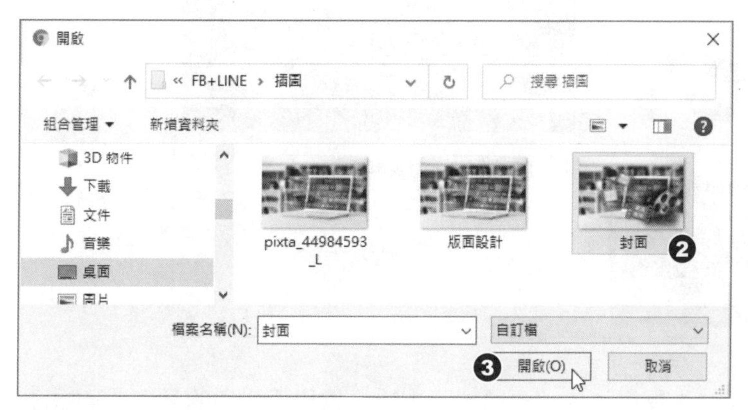

開啟
« FB+LINE › 插圖
搜尋 插圖
組合管理
新增資料夾
3D 物件
下載
文件
音樂
桌面
圖片
pixta_44984593_L
版面設計
封面
2
檔案名稱(N):
封面
自訂檔
3
開啟(O)
取消

設定粉絲專頁
圖像
新增大頭貼照
4
拖曳即可調整位置
儲存
桌面版預覽
網路行銷
程式語言
資訊
榮欽圖書影音課程
教育
首頁
更多
讚
發送訊息

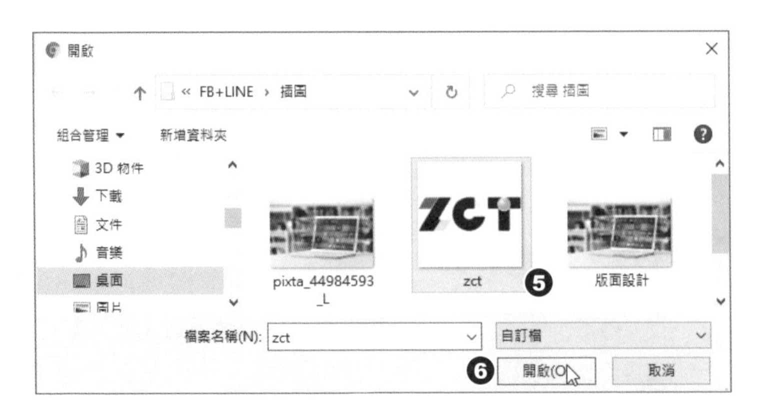

加入的粉絲專頁相片或大頭貼照，主要是讓用戶對你的品牌或形象產生影響和聯結，封面照片是佔據粉絲專頁最大版面的圖片，如果一段時間後想要更新，可以在封面相片右下角按下「編輯」鈕，而大頭貼照則是從下方按下相機圖示，再從顯示的選項中選取「編輯大頭貼照」即可。

3-2-2 吸人眼球的用戶名稱

對於新手而言，臉書很貼心的提供各種輔導，只要依序將臉書所列的項目設定完成，就能讓粉絲頁快速成型，增加曝光機會，而這些資訊對粉絲來說都是重要的訊息。你可以輸入商家的詳細資料，新增你想銷售的商品及自訂符合你品牌風格的店面。

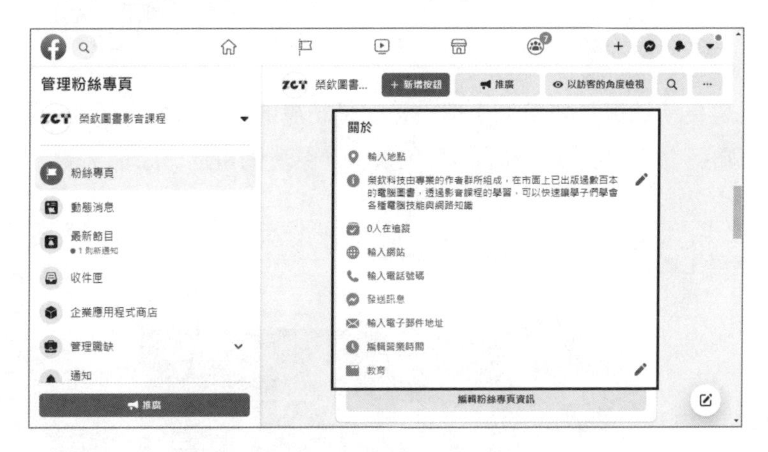

◈ 為粉絲頁建立獨一無二的用戶名稱

粉絲專頁建立後，你可以申請選擇一個用戶名稱，網址也將從落落長變成容易記憶和分享的短網址。因為粉絲專頁的用戶名稱就是臉書專頁的短網址，建議各位的用戶名稱使用官網網址或品牌英文名稱。網址也會反應企業形象的另一面，當客戶搜尋不到您的粉絲頁時，輸入短網址是非常好用的方法，所以盡量簡單好輸入，用戶名稱最好與品牌英文名、網址保持一致性。好的命名簡直就是成功一半，取名字時直覺地去命名，朗朗上口讓人可以記住且容易搜尋到為原則，如下圖所示的「美心食堂」。

▲ 粉絲專頁名稱 + 粉絲專頁編號

由於網址很長，又有一大串的數字，在推廣上比較不方便，而建立粉絲專頁的用戶名稱後，只要建立成功，就可以用簡單又好記的文字呈現，以後可以用在宣傳與行銷上，幫助推廣你的專頁據點。如下所示，以「Maximfood」替代了「美心食堂 -1636316333300467」。

為粉絲專頁建立用戶名稱時，要特別注意：粉絲專頁或個人檔案只能有一個用戶名稱，而且必須是獨一無二的，無法使用已有人使用的用戶名稱。另外，用戶名稱只能包含英數字元或英文句點「.」，不可包含通用字詞或通用域名（.com 或 .net），且至少要 5 個字元以上。

要設定或變更粉絲專頁的用戶名稱，必須是粉專的管理員才能設定，請在粉專名稱下方點選「建立粉絲專頁的用戶名稱」連結，即可進行設定：

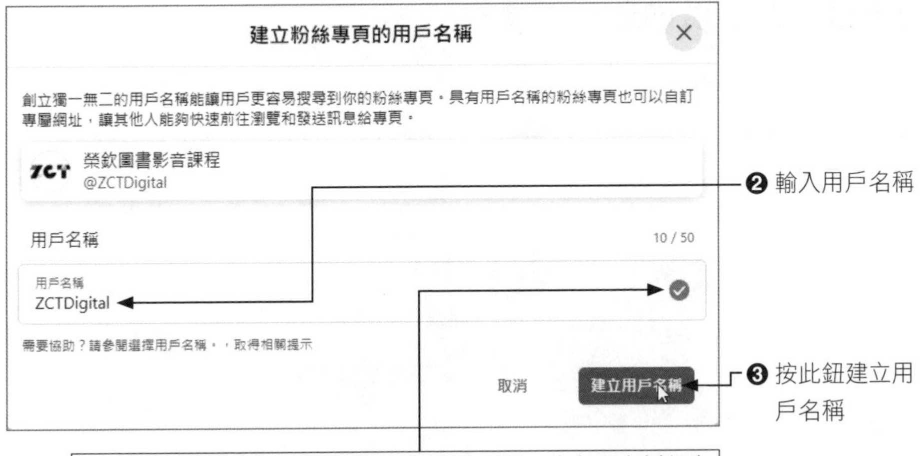

❷ 輸入用戶名稱

❸ 按此鈕建立用戶名稱

打勾表示可以使用，若已有他人使用的名稱，會在下方以紅字提醒用戶重新選擇，用戶名稱必須包含 5 個以上的英數字元

❹ 按「完成」鈕離開

用戶名稱變更完成，簡單又好記

3-2-3 管理與切換粉絲專頁

有些品牌的管理者擁有多個粉絲專頁，要想切換到其他的粉絲專頁進行管理，在個人臉書首頁的左側即可進行切換，如圖示：

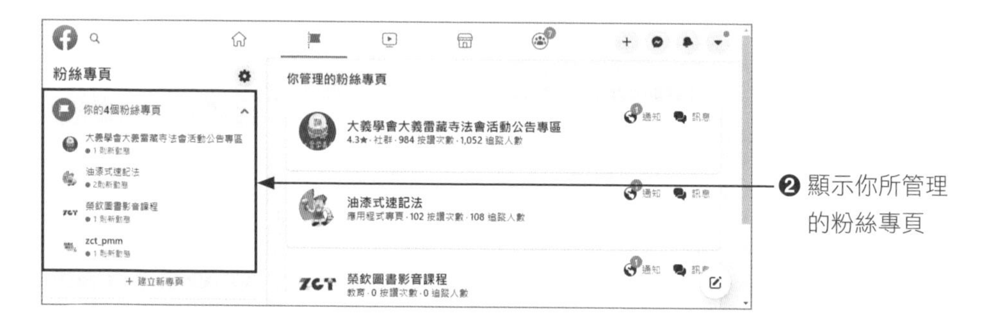

3-2-4 粉專編輯的真功夫

店家要讓粉絲們對於你的粉絲專頁有更深一層的認識，符合的相關資訊最好都能填寫完整，才能讓其他人了解你，使提供的資訊效益極大化。當要編寫粉絲專頁的資訊，請將粉絲專頁下移，在「關於」的欄位下方點選「編輯粉絲專頁資訊」的按鈕，就能開始編輯粉絲專頁的資訊：

管理粉絲專頁
榮欽圖書影音課程
粉絲專頁
動態消息
最新節目
收件匣
企業應用程式商店
管理職缺
通知
推廣
新增按鈕
以訪客的角度檢視
關於
輸入地點
0人在追蹤
輸入網站
輸入電話號碼
發送訊息
輸入電子郵件地址
編輯營業時間
教育
編輯粉絲專頁資訊
❶ 按此鈕

編輯粉絲專頁資訊
一般
聯絡資料
定位服務
營業時間
更多
名稱
榮欽圖書影音課程
用戶名稱
ZCTDigital
簡介
榮欽科技由專業的作者群所組成，在市面上已出版過數百本的電腦圖書，透過影音課程的學習，可以快速讓學子們學會各種電腦技能與網路知識
類別
教育
❷ 依序切換到「聯絡資料」、「定位服務」、「營業時間」、「更多」等標籤頁進行資料的輸入

3-3 粉專聚粉的私房撇步

要做好粉絲行銷，首先就必須要用經營朋友圈的態度，而不是從廣告推銷的商業角度，說實話，沒有人喜歡不被回應、已讀不回，因此必須定期的發文撰稿、上傳相片 / 影片做宣傳、注意粉絲留言並與粉絲互動，如此才能建立長久的客戶，加強企業品牌的形象。粉專行銷的目的，就是要吸引那些認同你、喜歡你、需要你的粉絲，簡單來說，就像在談戀愛一樣，接下來我們將針對三種基本技巧做說明。

3-3-1 邀請朋友來按讚

經營粉絲專頁就跟開店一樣，特別是剛開立粉絲專頁時，店家想讓粉絲專頁可以觸及更多的人，首先一定會邀請自己的臉書好友幫你按讚，朋友除了可以和你的貼文互動外，也可以分享你所發佈的內容，請在如下的區塊中按下「顯示全部朋友」鈕，就可以勾選朋友的大頭貼並進行傳送：

當朋友們看到你所寄來的邀請，只要他一點選，就會自動前往到你的粉絲專頁，而按下「說這專頁讚」的藍色按鈕，就能變成你的粉絲了。

3-3-2 邀請 Messenger 聯絡人

Messenger 是目前大家常用的通訊軟體，在觀看臉書的同時就可以知道哪些朋友已上線，即使沒有在線上，想要聯絡也只要切換到「聊天室」就可以辦到。

由視窗右上方按下「Messenger」 鈕，找到朋友的名字，可在下方將你想要傳達的內容和訊息傳送給對方，而對方只要點選圖示就能自動來到你的粉絲專頁了。

請好友們主動推薦你的粉絲專頁，他們就會變成你最佳的宣傳員，因為每個好朋友都各自有自己的朋友圈，即使他們不認識你也不會對你產生懷疑和防範，請朋友推薦粉絲專頁，這樣粉專訊息擴散得會更加快速。

3-3-3 建立限時動態分享粉專

經營粉專可以透過限時動態的方式來和朋友分享粉絲專頁，讓親朋好友都知道你的粉絲專頁。以手機為例，在頁面下方按下「建立限時動態」鈕，就可以透過右圖的「文字」方式，將新設立的粉絲專頁推薦給朋友：

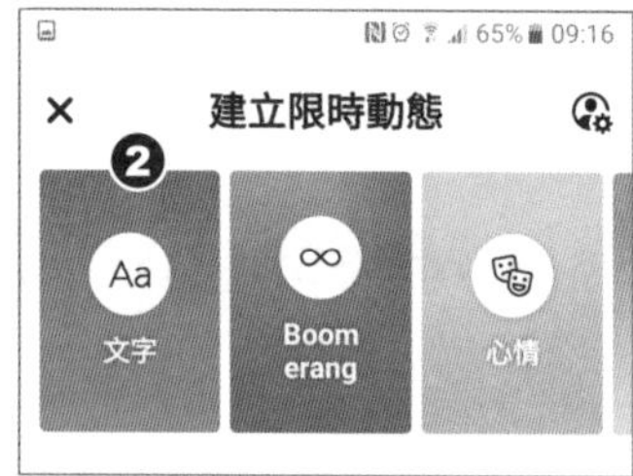

如果要在電腦版上建立限時動態，請在視窗右上角按下「+」鈕並下拉選擇「限時動態」指令，即可建立相片的限時動態或文字的限時動態。

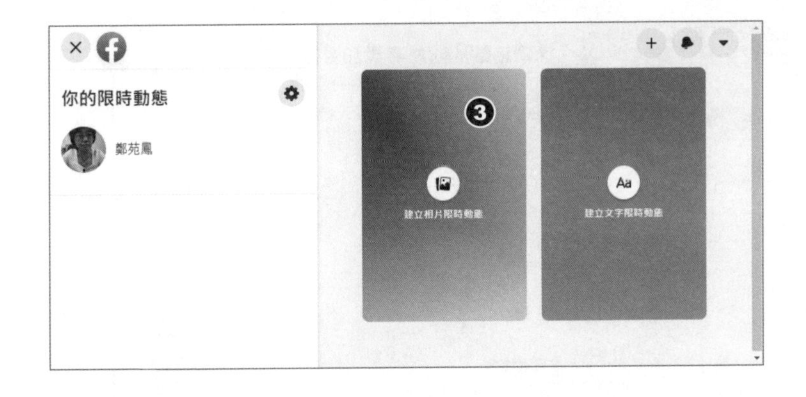

要將你的粉絲專頁推薦給他人，有時是需要靈感，或是搭上時勢潮流，如果你認為自己的靈感不夠多，不妨多多請益他人的粉絲專頁或公眾人物。這裡告訴各位一個小技巧，請在你電腦版的粉絲專頁左側按下「動態消息」鈕：

這是專為粉絲專頁打造的獨立動態消息，在此可以用粉絲專頁的身分與他人互動，就像使用個人檔案一樣簡單。首先選擇你要追蹤的對象，追蹤與你相關的粉絲專頁或公眾人物，能獲得更多實用的內容。另外，臉書會向你顯示來自相關粉絲專頁和公眾人物的貼文及更新內容，方便你從中取得靈感並應用在你的粉絲專頁中，所以你會看到幾個頁面的介紹說明。接下來請按下「追蹤」鈕追蹤別人的粉絲專頁和公眾人物，再按「前往動態消息」鈕，就能看到你追蹤的粉絲專頁，從中吸取經驗，為你的粉絲專頁增加更多的靈感與話題。

Tips

除了以上三種方法可以邀請朋友來粉絲裝頁按讚外，各位不妨以電子郵件或電子報邀請聯絡人或會員加入，還能在宣傳海報、名片、網站、貼文、數位牆、菜單或在網站內設置粉絲團「讚」的按鈕，邀請客戶掃描 QR Code 加入你的粉絲團等。

3-4 粉專貼文精準行銷

臉書的粉絲專頁為開放的空間，任何能看到粉絲專頁的人，就能看到你的貼文與留言。貼文內容不僅是粉絲專頁進行網路行銷的關鍵，而且可以說是最重要的關鍵！粉絲專頁上最能引人注目的優質貼文，應該是利用越少的字數來抓住用戶的眼球和增加他們的求知慾，不要每天都把臉書充斥著行銷味滿滿的產品大內宣，因為貼文不只是行銷工具，也是與消費者溝通或建立關係的橋樑。除了直接輸入想要行銷的文字內容外，也可以上傳相片或影片，或者利用可其他的內容來搭配、輪流使用。

3-4-1 發佈文字貼文

FB 時代最重要的行銷力道仍在「文字」本身，「貼文」一定要能被看到、轉寄、分享。FB 貼文的行銷重點在於提升觸及率和邊際排名，順便說明一下，邊際排名指的是在用戶對動態時報上較有興趣的貼文顯示順序。當各位要進行文字訊息的行銷，由粉絲頁按下「建立貼文」鈕，直接輸入文字內容即可，選定想要套用的背景圖樣，按下「立即分享」鈕就能擴散你的行銷內容或理念。

好不容易編寫完成的貼文，在發佈出去才發現有錯別字需要修正，這時只要從貼文右上角按下 ••• 鈕，選擇「編輯貼文」指令即可進行修改，編修完成後按下「儲存」鈕就可以搞定，即使貼文已有他人分享出去的，分享去的貼文也會一併修正喔！對於已貼出去貼文如果想要刪除，一樣是按下貼文右上角 ••• 鈕，再選擇「刪除貼文」指令就搞定了。

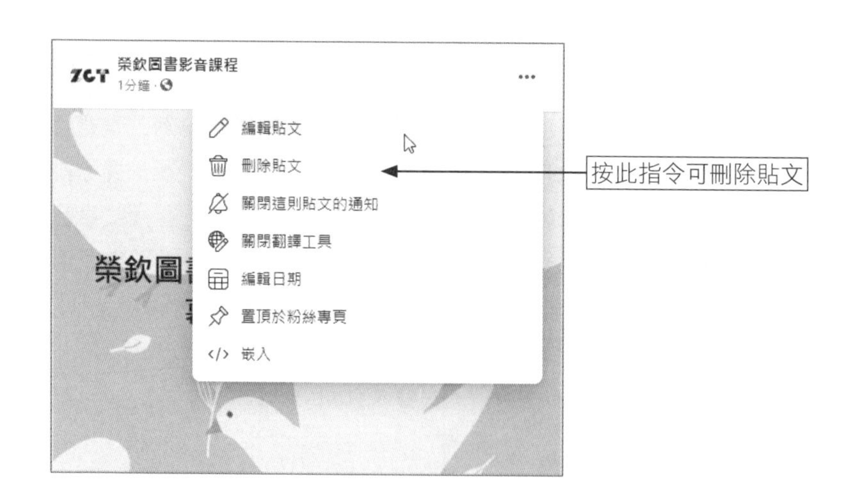

粉絲專頁的管理者，如果想在自己管理的粉絲頁上，以個人身份發表貼文或相片，只要點選右下角的大頭照，即可切換成個人身份。

經常分享與產品相關的生活創意或是應用案例是店家連結客戶的好方式，例如將你的品牌貼文分享數量很高的內容，或者確實可以解決你的粉絲痛點的文章進行置頂，將有助於你的品牌主打貼文曝光度最大化。對於目前粉絲專頁正在推廣的重點貼文，或是期望所有粉絲都要知道的重大訊息，可以考慮使用「置

頂」的功能來強制貼文置於頂端，讓所有進入粉絲專頁的所有粉絲都能看得到。設定方式很簡單，請在該貼文的右上角按下 ••• 鈕，下拉選擇「置頂於粉絲專頁」指令就能完成。

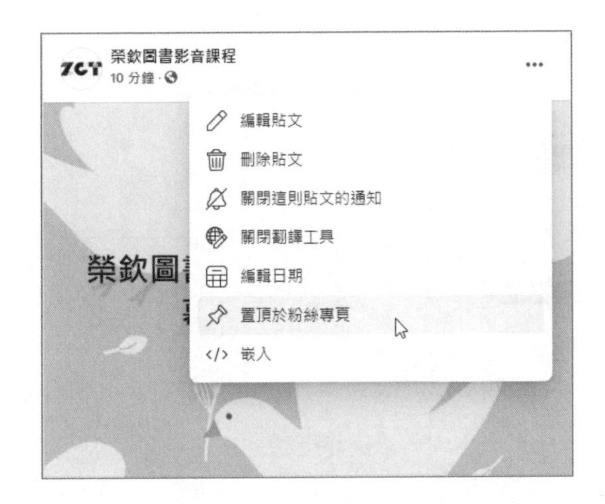

至於想要知道粉絲專頁目前已經累積多少個「讚」，或是想知道粉絲專頁有多少人在追蹤中，可在粉絲專頁封面下方點選「社群」的選項，這樣就能看到累計的總數。

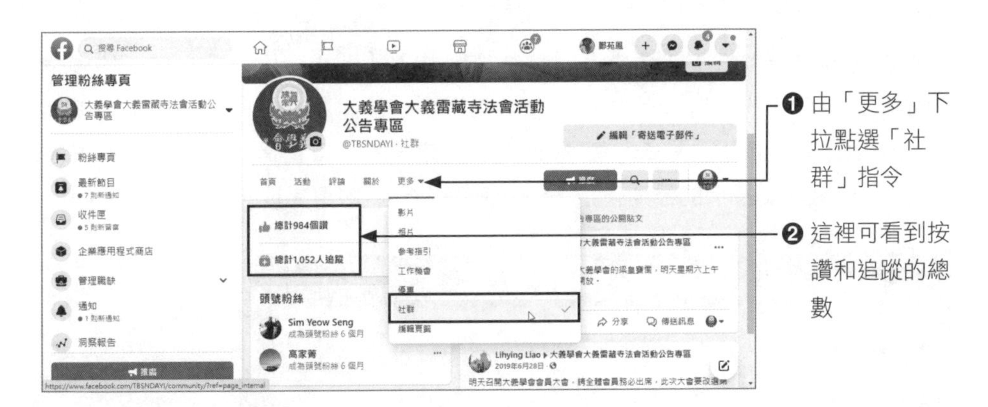

3-4-2 設定貼文排程

在編寫貼文時，如果希望貼文在指定的時間才進行公告，那麼可以使用「排程」的功能來指定貼文發佈的日期。請先由視窗左側按下「發佈工具」鈕，接著切換到「排定貼文」的選項，各位會看到如下的視窗：

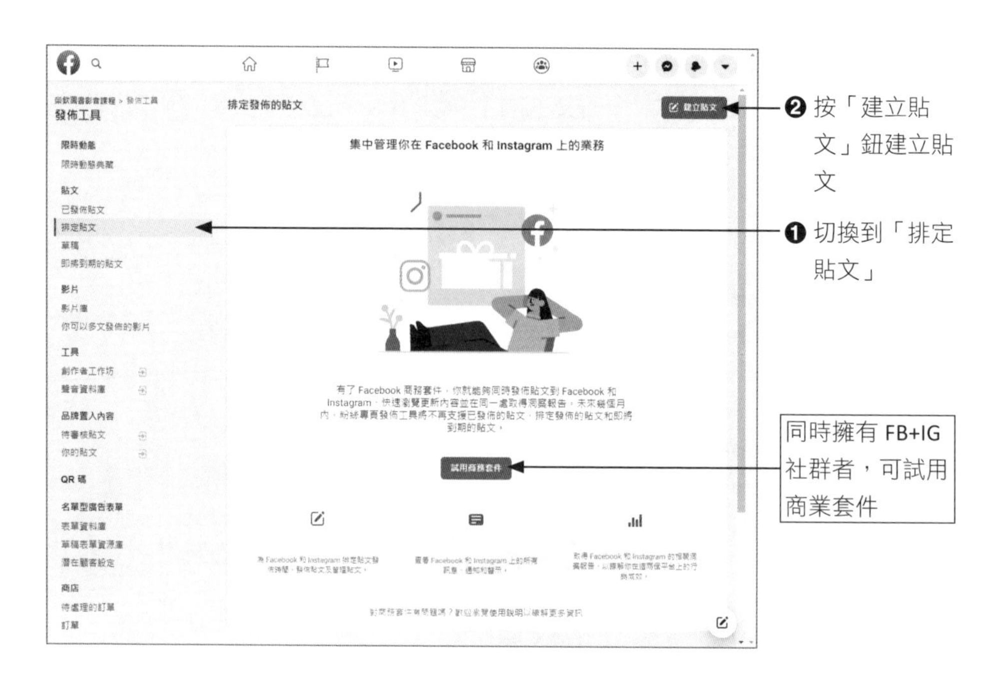

在新版的臉書功能中有提供商務套件的功能，能夠讓管理者同時發布貼文到 Facebook 和 Instagram 上，並且快速瀏覽更新的內容以及在同一處取得洞察報告。不過未來的幾個月內，粉絲專頁的發布工具將不再支援已發佈的貼文，或是排定發佈的貼文囉！

各位在上面視窗中按下「建立貼文」鈕後將進入如圖視窗，由「文字」的欄位中輸入你要發布的內容，就能立即在右側看到「桌面版」或「行動版」動態消息的顯示效果，按下「發布」鈕旁邊的下拉鈕，就可以選擇「排定貼文發佈時間」，在你選定要發佈的日期後按下「排定時間」鈕即可完成設定。

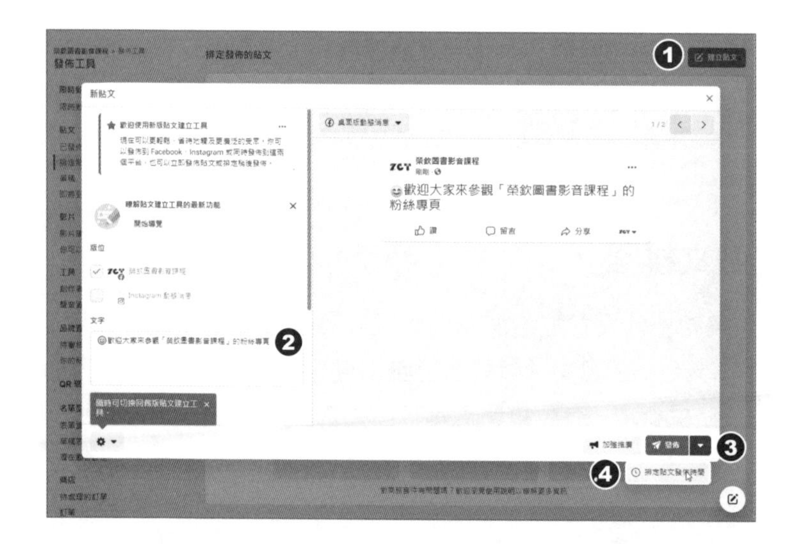

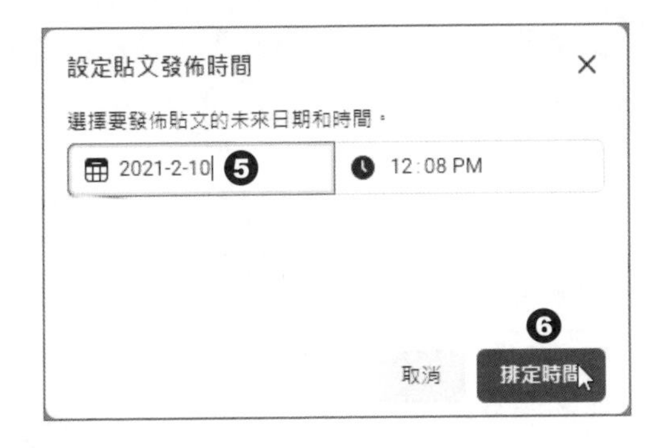

3-4-3 分享相片 / 影片

從傳統「電視媒體」到現在「人手一機」，社群行銷不是傳統的電視廣告，訊息出現與更新的速度更快，因為你的貼文只有 0.25 秒的機會就要吸引住粉絲的眼球，也意味著文字可能淪為配角，圖片與影音將會成為主流，影片特別是吸睛的焦點，因為對於粉絲會帶來某種程度的親切感，也能創造與消費者建立更良好關係的機會。例如紐約相當知名的法國菜名店 Baked by Melissa，就成功運用讓人垂涎欲滴的相片有趣貼文，使每道菜都變成超級吸睛的精靈，讓粉絲更願意分享，同時與當地法國菜粉絲建立一種相當緊密的聯繫互動。

▲ Boucherie Union Square 美輪美奐的用餐相片

當各位要分享相片 / 影片時，請由貼文區塊按下「相片 / 影片」鈕，接著點選「上傳相片 / 影片」的選項。

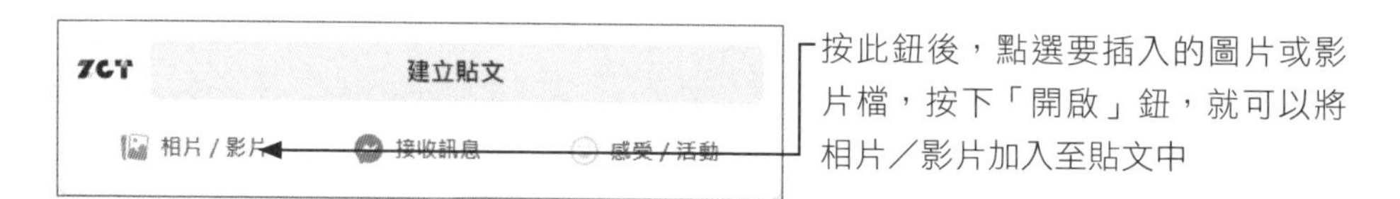

根據調查，相片比文字的觸及率高出 135%，而留言率更會高出一倍！相片被點閱或分享的機會絕對比單純文字來的高。至於所發佈的相片，臉書允許用戶進行相片的裁切、旋轉、標註相片和加入替代文字。只要滑鼠移入相片，即可點選「編輯」鈕進行編輯。

3-4-4 新增相片 / 相簿

FB 每天新增的貼文多到滑不完，如果拍攝的相片不夠漂亮，很難吸引用戶們的目光，只要各位秉持圖片講究自然不能太多加工，持續發佈主題一致而且高畫質的圖片，就有可能讓粉絲人數增加。要新增相片 / 相簿到粉絲頁上，點選「相片」頁籤後，按下「建立相簿」鈕也可以建立相簿。

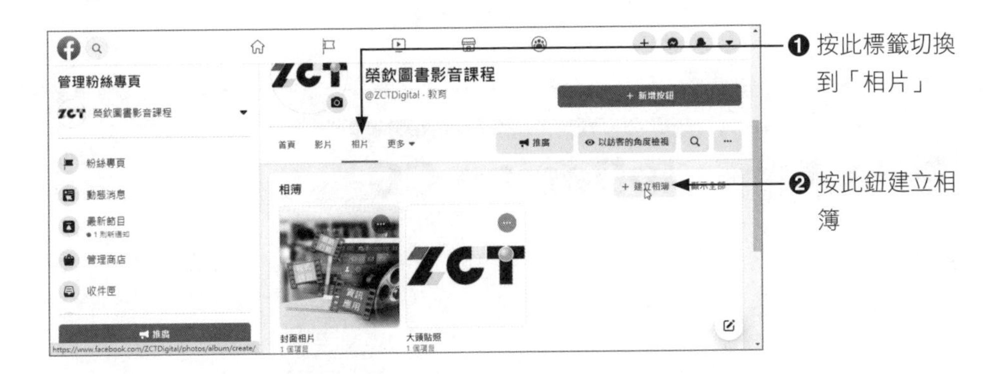

選擇「+ 建立相簿」鈕，接著是看到如下的視窗，你可以為新增的相簿訂定標題，也可以為相簿加入説明文字和地點的標示，再將你要使用的相片上傳上來。

你也可以針對個別的相片在底下進行説明，設定之後按下「發佈」鈕就可將相片發佈出去。

發布之後，請在封面下方按下「以訪客的角度檢視」鈕檢視粉絲頁，就能看到剛剛發布的貼文了！

3-4-5 貼文中加入表情符號

在社群的經營的重點上，其實就是與人對話，根據調查顯示，很多用戶每天都會使用表情符號，而且有一半以上的回文也都至少用到一個以上的表情符號。因為我們每天都過著緊張嚴肅的生活，粉絲團有趣的貼文風格可能是粉絲一天的活力來源，有效利用符號不但可以輕鬆表達當下的心情，還可以透過符號來加強宣導並吸引用戶目光。經常在別人的貼文中看到許多小巧可愛的圖案，不管是各種臉部表情、吃、喝、玩、樂、看、聽、慶祝、支持、同意…等，都可看到可愛的小插圖穿插在文字當中。

如果要在貼文中加入這些小插圖，可在貼文區下方點選「感受 / 活動」☺ 的項目，接著點選類別、再依序點選次要的項目，就能加入期望的貼文圖案了。

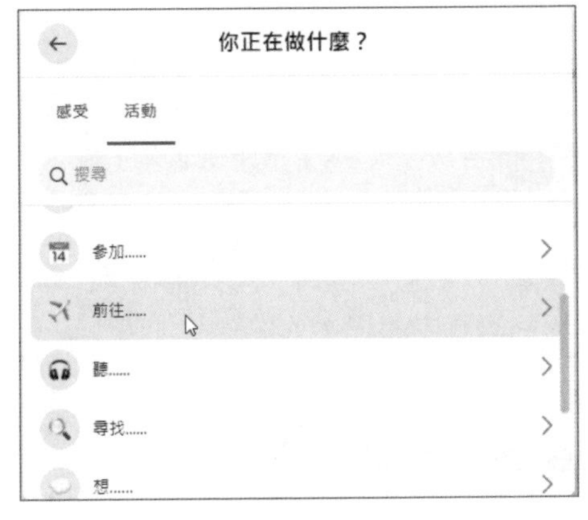

▲ 先點選主類別

▲ 接著選擇次要選項

如圖所示是加入前往旅遊地的圖案，當選擇國家或城市時，還會自動插入該地區的地圖喔。

3-4-6 上傳臉書封面影片

粉絲專頁的封面相片現在也可以顯示為動態的影片喔，不過它有一些限制，影片長度必須介於 20-90 秒之間，並且至少要 820 x 312 像素，而臉書建議的大小則為 820 x 462 像素。比它大的尺寸可以被接受，屆時再以滑鼠拖曳的方式來調整位置。

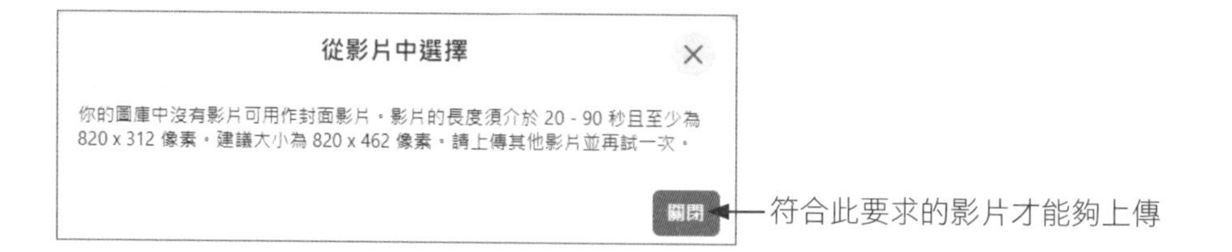

要將臉書的封面變更成影片形式，請由封面相片的右下角按下「編輯」鈕，下拉選擇「從影片中選擇」指令，即可從你粉絲專頁中將已上傳的影片加入。

選定檔案後，如果影片的尺寸與封面的尺寸不相吻合，多於的背景將以模糊的效果顯現，如下圖所示。

3-4-7 粉專封面設定為輕影片

粉專封面除了可以使用影片檔外，也可以製作成輕影片。所謂的「輕影片」是將 3-10 張的相片組合起來，其設定方式如下：

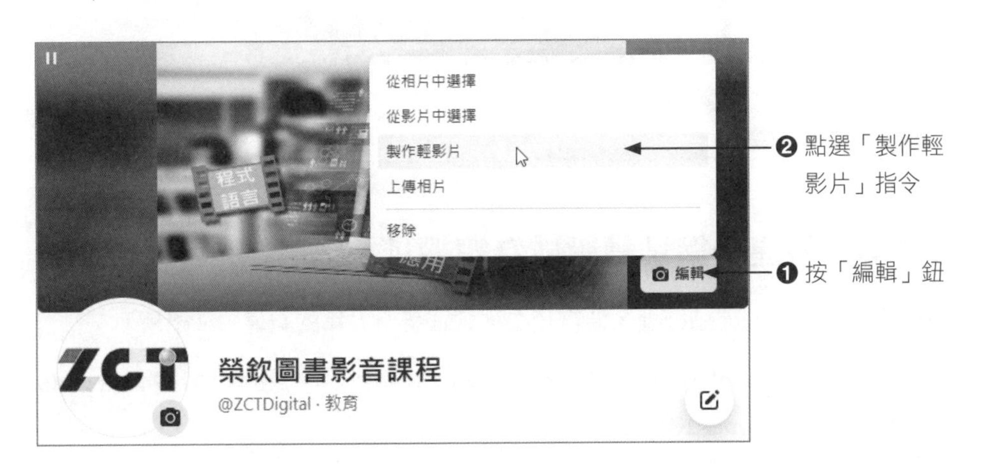

重新進入粉專後，你就可以檢視輕影片的效果了。

3-4-8　將連結網址轉設成為短網址

在臉書中所取得的連結網址，通常後面都會跟著一大串的數值，如下所示：

https://www.facebook.com/media/set/?set=a.1619418194973999.1073741833.1452627374986416&type=1&l=d58d55ea22

在你取得連結的網址後，不妨利用縮短網址產生器來將一長串的網址變更為短網址，像是 is.gd、Weibo、PicSee、TinyUrl、BitLy 等都可以使用，最好能將這個短網址加到任何有機會曝光的行銷方式，包含放置於你的名片、電子郵件、網站、其他社群（YouTube、Instagram、Line）等，或是你在 Google 搜尋列上輸入「短網址服務」的關鍵字，就可以找到相關的線上工具。如下圖所示是縮短網址產生器的網址：https://www.ifreesite.com/shorturl/

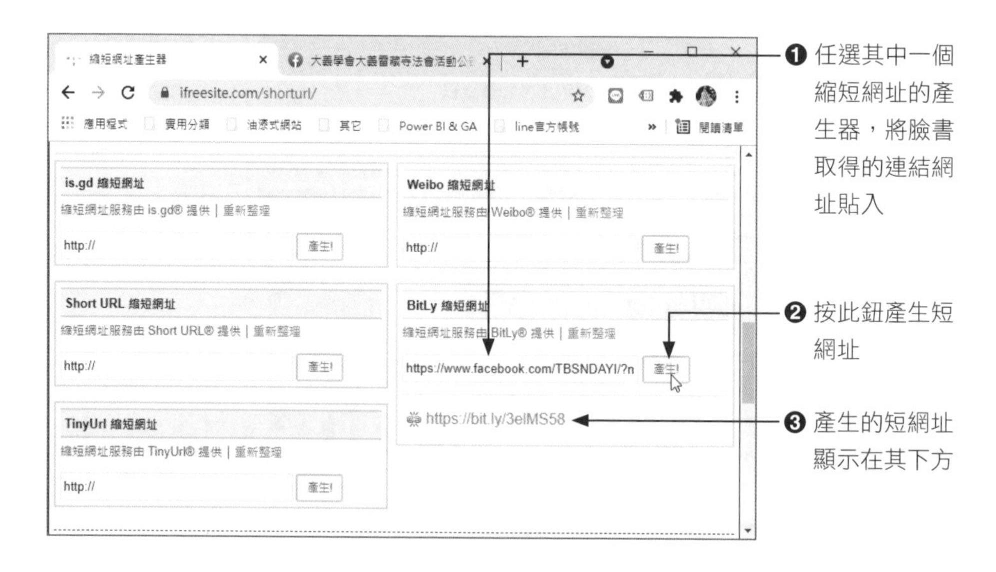

接下來複製該短網址，再將網址貼入所需的社群網站或地方，如此一來，一大串的網址就只變成「https://bit.ly/3elMS58」。

3-5 粉專零距離推廣密技

如果各位的粉絲專頁觸及率範圍有限，就需要依靠推廣策略來達到擴大效果。粉絲專頁必須掌握經營方法與擬定好推廣策略，這些策略不外乎舉辦各項活動、設定里程碑、建立推廣、建立優惠、或刊登廣告等，藉此擴大潛在客群，讓還沒對粉絲專頁按讚的用戶也能看到您的內容。

3-5-1 舉辦活動

粉專經營最重要的就是和粉絲互動，有良好的互動，就有讓人驚喜的曝光，那麼舉辦活動就是個不錯的點子。在臉書裡，除了在粉絲專頁發佈商品的各種訊息和相關知識外，也可以透過活動的舉辦來推廣商品。經營者可以針對粉絲專頁的特性來設計不同的活動，或是藉由活動的舉辦來活絡粉絲專頁與粉絲之間的互動，讓彼此的關係更親密更信賴。在粉絲頁上建立活動，這也是促進消費行為的關鍵要素，通常需要設定活動名稱、活動地點、舉辦的時間、活動相片、或隱私設定等，這樣就可讓粉絲們知道活動內容。

店家要針對粉絲專頁舉辦活動，請由建立貼文下方點選建立 活動 鈕即可建立新活動。目前可以建立的活動可以分為「線上」及「現場」，其中「線上」可以透過 Messenger 包廂線上聊天或直接使用 Facebook Live 直播或讓各位新增外部連結。而「現場」就是指在特定時間地點與參加活動的人一起聚會。

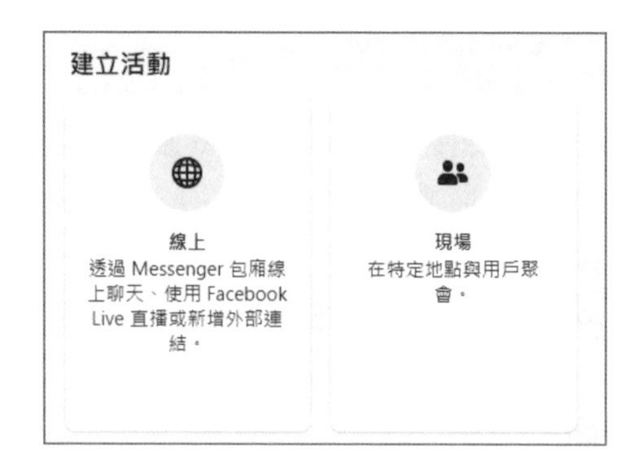

如果按下「線上」可以接著選擇「活動類型」，分為「一般」及「課程」兩種類型，如下圖所示：

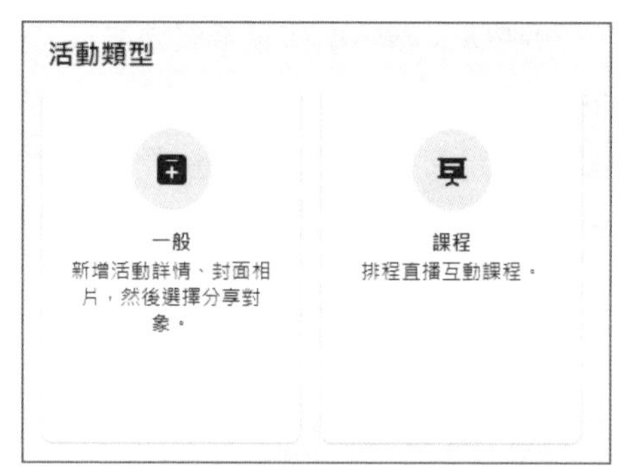

當決定好活動類型後，接著就必須設定活動入場費，可以有免費及付費的兩種選擇：

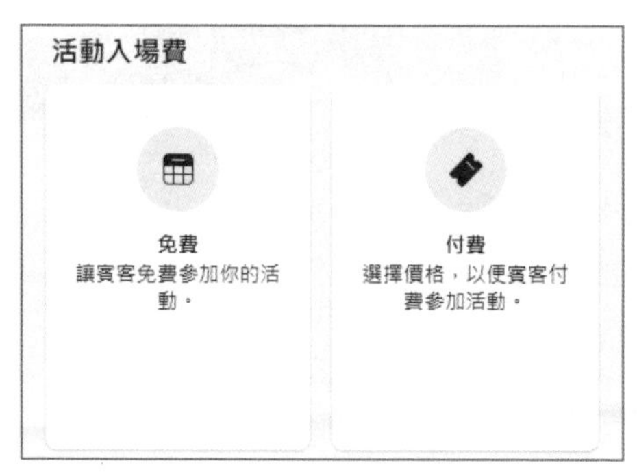

一切就緒後就必須輸入活動的詳情，諸如活動名稱、地點、開始時間及結束時間，就可以進行發佈。

3-5-2 優惠折扣大方送

通常品牌粉專在建立初期時，會建議採用大量曝光的方式來推廣，例如舉辦優惠活動是各個店家最常使用的一個功能。粉絲專頁上建立優惠、折扣，或是限定時間的促銷活動，可讓客戶感受賺到和撿便宜的感覺，不僅可以吸引既有顧客回流，還能為店家帶來新客群。店家所建立的優惠折扣，可以設定用戶在實體商店或是在網路商店中進行兌換，儲存店家優惠的粉絲都將自動收到提醒通知，以便在優惠到期前加以兌換。

店家要建立優惠功能，請由建立貼文下方點選建立 優惠 鈕即可隨意建立和分享優惠，用戶儲存你的優惠之後，就會在優惠到期前收到通知。

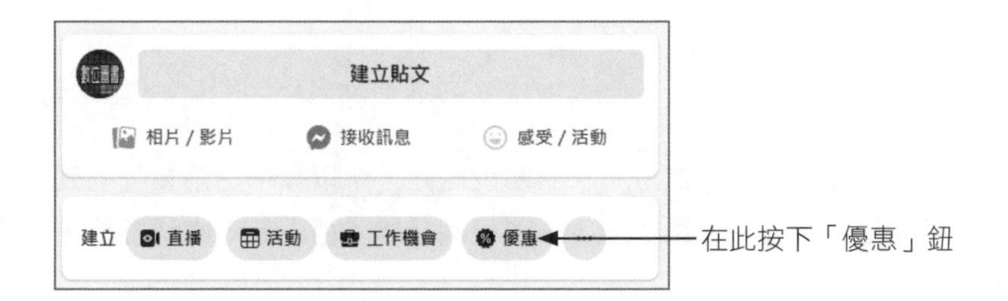

接著會到如下的視窗，請設定優惠名稱、折扣類型、折扣百分比或促銷的廣告圖片，按下「發佈」鈕就可以進行發佈。

特別注意的是，一旦建立優惠就無法再次編輯或刪除，所以發佈之前要仔細確認所有的產品資訊是否有誤，千萬不要「千」元商品變「百」元，賺錢不成先賠掉所有本。

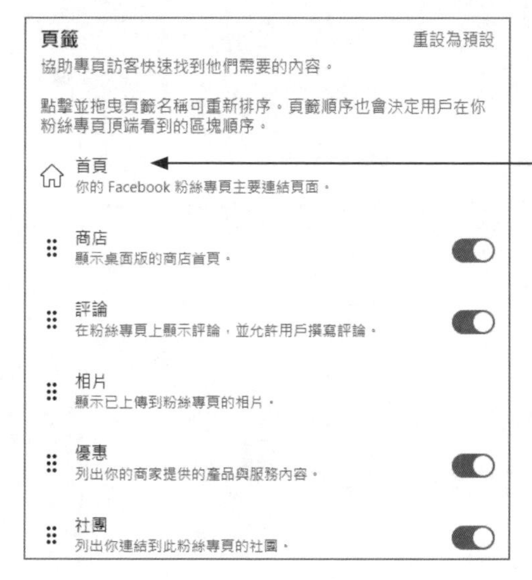

3-5-3　下載粉絲專頁副本

對於自己所用心經營的粉絲專頁，不管是分享的貼文、相片、或影片，如果想要下載下來保存也是可以做到！你可以隨時下載 Facebook 粉絲專頁資訊副本，包括下載所有資訊，或只選擇想要下載的資料類型和日期範圍。

店家要下載粉絲專頁副本，請在粉絲頁的「設定」標籤中，由左側先點選「一般」頁籤，接著點選「下載粉絲專頁」後方的「編輯」鈕。

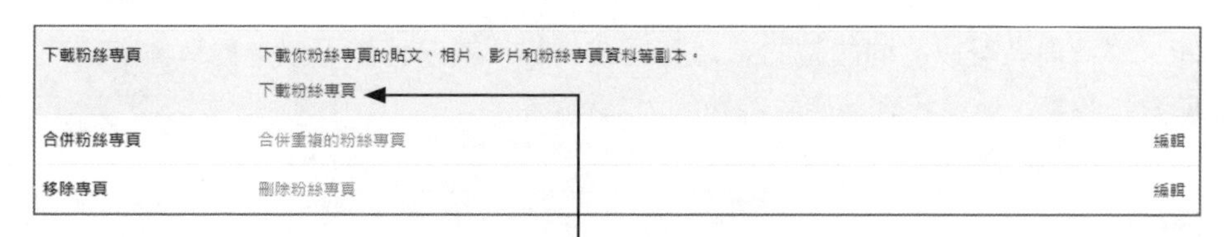

接著會出現下圖視窗：

你也可以選擇以 HTML 格式接收資訊以利查看，或使用 JSON 格式以便輕鬆將資訊匯入其他服務。「下載資訊」程序受到密碼保護，以確保帳戶安全。建立副本後，僅有幾天時間可下載檔案。

3-5-4 使用影片建立播放清單

影片所營造的臨場感及真實性確實更勝於文字與圖片，只要影片夠吸引人，就可能在短時間內衝出高點閱率。粉絲頁的「影片」頁籤，提供了播放清單的功能，讓管理者可以將同類型的影片整理在一起，讓粉絲們可以針對有興趣的主題進行瀏覽，快速找到他們有興趣的內容。

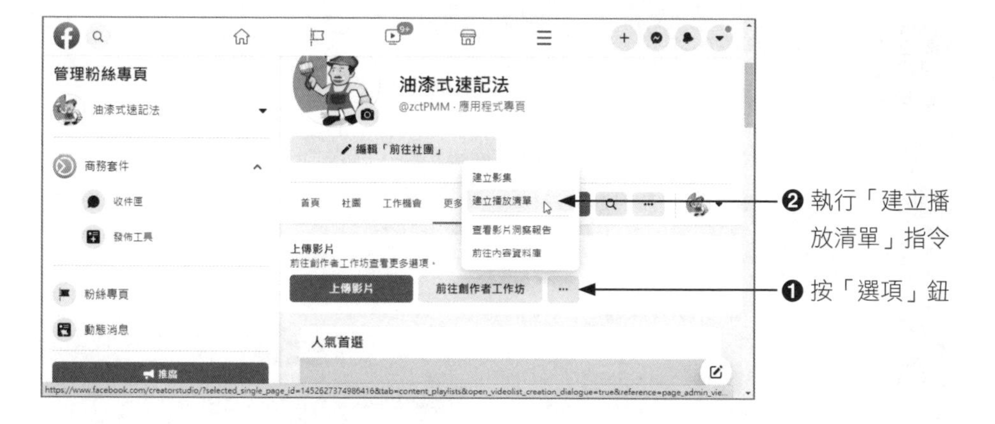
管理粉絲專頁
油漆式速記法
商務套件
收件匣
發佈工具
粉絲專頁
動態消息
油漆式速記法
@zctPMM · 應用程式專頁
編輯「前往社團」
建立影集
建立播放清單
查看影片洞察報告
前往內容資料庫
首頁
社團
工作機會
上傳影片
前往創作者工作坊查看更多選項。
上傳影片
前往創作者工作坊
人氣首選
❷ 執行「建立播放清單」指令
❶ 按「選項」鈕

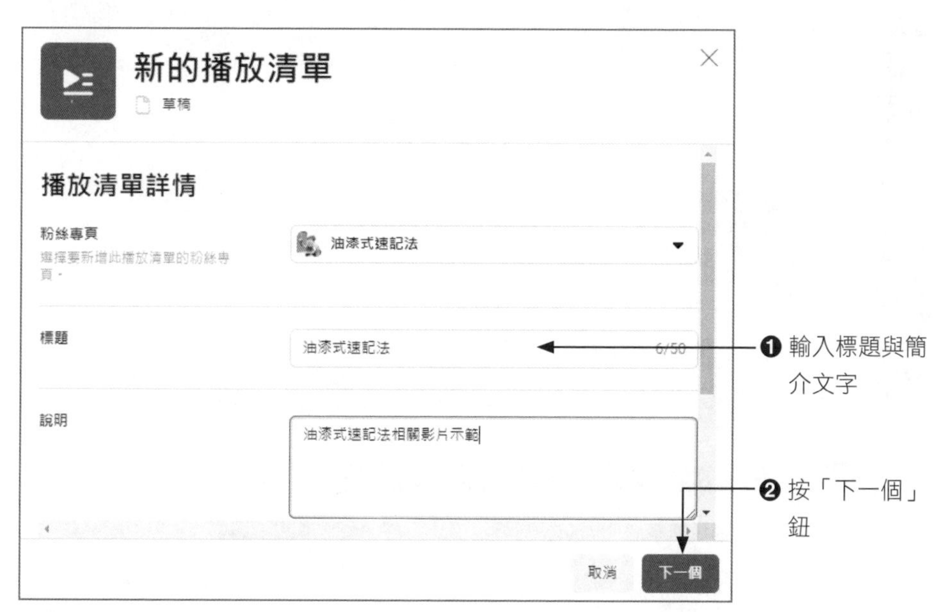
新的播放清單
草稿
播放清單詳情
粉絲專頁
選擇要新增此播放清單的粉絲專頁。
油漆式速記法
標題
油漆式速記法
6/50
說明
油漆式速記法相關影片示範
取消
下一個
❶ 輸入標題與簡介文字
❷ 按「下一個」鈕

油漆式速記法
草稿
0段影片
新增影片到你的播放清單
儲存為草稿
發佈播放清單
按此鈕從影片庫新增影片

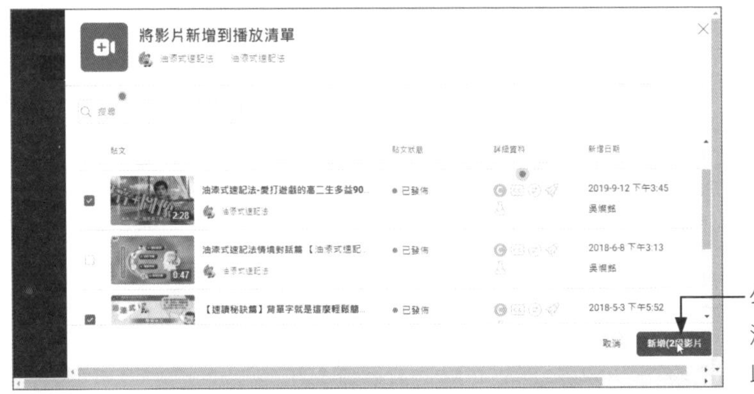

勾選要加入播放清單的影片後按此鈕

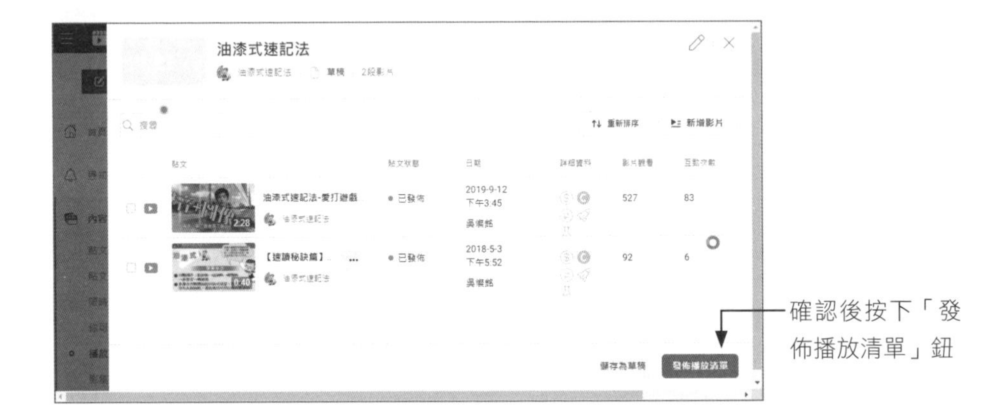

確認後按下「發佈播放清單」鈕

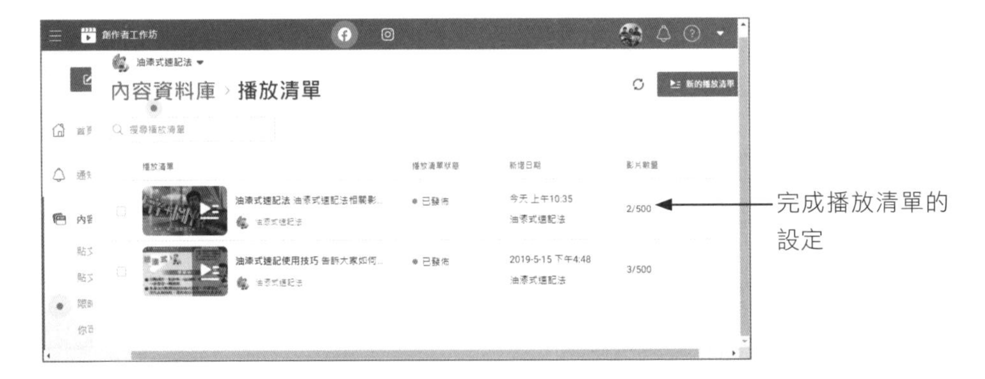

完成播放清單的設定

3-5-5 粉專數據分析

社群平台雖然都有不同的優勢，但不是將商品資訊張貼出去就能順利賣出商品，所以主動宣傳與推廣自家的粉絲專頁是有必要的，像是收集貼文的讚數後，可再邀請粉絲們對專頁按讚，因為喜歡貼文內容的人會對貼文按讚，但他們並不會特別對粉絲專頁按讚，所以行銷時要記得邀請曾經對貼文按讚的潛在粉絲們到粉絲頁按讚。

❶ 按於貼文下方的按讚人數

❷ 按「邀請」鈕可邀請對專頁按讚的人成為粉絲

粉絲專頁的貼文觸及率就好比人潮，張貼出去的商品資訊如果沒有觸及率，代表有沒有人走進店裏和看到商品，所以人潮流量的增加代表著商品或服務在人前大量曝光。

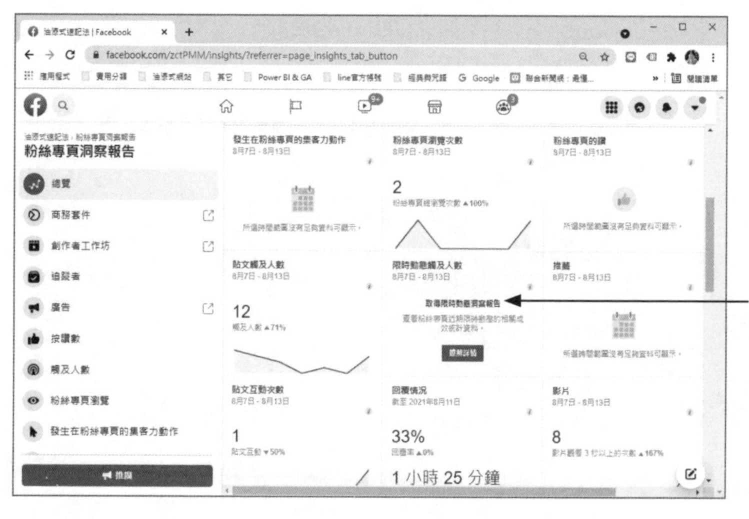

粉絲專頁的洞察報告可以清楚看到每篇貼文的觸及人數與參與互動的人數多寡

在社群網站中，觸及人數和按讚人數較多的貼文，往往被視為該粉絲團的最主要的人氣指標。店家可以針對這些超人氣的貼文、分享率較高、互動性較高的貼文，不妨可投放付費的廣告，這樣就可以低成本獲得較高的互動效果。各位可直接按下貼文後方的「加強推廣貼文」鈕進行付費推廣。

大多數的社群媒體都有提供基本的數據分析功能，擁有 28 億用戶的臉書記錄著用戶一舉一動的資料，使用越久數據越多越精確，透過這些數據資料可以掌握貼文的曝光度、了解哪些類型的內容較受歡迎、粉絲所在區域、年齡、性別等。分析並解讀這些資訊，才能在加強推廣貼文時找到所需的潛在客戶，才不會白白將銀彈投放到錯誤的群眾。對於有興趣了解相關資訊的個別粉絲，建議可以運用 Messenger 與其保持互動，盡可能為其量身打造，滿足他們的特定需求。

3-5-6 建立你問我答

最近 Facebook 又推出舉辦「你問我答」的貼文活動，讓你向其他網友發問問題，開放好友在留言區發問，你可以逐一回答問題，如果要結束這個活動，也可以直接從選單中執行「結束你問我答」指令就可以結束這項貼文活動。

按「舉辦你問我答」

按「繼續」鈕

輸入這個活動的相關文字說明後，按下「發佈」鈕

活動中可以在此輸入文字進行相關的內容回覆

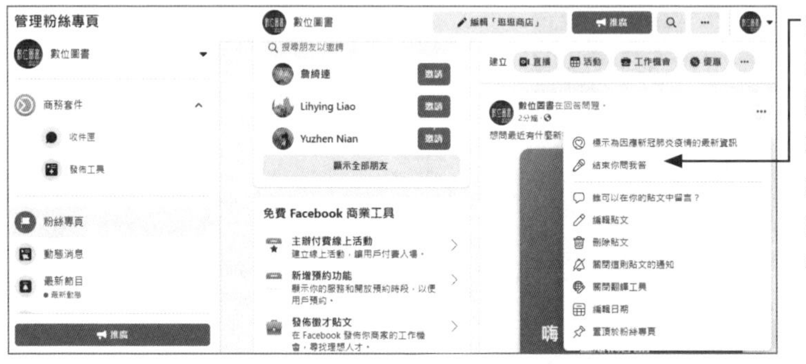

如果想關閉「你問我答」，可以點選你問我答貼文右上角的「…」鈕，執行選單中的「結束你問我答」指令。

3-6 觸及率翻倍的聊天機器人

許多店家過去為了與消費者互動，經常需要聘請專人全天候待命服務，不僅耗費人力成本，也無法妥善地處理龐大的客戶量與資訊。聊天機器人（Chatbot）則是目前許多店家客服的創意新玩法，背後的核心技術即是以「自然語言處理」（Natural Language Processing, NLP）為主，利用人工智慧（Artificial Intelligence, AI）電腦模擬與使用者互動對話。聊天機器人是一種自動行銷化工具，不僅可以降低人工回覆的工作，也能建立另一種溝通的管道，而且聊天機器人被使用得越多，它就有更多的學習資料庫，也能更精準地提供產品資訊與個人化的服務。這對許多粉絲專頁的經營者或是想增加客戶名單的行銷人員來說，聊天機器人就相當適用。

Tips

自然語言處理（Natural Language Processing, NLP）：就是讓電腦擁有理解人類語言的能力，也就是一種藉由大量的文本資料搭配音訊數據，並透過複雜的數學聲學模型（Acoustic model）及演算法來讓機器去認知、理解、分類並運用人類日常語言的技術。

目前許多店家粉專都在使用 FB 聊天機器人，可以協助粉專更簡單省力做好線上客服的行銷工具，以往店家進行行銷推廣時，必須大費周章取得用戶的電子郵件，不但耗費成本，而且郵件的開信率低，而聊天機器人可以直接幫你獲取客戶的資料，例如：姓名、性別、年齡…等臉書所允許的公開資料，這些資訊可以當作你未來傳送訊息的對象。

當店家使用 FB 聊天機器人時，聊天機器人會先連結至商家的 FB 帳戶，取得商家公開的個人檔案與電子郵件，同時會管理商家的粉絲專頁，一旦與其他用戶有了第一次的互動後，聊天機器人就可以傳送與接收臉書的訊息，而其他用戶使用 FB 聊天機器人傳送訊息給粉絲專頁的同時，其實也預設成為品牌推播的對象。

聊天機器人可以協助商家開發自動回覆訊息，而且店家也不需要寫任何一行的程式碼。例如 ManyChat、Chatisfy 聊天機器人程式等，只要使用聊天機器人來製作一些常用問題或回答按鈕，當客戶有疑慮時，點擊按鈕就能自動回覆。如果消費者在商家的臉書上留言，系統就會自動私訊回覆預設訊息，由於用戶的開信率高，而粉絲留言時立即回覆與互動，不但給予粉絲們流暢的體驗，也提高了粉絲專頁的自然觸擊率，大幅降低廣告預算。

不管各位使用何種的聊天機器人程式，基本上聊天機器人都會先連接到你的粉絲專頁，因為提升粉專互動度可以有效提升觸及率，這也是每個粉專都非常需要的指標，如果你有多個粉絲專頁，也可以選擇在哪個粉絲專頁上進行運作。粉絲專頁的連結隨時可以取消，所以商家不需要擔心。下面就介紹兩款聊天機器人工具 ManyChat 和 Chatisfy 供各位參考。

3-6-1 聊天機器人工具 -ManyChat

ManyChat 是非常熱門的 Facebook Messenger 聊天機器人工具之一，由於 Messenger 的使用率和點擊率都比電子郵件高出許多倍，而且 ManyChat 可以輕鬆將 Messenger 用戶轉換為訂閱者，擴展 Messenger 受眾。ManyChat 可以免費試用，所以各位不妨連接到它的官方網站（https://manychat.com）進行試用。

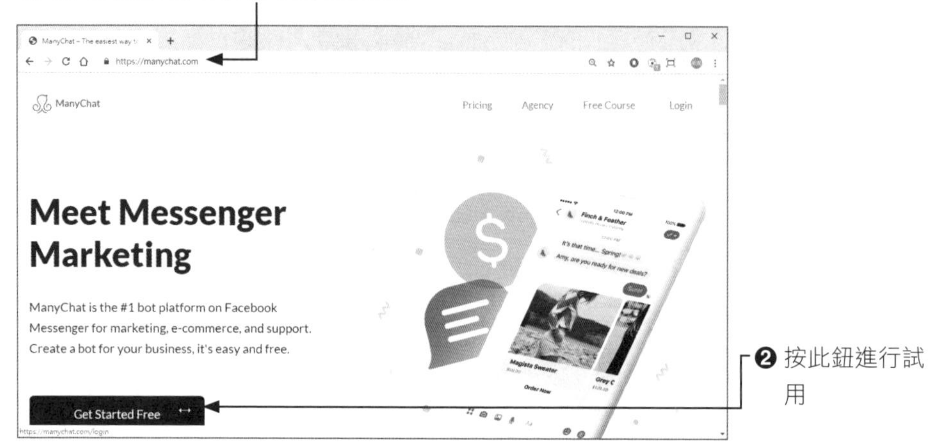

接下來只要依照官網的指示登入臉書帳號、選定要連結的粉絲專頁、輸入姓名 / 密碼等資訊，就可以完成帳戶的建立。如下所示是 ManyChat 的視窗介面：

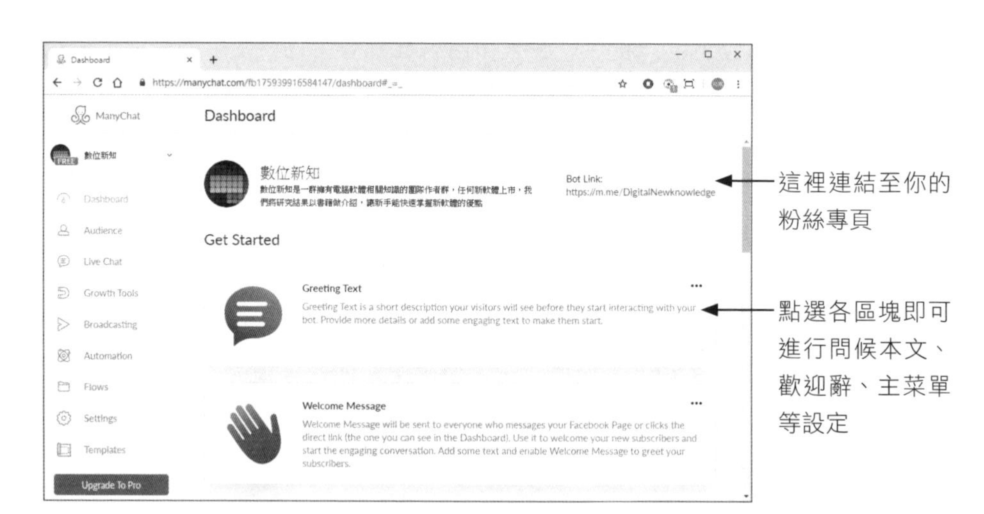

如果你不太習慣英文介面，也可以按右鍵在網頁上，在快顯功能表中執行「翻譯成中文（繁體）」指令，就可以將該網頁翻譯成中文呦！

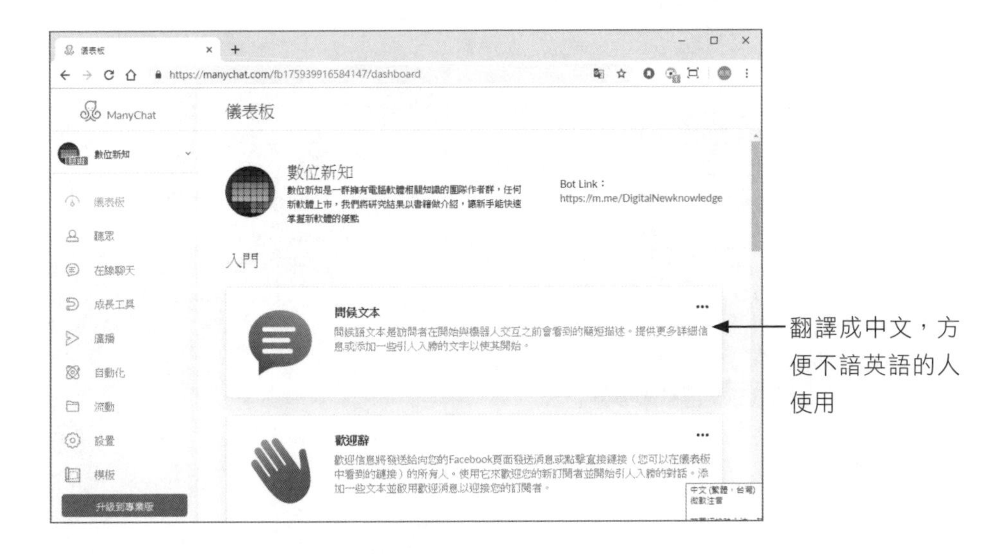

各位可以在「Dashboard」儀表板的類別中，針對問候本文、歡迎辭、主菜單等進行設定。以「Greeting Text」問候本文為例，這是當訪客開始與機器人互動之前所出現的簡短描述。點選該區塊後就可以進入「機器人設置」的畫面，請在區塊中輸入你要表達的文字內容，文本限制為 160 個字元，你可利用右下角的按鈕來加入表情符號，設置完成即可立即預覽效果，相當的方便。

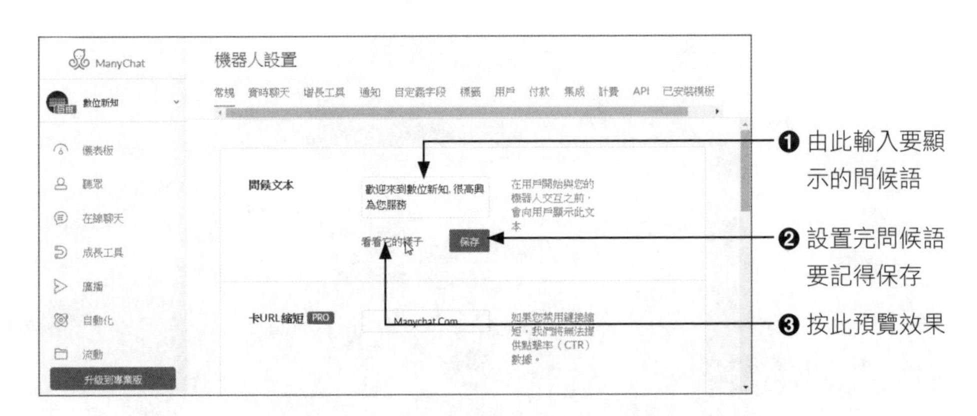

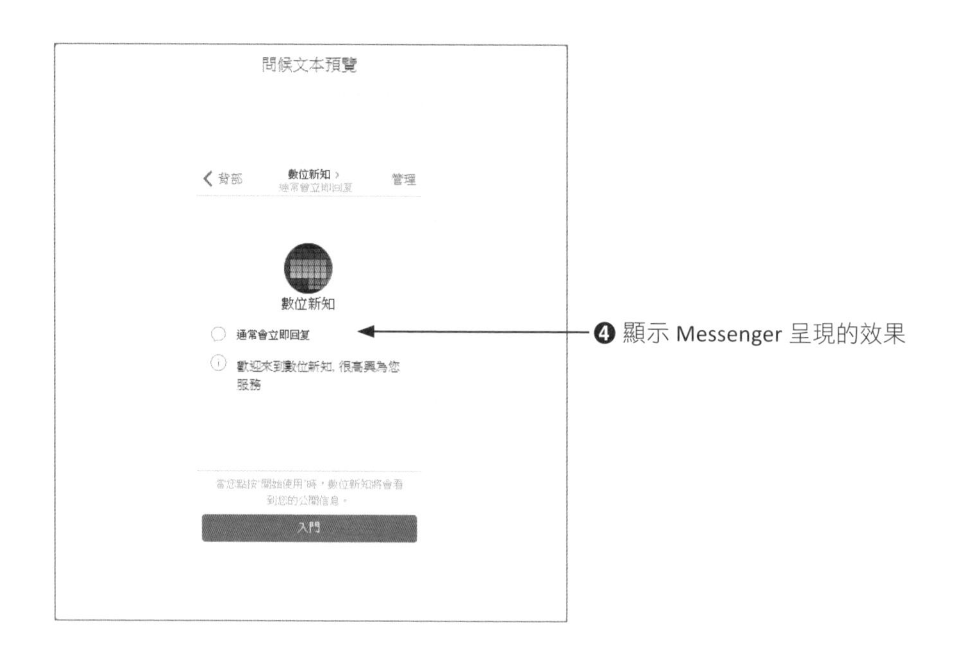

3-6-2　聊天機器人工具 -Chatisfy

Chatisfy 也是許多品牌使用的聊天機器人工具之一，全中文介面而且簡單易操作，能整合網路開店功能，當你申請試用時，會收到 Chatisfy 寄來的電子郵件，協助新使用者管理後台、建立貼文回覆、關鍵字、新增自動客服、上架商品等，想要免費使用，可到它的官網 https://chatisfy.com/ 進行申請。

當各位進入 Chatisfy 的管理後台後，通常會先看到如下的空白頁面，讓用戶自訂所需的機器人。

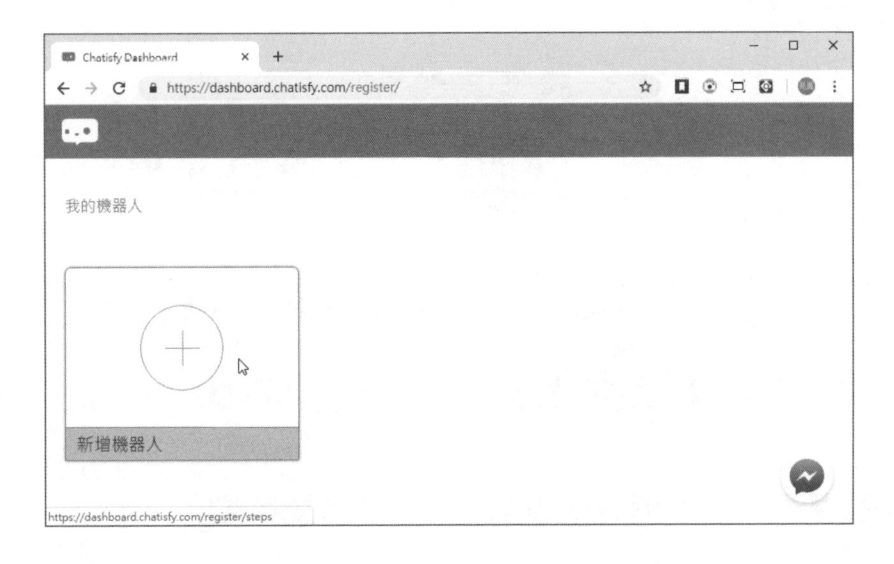

新增機器人時會經過三個步驟，包括「連接粉絲團」、「新增機器人」、「設定幣值與時區」等，如下圖所示。

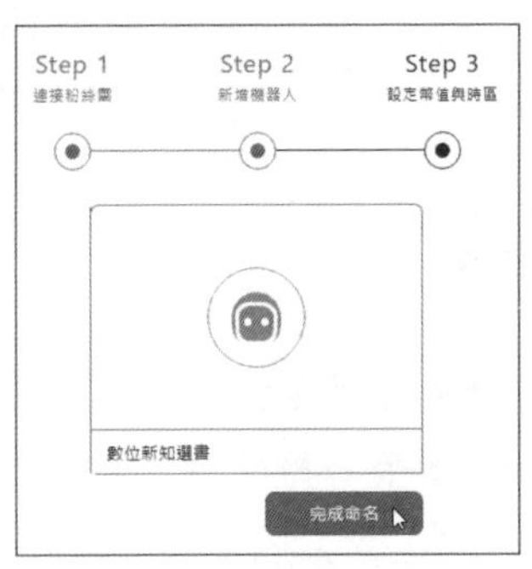

完成如上設定之後，下回進入後台就可以看到你所自訂的機器人，點選即可進入機器人的編輯狀態。

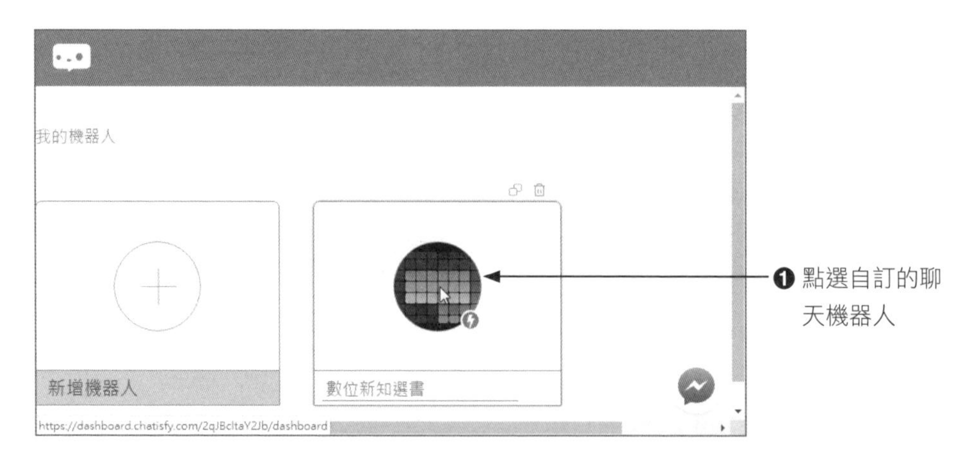

3-6-3 自動回應訊息

店家想要讓聊天機器人可以自動回應粉絲，各位可以利用上方的「自動回應」鈕來建立，點選之後就會看到「歡迎訊息」的視窗。

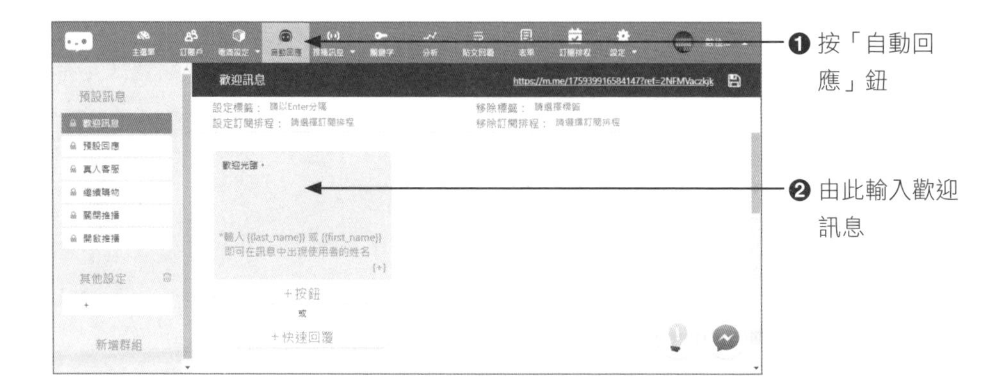

店家可以在方框中輸入歡迎的文字內容，如果想要加入訪客的姓名也沒問題，按下右下角的「+」鈕，就可將「姓氏」或「名字」加入歡迎訊息中。如果想要提供訪客進行選項的選擇，可按下「+ 按鈕」，再從新增的按鈕中輸入想要出現的按鈕文字。

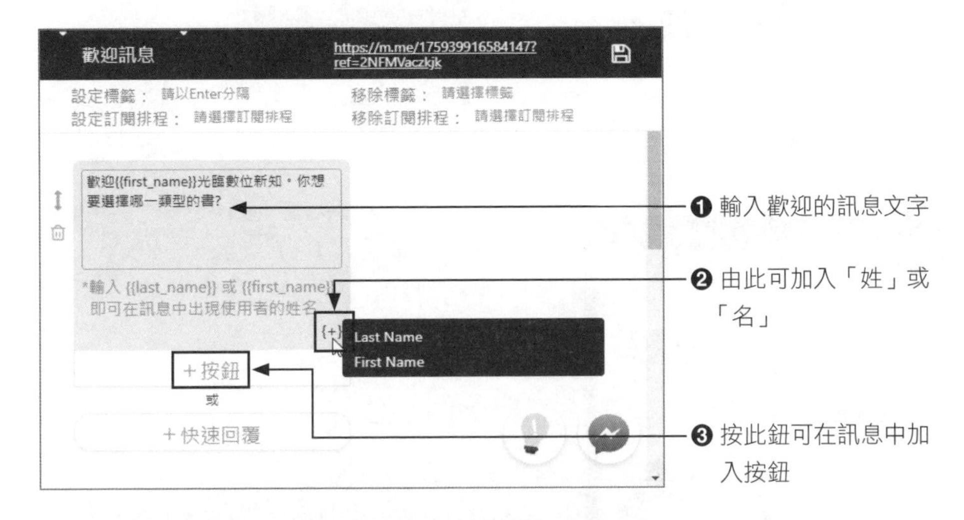

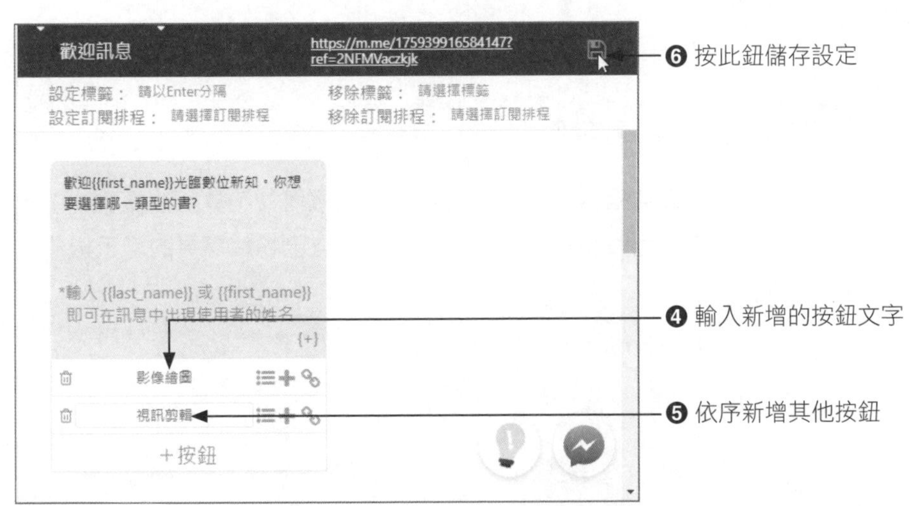

當店家建立如上的歡迎訊息，並完成儲存的動作後，一旦有其他訪客進入商家的粉絲專頁並按下「發送訊息」鈕，聊天機器人就會自動開啟 Messenger 視窗，只要訪客按下「開始使用」鈕，就會進入自訂的聊天機器人畫面。

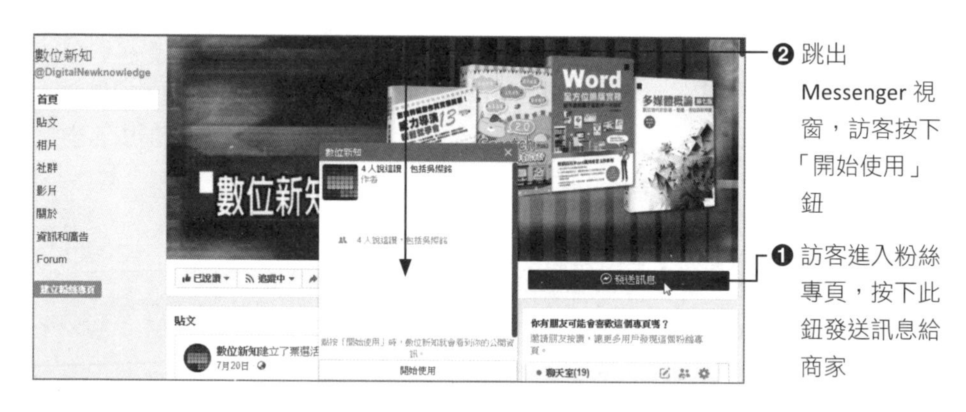

聊天機器人所能做的事情相當多元，而且每個聊天機器人工具所能做的功能也不相同，各位不妨多多比較和試用後，再選擇適合自己粉絲專頁的聊天機器人來使用。

最霸氣的業績爆發與社團行銷秘笈

社群行銷的主要目標是讓更多的顧客知道你的商品，特別是隨著越來越多的網路流量移動到社群平台上，如何在行銷設計中主動抓住粉絲的注意力與優化社群媒體上的創意。雖然臉書行銷的門檻較低，每個人都能自己動手操作來增加品牌或是產品的曝光度。

隨著臉書不斷改變演算法，粉絲專頁觸及率持續下降，新的行銷工具及手法也不斷推陳出新，因此想要在臉書行銷領域嶄露頭角，除了擬定適當的策略外，紮實的基本功及掌握創新工具也是一大關鍵。成功的行銷不只要了解顧客需求與感受，行銷人員必須與時俱進的學習各種工具來符合社群行銷效益，本章中將要為各位介紹目前如何大幅提高轉換率的殺手級臉書行銷技巧。

▲ 漢堡王與麥當勞在臉書社群行銷上做出差異化策略

4-1 打卡經營與地標自媒力

自從蘋果的 iPhone 手機問世以來，低頭族現象大量普及，「滑手機」已經成為現代人老中青三代的生活日常。當中所帶動的各種行為，似乎都富含濃濃的行動商機，加上臉書推出「打卡」功能後，走到哪都打卡已經成為現代人生活的一部分。近幾年來甚至出現許多新興美食小店與餐廳，只要稍具一點與眾不同的服務和用心的付出，靠著網友在臉書打卡與粉專貼文短時間累積許多好評，我相信都能為店家創造出佳績，因而成為爆紅名店。許多店家或品牌紛紛仿效推出了一些非常有創意的行銷活動，打卡服務讓店家們能夠以折扣或優惠的方式來吸引顧客並建立他們的粉絲群。

貼文中直接點選商家名稱，即可前往該店家的粉絲專頁，增加曝光機會

臉書上的貼文內容也是商家的活廣告，讓看到這篇貼文的網友也會想去消費

例如很多人一到達某個旅遊勝地或餐廳，第一件事就是紛紛到處熱血打卡，用以昭告親朋好友忙我到此一遊。店家當然不能放過這樣的好機會，很多新開幕的店家，都會透過「打卡」功能進行行銷，只要來店客戶在店內用餐打卡，就會贈送食物或是以折扣方式優惠來店顧客，再加上顧客圖文並茂的心得貼文分享，創造出屬於餐廳的美食景點，當然真正讓人難忘的情懷，更可以吸引更多慕名而來的顧客。

4-1-1 地標打卡

「地標」通常是指某一具有獨特的地理特色或自然景觀地形，讓遊客可以看地圖就任知所處的位置。當有人在臉書上進行打卡而新增地點，或是在個人資料中輸入任何與地址有關的資訊，這些地點資訊就會變成日後其他人的「地標」。在臉書中地標對於行銷的用途，就是可能把自己的店當成一個景點，打卡服務讓店家或品牌們能夠以折扣或優惠方式來吸引顧客，地標也可以讓店家精確的規劃您所欲提供的優惠，當打卡次數達到一定程度時，更也可以選擇要提供多少的折扣與次數，並建立屬於店家的粉絲團，訪客可以利用打卡跟他們的朋友圈說他們來過這個點，而在打卡時拍的店家照片或有趣的文字描述，不知不覺中也能為店家帶來宣傳效果。

「打卡」屬於在地化的服務，各位想要利用智慧型手機在店家進行打卡，除了可帶出打卡的名稱外，還可顯示打卡所在位置。各位請在手機的臉書 App 上按下「在想些什麼？」的區塊，使進入「建立貼文」的畫面，接著點選下方的「打卡」鈕，手機會自動將你所在位置附近的各個地標顯示出來，直接由清單中點選你要打卡的地標即可。

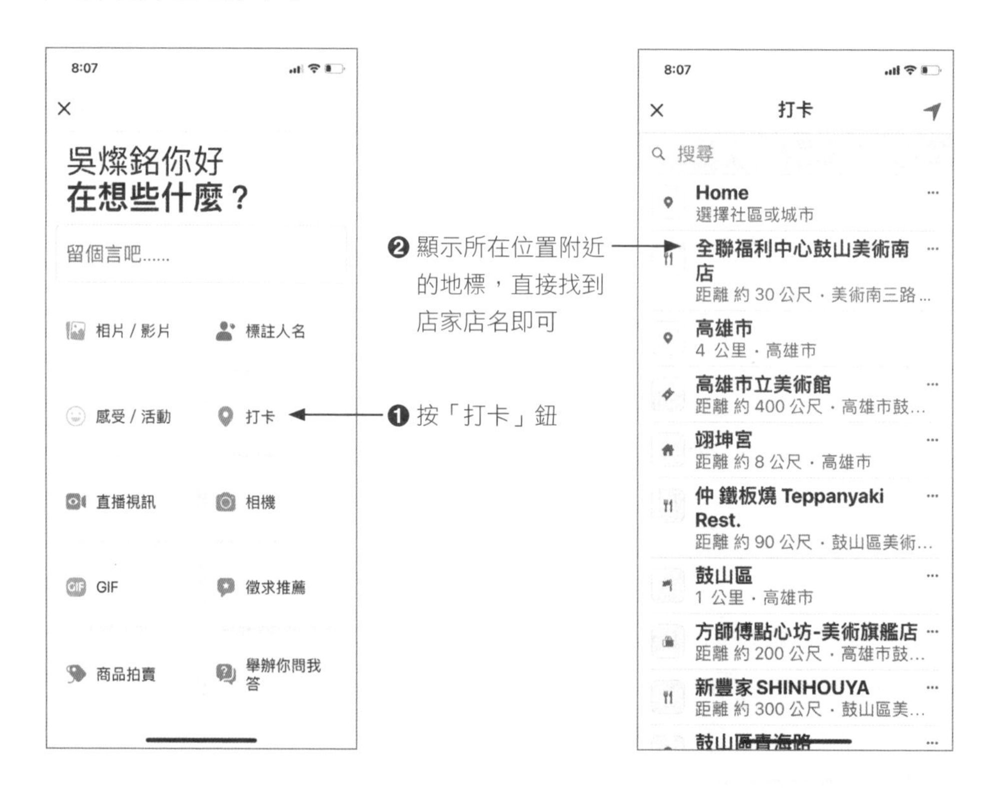

設定地點之後該地標的位置就會顯示在地圖上，各位只要輸入你的想法就可以進行「發佈」，完成打卡的動作。

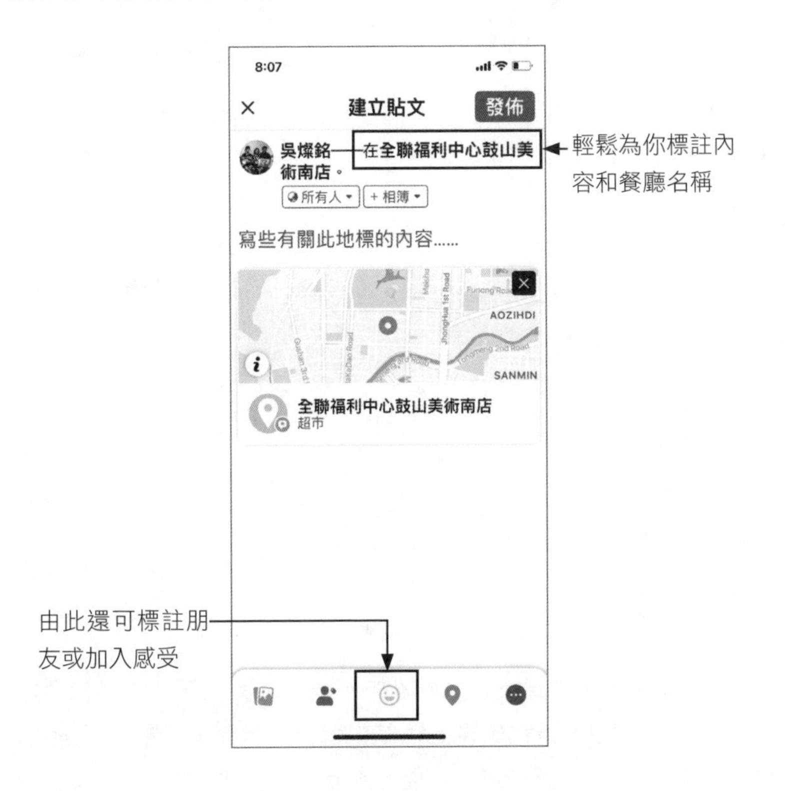

當各位在某個地點進行打卡時，也可以一併將朋友標註進去，這樣就可以從訊息中直接找到相關的人，達到更方便溝通與交流的便利，如下頁右邊的圖所示，按下右下角的 鈕後可以顯示「標註朋友」的畫面，直接選取朋友，按下「完成」鈕，該名成員就會標註在貼文之中。

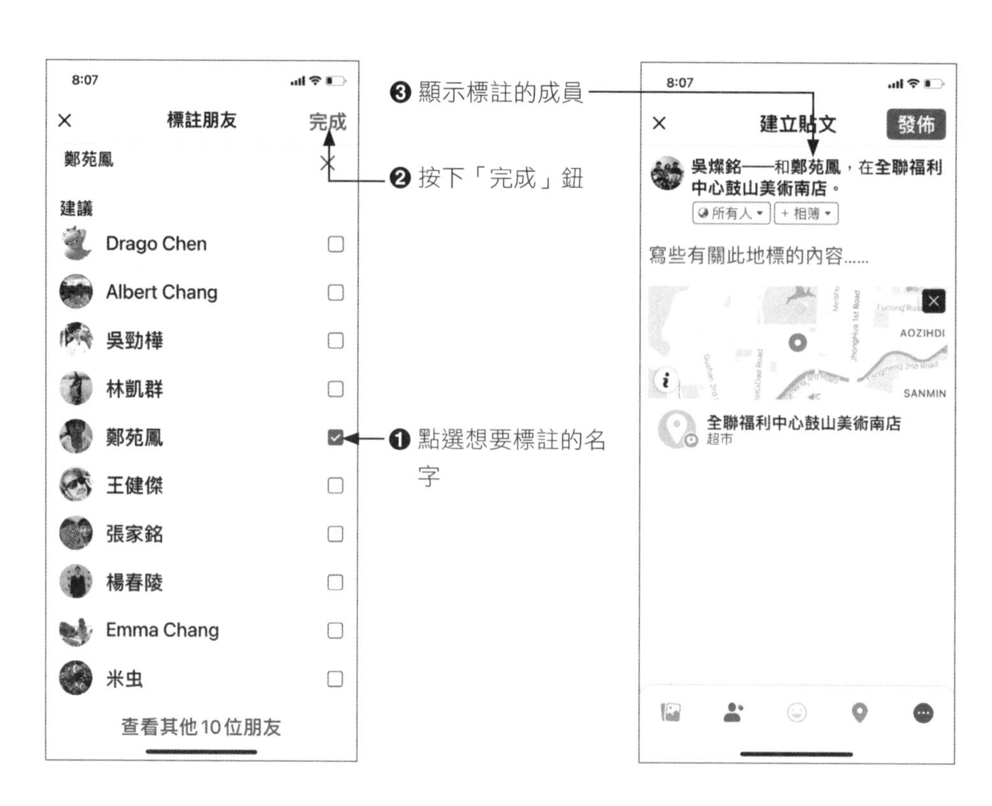

在打卡同時，除了標註朋友外，也可以加入個人感受或正在從事的活動！請在畫面右下角按下 ☺ 鈕，再從出現的選單中選擇「感受 / 活動」，即可看到如下的「感受」、「活動」等標籤，選定你要的感受或活動即可加入打卡之中。

4-1-2 建立打卡新地標

如果店家尚未建立打卡點，我們就說明何建立新地標。目前地標的建立只能使用行動裝置來建立，請同上方式在臉書中按下「打卡」鈕，因為尚未建立打卡地標，所以顯示的清單中不會有商家的地標。請在「搜尋地標」的欄位處輸入你要建立的新地標，如我們輸入「勁樺工作室」，接著按下「新增地標」的方框。

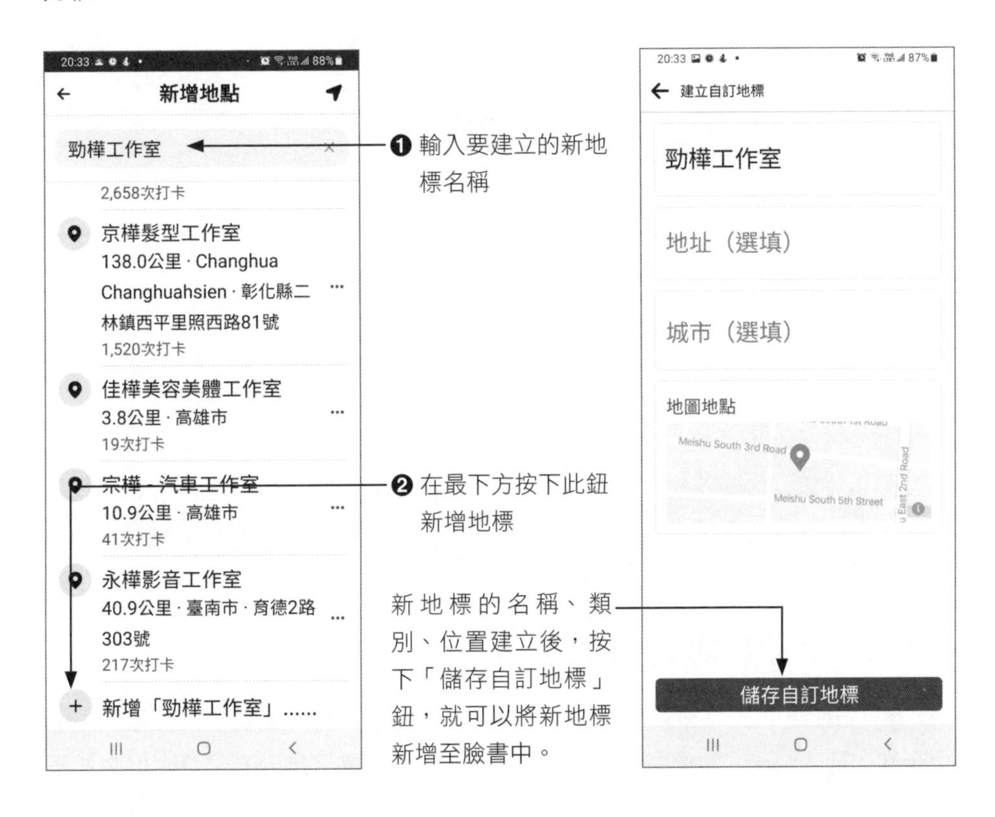

設定地點之後該地標的位置就會顯示在地圖上，各位只要輸入你的想法就可以進行「發佈」，完成打卡的動作。

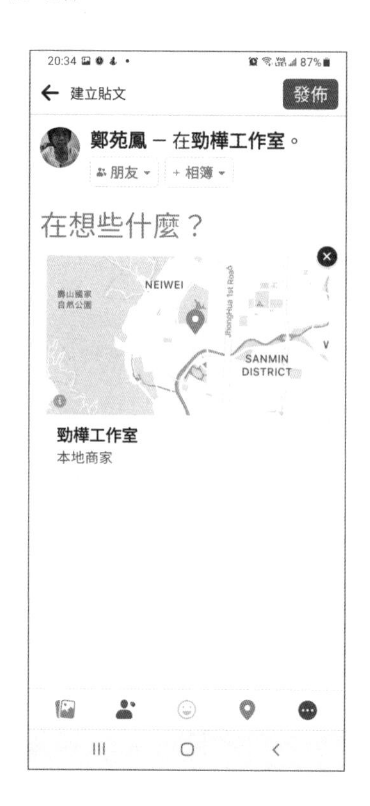

4-1-3 開啟粉專打卡功能

「打卡」功能不同於「按讚」功能，「按讚」是粉絲頁的預設功能，而且只能執行一次，而「打卡」功能沒有次數的限制，目的在標示自己的位置，但它並不是預設功能，這樣的打卡效果是漸進式，可以讓粉絲藉由分享不斷往外擴散。所以各位所建立的粉絲專頁，如果是營業場所、公共場地、餐館，想要開啟打卡功能，讓其他人可在該地進行打卡，那麼必須在「編輯粉絲專頁資訊」中開啟打卡地標功能。請在粉絲專頁下方切換到「關於」區塊，點按一下「輸入地點」的標籤：

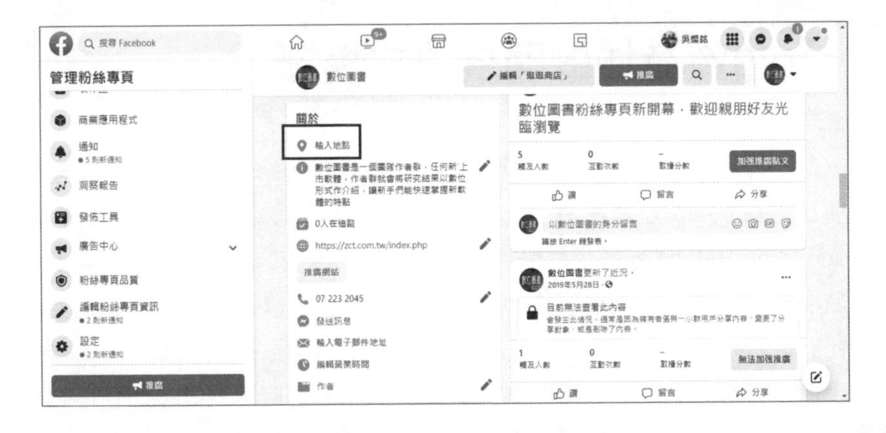

接著輸入店家地址，再勾選「顧客造訪位於此地的實體店面」的選項，若無勾選將會隱藏地址和打卡紀錄。

雖然打卡功能很方便，但是擁有粉絲專頁的店家或品牌並不一定都需要打卡功能，像是有些公司行號並不希望外賓參觀，或是粉絲專頁是以個人形象或品牌經營為主，並沒有實體店面的存在，就不需要有打卡功能，而多數的餐飲店面或遊樂場所則需要地標打卡來衝高人氣。

4-2 拍賣商城的開店速成捷徑

台灣人手機上網時間位居全球第一，每日平均使用 200 分鐘，而且其中使用臉書的時間約 50 分鐘左右，可見臉書上還真是處處充滿商機。拍賣商城（Marketplace）是因應臉書用戶購物拍賣的需求而產生的，不但可以張貼商品訊息或是搜尋其他商品，還可直接傳訊息與買家或賣家聯繫，未來臉書的目標不只是社群聊天分享內容的地方，更是一個巨大電子商城，能在 FB 平台直接與其他用戶進行交易，並以更直覺的方式購買的商品，直接跨足電子商務市場，希望讓用戶所有交易行為都留在臉書上，搶占社群電商的商機。

由於很多網友會經常造訪購物拍賣的社團，或是在粉絲專頁中的商店專區（Facebook Shop）進行購物，而多數網友在購物時都傾向透過私訊方式與店家進行聯繫，然後完成購買程序。臉書為了讓用戶有更直覺的方式購買商品，所以臉書推出了「拍賣商城」（Marketplace）。這是個純粹的 C2C 交易平台，能讓用戶自行上傳照片、並拍賣自己想要的商品，還可以很直觀地運用照片尋找附近的拍賣商品，拍賣商城跟以往的傳統拍賣網站不同，如果各位想成為賣家，也不需要填寫冗長的資料與商品細節，只要在臉書 App 按下 ☰（功能表）鈕，再下拉點選「Marketplace」 選項，就會切換到 Marketplace。

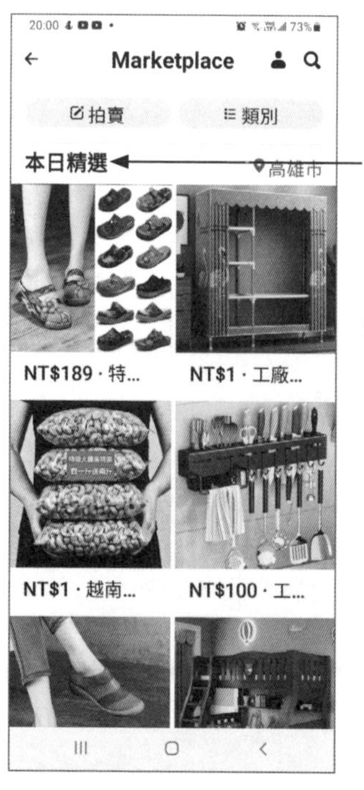

Marketplace 提供各種類型的拍賣物品

Marketplace 也有商家的行銷廣告，可進行購物

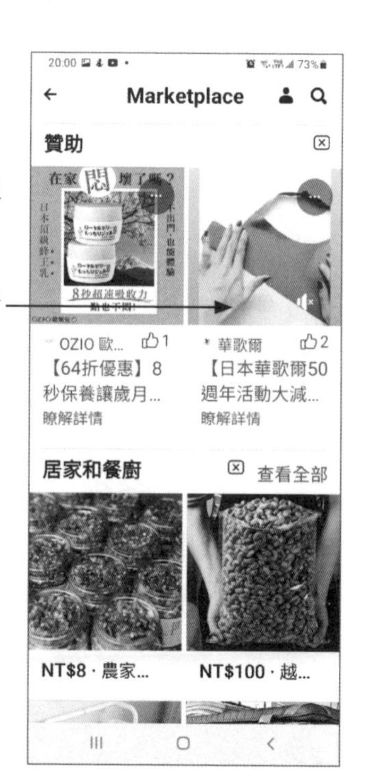

4-2-1　輕購物的完美體驗

Marketplace 上的拍賣物品相當多元化，不論是想找嬰兒服飾的新手奶爸，或是尋找珍寶古玩的老行家，Marketplace 都能讓用戶以更簡單的方法進行買賣。各位可以直接在畫面頂端搜尋列進行商品的蒐尋，找到商品所在地點距離、品項類別、價格等排序，也可以使用手指上下滑動來瀏覽各項拍賣的商品。由於 Marketplace 以直觀的方式運用照片搜尋附近拍賣的商品，各位可以直接點選圖片進入商品資訊的畫面，按下「傳送」鈕就可以知道是否還有存貨，有其他問題也可以發送訊息給賣家，相當方便。

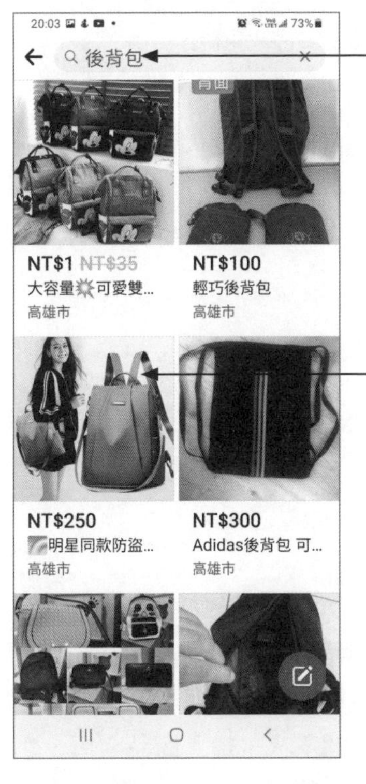

由此輸入想要搜尋的目標物

點選商品後，可以看到賣家地點、產品說明，或向賣家詢問詳情

預設值會詢問商家是否還有存貨，直接按下「傳送」鈕傳送訊

各位針對喜歡的商品，還可以在商品下方先按下 鈕進行儲存，等到都搜尋完成後再一起瀏覽或做抉擇。

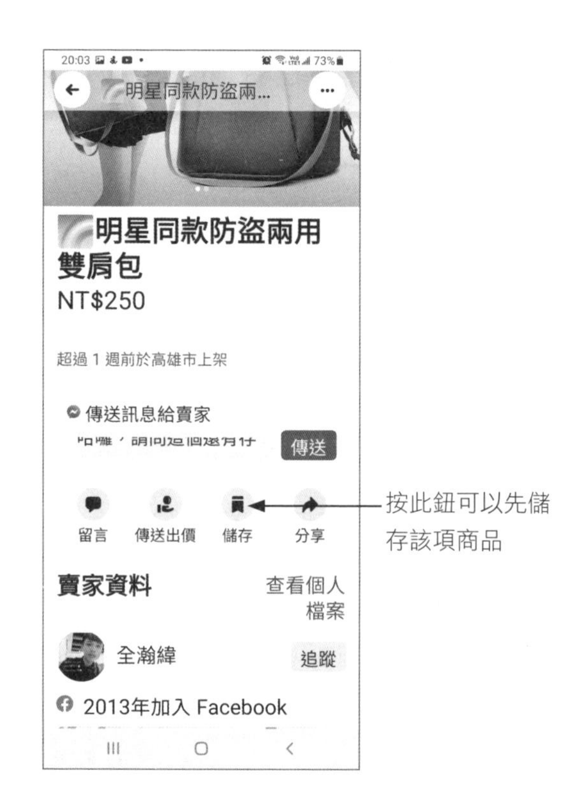

如果想要瀏覽你所儲存的項目，請在 Marketplace 上方按下「你」 鈕，接著點選「我的珍藏」，即可看到所珍藏的商品項目，直接點選商品圖片即可瀏覽商品或與賣家聯繫。

4-2-2　小資族也能輕鬆開店

商家或品牌也可以將商品放到 Marketplace 上進行販賣，特別是 Marketplace 比其他傳統的拍賣網站更簡便，都具備即拍即上架銷售的特性，商家不需要填寫一大堆資料和商品細節，只要預先將拍賣的商品拍照下來，輸入商品名稱、商品描述和價格，確認商品所在地點，同時選擇商品的類別，就可以成功將商品上架。由於 Marketplace 商品都是公開的內容，無論是否為臉書用戶皆能看到，因此透過此方式販賣商品也能增加商品的銷售業績。

如果你想透過 Marketplace 販買自家商品，只要在 Marketplace 上方按下「你」 鈕，在左下圖中點選「你的商品」，接著在右下圖中先按下藍色的「上架新商品」鈕，當下方的類別視窗跳出來時點選「商品」的選項，並依照商品性質選擇合適的商品類別。

進入「新上架」的畫面後，按下上方的「新增相片」鈕將已拍攝好的相片加入，依序輸入商品的標題、價格、類別、並加入商品的説明文字。輸入完成按下「繼續」鈕將可選擇要加入的社團，設定完成按下「發佈」鈕發送出去。

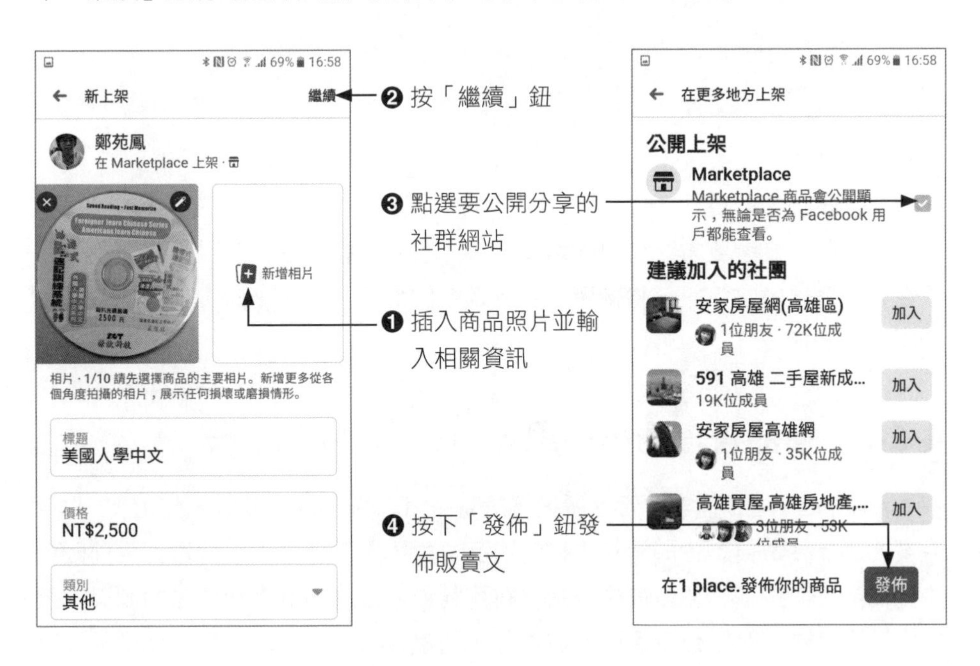

發佈商品後你會看到所販賣你的商品，你的商品會先經過審查，通過之後就會在商品上標示為「銷售中」。如果你還有其他的商品想要拍賣，依照相同方式繼續進行銷售即可。

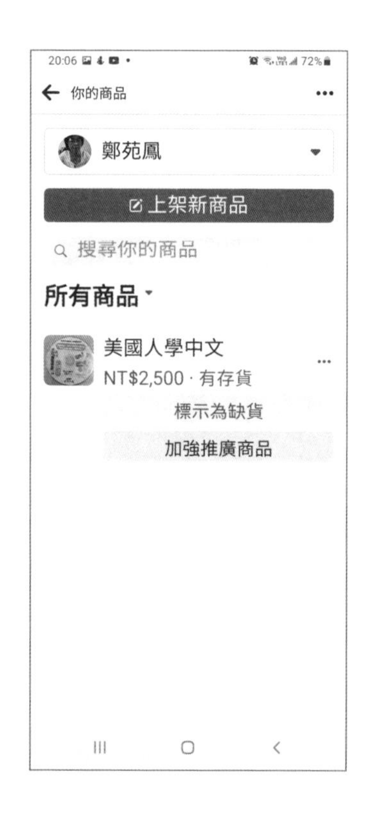

在 Marketplace 裡，當你決定購買物品，你可以直接傳送訊息給賣家，表達購買意願並出價，後續雙方便可討論購買細節。臉書不會干涉付款或交易流程，更不會插手運送貨物流等，臉書僅是交易媒合的場所，簡單來說，這個功效是免費不收服務費。

4-2-3　商品管理的小心思

在 Marketplace 上，商家要管理所拍賣的商品相當的容易，如左下圖所示，你所販賣的商品件數自動會顯示在「你的商品」之後，點選進入後會看到目前販賣中的商品，而按下「加強推廣商品」鈕可針對販售的商品進行廣告的刊登。至於「洞察報告」可讓你查看商品被瀏覽、被儲存、被分享的次數，以及是否有商務檔案追蹤者。

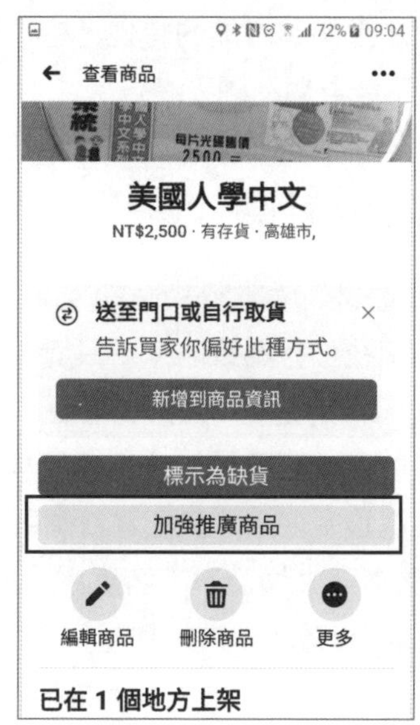

這裡販售的商品也可以透過分享的方式來進行免費的推廣喔！

4-3 社團經營贏家工作術

我們知道「精準分眾」是社群上最有價值的功能，臉書的社團（Group）是指相同嗜好的小眾團體，設立主要目的大部分是因為這群成員他們有共同的愛好、興趣或身份，如果你想學習新的技能，或是培養新的興趣，加入社團都是個好方法。臉書「分眾」能力的完美呈現就是透過多采多姿的社團功能，社團可設定不公開或私密社團，社團和粉絲專頁有點類似，不過社團則是邀請使用者「加入」，必須經過社團管理人的審核才可以加入，例如「熟女購物團」、「泰國代購」、「二手拍賣」、「爆料公設」、「雄中校友會」、「柴犬同學會」等。而社團的隱私性，反而提供了更多的空間讓每個成員來討論，其中的成員互動性較高，而且每位成員都可以主導發言，相較於粉絲專頁，有更多細節功能可設定與使

▲ 爆料分社眾多，每一社團都是 10 萬人起跳

用，社團更注重帶起討論的特性，這也使得社團從 0 到有的經營比粉絲團更加困難，而且不能針對社團下廣告。

4-3-1 建立社團

經常有店家會問「臉書行銷」領域中，難道就只有「粉絲專頁」嗎？可惜的是，很多品牌社群行銷策略似乎只看中粉絲專頁，卻很少運用到臉書中越來越流行的社團，特別是從 2017 年開始，臉書在社團機制的優化上下足了功夫，最大好處是能接觸到分眾明確的目標族群，例如想找住在高雄、喜愛瘦身、瑜珈、減肥等興趣愛好者，只要在臉書搜尋這些關鍵字便會出現許多相關社團。因應 FB 粉絲團貼文觸及率不斷下修，許多店家開始將經營重心放在 FB 社團，因此 FB 社團的經營近年來越來越受店家與品牌的重視。臉書的「社團」目前已擁有超過 10 億個用戶，社團最大價值在於能快速接觸目標族群，透過社團的最終目標不單是為了創造訂單，而是打造品牌。

Panasonic 單一型號的麵包機也能擁有 7 萬個會員

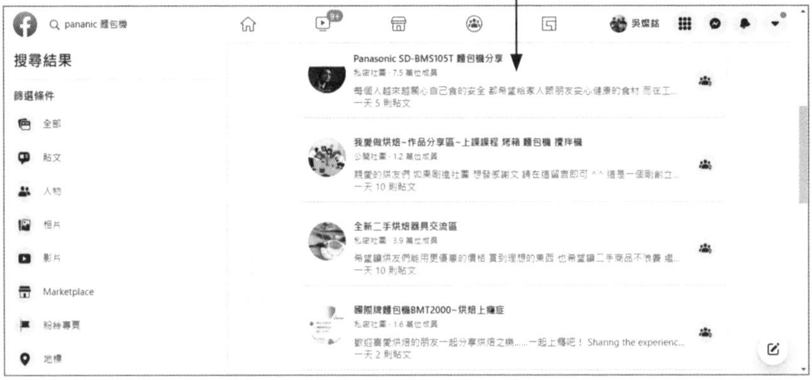

通常會加入社團的人大多是較死忠的鐵粉，因此貼文內容不得轉分享，社團用途十分多元，強大到甚至有單一型號的產品都有自己的社團，社團人數更高達上萬，從偶像粉絲、二手拍賣到各類汽車、手錶、攝影等休閒興趣聚會，例如 Panasonic 麵包機便是很好的範例，愛好者進入專屬社團且主動分享食譜。臉書社團可以分眾管理，匯聚志同道合的粉絲來進行客戶服務，也可以討論商品或作經驗的交流，如果你還不熟悉社團的經營，接下來的章節將為你詳細說明。

社團是臉書中很好用的功能，能把志同道合的朋友湊在一起討論與交流，大夥就興趣、愛好、職業等相同主題來呼朋引伴與共享資訊。首先要幫社團定義清楚的目標受眾與想要傳遞的核心價值，這些是社團經營的第一步，特別是要確定你想建立的社團是否已有相同性質的社團存在？並參考同類型社團的經營方向，瞄準重複性較低的區塊，讓你的社團做出區隔，就像是要開一間早餐店，也要先看過附近方圓 500 公尺有多少間早餐店一樣。

▲ 社團有點像是私人俱樂部的型態

社團的命名最好要能夠讓人用直覺就能搜尋，例如在社團名稱埋入關鍵字是個很重要的行銷技巧，當然社團名稱最好能讓人一眼看出要加入的社團性質，如果不能在 10 秒內讓人立馬決定點選加入社團，之後可能也很難吸引其他人加入使用。由於社團是以「個人」帳戶進行建立與管理，任何人要建立社團，新增成員到社團中，至少要 2 個人（包括自己）才能建立社團，各位只要從臉書右上角功能表 ⠿ 鈕下拉建立「社團」，就可以替你的社團命名和加入會員。

臉書的社團可以是公開社團、私密社團，差異性如下：

- **公開社團**：所有人都可以找到這個社團，並查看其中的成員和他們發布的貼文，非社團成員也能讀取貼文內容。
- **私密社團**：一般用戶無法在搜尋中看到社團，只有成員可以找到這個社團，並查看其中的成員和他們發布的貼文。

4-3-2　變更社團隱私設定

社團的隱私設定有公開、私密兩種，建立後的社團只要人數尚未滿 5000 人，管理者就可以隨時變更社團的隱私設定。公開社團可以變更為私密社團。管理員排定隱私設定變更時間後，有三天的時間可以取消該動作。公開社團一旦變更為私密社團，這項變更就無法復原。社團隱私變更方式如下：

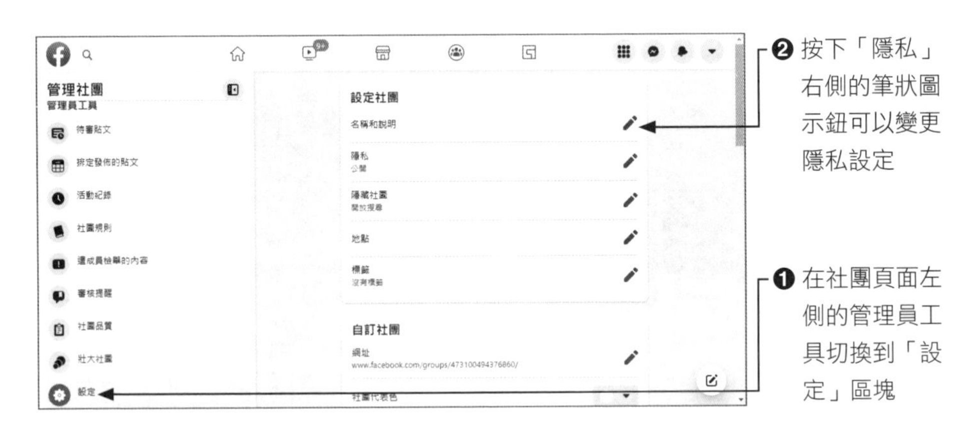

4-4 社團成員的管理

臉書的粉絲專頁的用戶稱為「粉絲」；加入社團的用戶則稱作「成員」，至於社團成立的方向最好參考同類型社團的經營方式與本身在內容產製上較具優勢的區塊，讓自己的社團做出區隔，或者你剛好還有經營粉絲專頁，那麼你不妨透過粉專的貼文，配合臉書廣告的方式推廣你的社團。

4-4-1 社團成員的邀請或審核

店家想要在社團中邀請成員加入，可在社團封面下方按下「邀請」鈕，就可以在顯示的視窗中勾選朋友姓名，並按下「傳送邀請」鈕來邀請朋友加入社團。

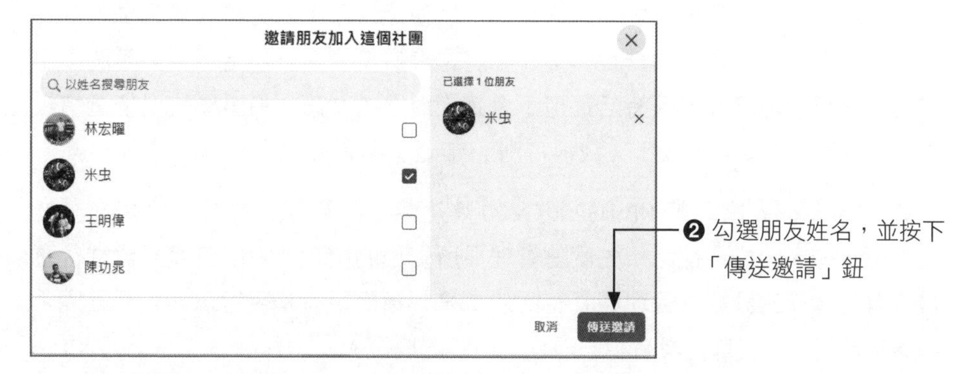

任何人在臉書上看到喜歡的社團，也可以自行提出要求來加入社團。社團新成員的審核可由社團管理員或是社團成員來審核資格，如果社團建立者希望用戶需先經過管理員或版主批准，才能進一步發佈貼文和留言，可在如下的視窗中進行修改。

4-4-2 新會員提問和資格審查

社團成立的目的是讓有相同興趣的成員共同參與，有核心價值才能吸引志同道合的成員加入並討論，例如喜愛登山、攀岩、溯溪的同好，因為有共同理念，加入後才會有動力經常發文分享。彼此間可以分享資訊與進行互動，不但可以共享圖片、影片，也可以在成員中建立票選活動。對於想要新加入的新會員，管理員或版主可以提出一些問題來詢問，以便深入了解對方是否適合加入此社團，或者當社團人數達到一定數量，你將會辦個摸彩活動，給予相對應的小小獎品，盡可能地讓社團保持活躍但不會讓人討厭的狀態。最重要是要能營造讓進入社團的新進人員感受到「我很特別」，自己是被精挑細選出來的。

例如「Panasonic 國際牌 NB-H3200/3800 烤箱烘焙、料理、材料交流園地」社團，申請加入的成員都必須先回答管理員所提出的問題，沒回答就不會進行審核。有了這樣的設置，管理員就有所依據來判斷使用者是否可以加入此社團，讓參加社團的成員都是具有相同理念或興趣的成員。

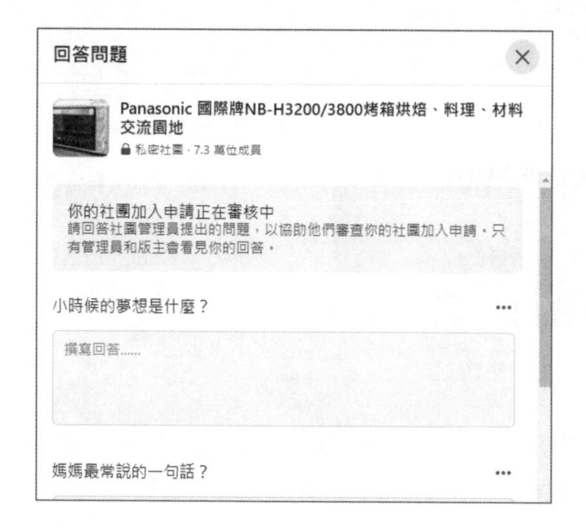

4-5 社團管理與操作入門

社團除了成員的管理工作外，我們還可以制定社團規則，當建立社團後我們就可以瀏覽與編輯社團功能，另外社團管理員可以自己的需求進行各種社團的設定，甚至貼文內容如何安排及發佈時程的設定，這些工作都是屬於社團的基礎操作工作。

4-5-1 瀏覽與編輯社團

你所管理與參加的社團，臉書都會幫你列表管理，由個人臉書首頁的左側，點選「社團」標籤，就能切換到「社團」。

進入自己管理的社團後，如要進行編輯設定，可在「設定」頁籤，可設定社團的類型、簡介、標籤、地點、應用程式、網址、隱私…等進行編輯設定。

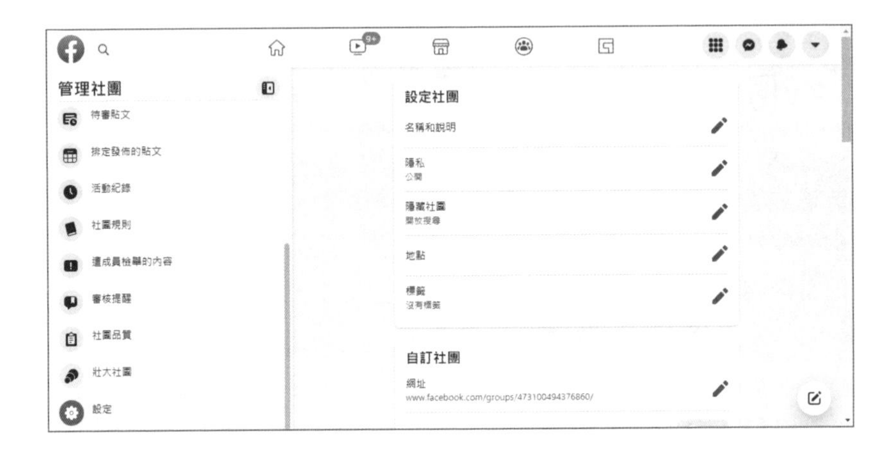

這個頁面有底下各種區塊的設定工作，社團管理員可以自己的需求進行各種社團的設定：

4-5-2　制定社團規則

每個社團的成立都有特定的目標，而且成員來自於四面八方，為了讓所有的成員都能夠了解社團規則並共同遵守，以避免不肖廠商加入成會員而任意發佈廣告訊息，影響其他成員的觀感，社團的活躍度是需要用心經營，社團管理者可以預先制定社團版規，在社團中分享、提問及回應，讓更多社團成員更了解，形成成員參與的風氣。根據機構研究，有版規的社團往往成員會更活躍並熱衷發文討論。管理員如果要設定社團版規，請切換到「管理社團」頁籤，接著點選「制定規則」，再按下「開始建立」鈕即可制定 10 條的社團規則，至於版規訂定公告後，如何確實執行就要看管理員的執行力：

4-5-3 發佈與排定貼文時間

社團的活躍度是需要用心經營，不會有人想追蹤一個沒有價值的社團，這裏貼文內容扮演著舉足輕重的角色，正因為社團更注重帶起討論的特性，這也使得社團從無到有的經營比粉絲專頁更加困難，如果希望自己的社團的追蹤者能像滾雪球般成長，這個關鍵就是在於社團能否先提供有價值的貼文與設立發文審核機制，並且鼓勵正向討論風氣，進而吸引更多成員加入。社團的貼文發佈和粉絲頁一樣，任何人只要在貼文區塊中按下滑鼠左鍵，即可開始撰寫貼文內容。

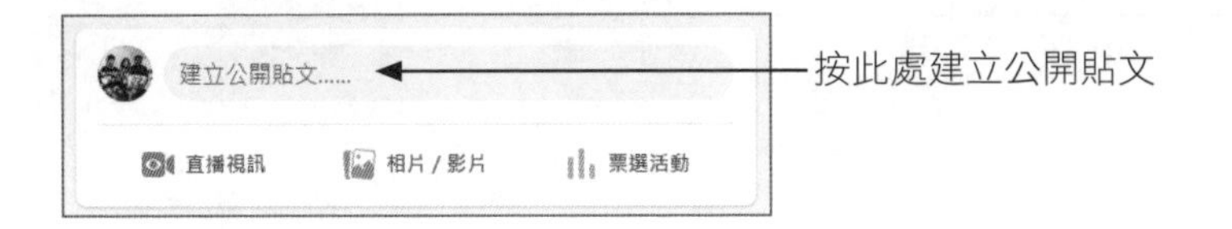

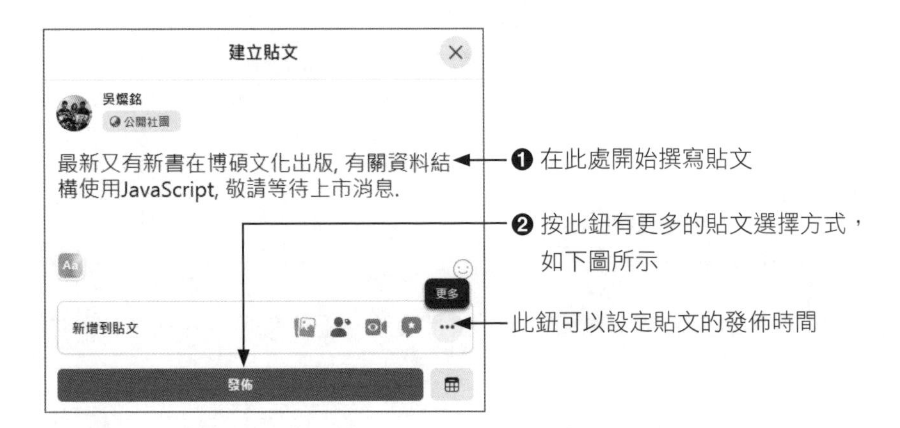

如果貼文未到發佈的時間，你也可以預先編寫好，設定未來要發佈的日期與時間，只要時間一到，臉書就會自動幫你將貼文發佈出去。請按下「發佈」鈕右側的 ▦ 鈕，即可在下面的視窗中設定未來的時間。

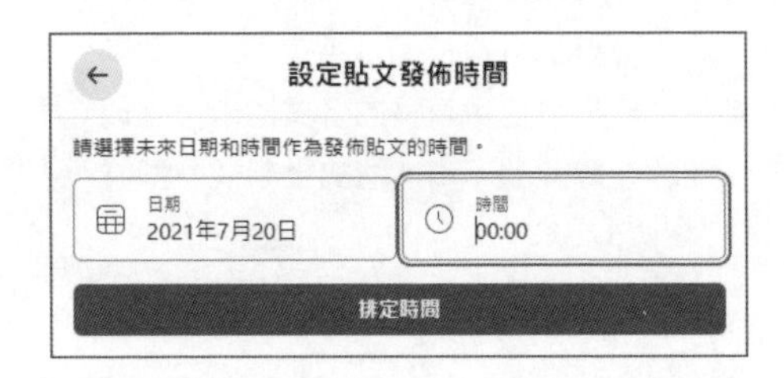

排定時間後，就可以在社團左側的「管理員工具」中的「排定發佈的貼文」中看到目前排定的貼文。

如果各位想要改變發佈時間，例如按下「立即發佈」鈕，就可以在社團首頁中看到剛發佈的貼文。

Tips

貼文中比起文字，成員更容易從圖片中獲得資訊，當然如果能用影片說明是最好，臉書為了創造讓影片更貼近社群，用影音打造即時社團互動體驗，最近推出的影片趴（Watch Party）功能，就是邀大家一起「同時」看影片，可讓社團管理者貼臉書上曾經公開的影片分享到社團中，邊看影片同時也可使用直播的各式功能，進而在旁討論、互動、分享心得，等於把直播的功能放在影片上，和其他的社團成員同時觀看。

請留意！千萬別為了衝文章數，大量轉貼外部文章或新聞，因為無法帶動討論的貼文，反而會造成互動率下降。

打造集客瘋潮的 IG 行銷初體驗

Instagram 是一款依靠行動裝置興起的免費社群軟體，和時下年輕人一樣，具有活潑、多變、有趣的特色，尤其是 15-30 歲的受眾用戶，許多年輕人幾乎每天一睜開眼就先上 Instagram，關注朋友們的最新動態。根據國外研究，Instagram 是所有社群中和追蹤者互動率最高的平台，與其他社群平台相比，IG 更常透過圖像 / 影音來說故事，讓用戶輕鬆使用相機作生活紀錄，加上濾鏡效果處理後變成美美的藝術相片，捕捉瞬間的訊息相片然後與朋友分享。

▲ Espirit 透過 IG 發佈時尚短片，引起廣大迴響

5-1 初探 IG 的奇幻之旅

我們可以這樣形容；Facebook 是最能細分目標受眾的社群網站，主要用於與朋友和家人保持聯絡，而 Instagram 則是最能提供用戶發現精彩照片和瞬間驚喜，並因此深受感動及啟發的平台。對於現代行銷人員而言，需要關心 Instagram 的原因是能近距離接觸到潛在受眾，根據天下雜誌調查，Instagram 在台灣 24 歲以下的年輕用戶占 46.1%。

如果各位懂得利用 IG 龐大社群網路，當然是要以手機為主要媒介，這樣進行美拍、瀏覽、互動或行銷就很方便。Instagram 主要在 iOS 與 Android 兩大作業系統上使用，也可以在電腦上做登錄，用以查看或編輯個人相簿。官網：https://www.instagram.com/

▲ 星巴克經常在 Instagram 上推出促銷活動

▲ Samsun 使用 Instagram 行銷帶動 LG 新手機上市熱潮

如果你還未使用過 Instagram，那麼這裡告訴大家如何從手機下載 InstagramApp，同時學會 Instagram 帳戶的申請和登入。

5-1-1 安裝 Instagram App

假如各位是 iPhone 使用者，請至 App Store 搜尋「Instagram」關鍵字，若是使用 Android 手機，請於「Play 商店」搜尋「Instagram」，找到該程式後按下「安裝」鈕即可進行安裝。安裝完成桌面上就會看到 圖示鈕，點選該圖示鈕就可進行註冊或登入的動作。

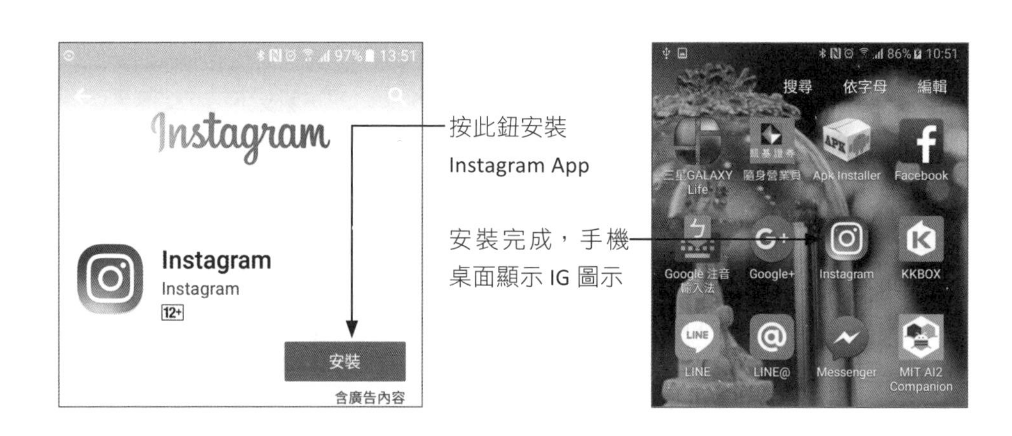

5-1-2　登入 IG 帳號

第一次使用 Instagram 社群的人可以使用臉書帳號來申請，或是使用手機、電子郵件進行註冊。由於 Instagram 已被 Facebook 公司收購，如果你是臉書用戶時，只要在臉書已登入的狀態下申請 Instagram 帳戶，就可以快速以臉書帳戶登入。如果沒有臉書帳號，就請以手機電話號碼或電子郵件來進行註冊。選擇以電話號碼申請時，手機號碼會自動顯示在畫面上，按「下一步」鈕 Instagram 會發簡訊給你，收到認證碼後將認證碼輸入即可。如果是以電子郵件進行申請，則請輸入全名和密碼來進行註冊。

11:30
Instagram
手機號碼、用戶名稱或電子郵...
密碼
忘記密碼？
登入
或
以 吳燦銘 的身分繼續
還沒有帳號嗎？ 註冊。

也可以選用手機電話號碼或電子郵件進行註冊

Instagram 可以直接使用臉書帳號進行申請和登入

Instagram 比較特別的地方是除了真實姓名外還有一個「用戶名稱」，當你分享相片或是到處按讚時，就會以「用戶名稱」顯示，用戶名稱也能隨時可做更改，因為 IG 帳號是跟你註冊的信箱綁在一起，所以申請註冊時會收到一封確認信函要你確認電子郵件地址。

註冊的過程中，Instagram 會貼心地讓申請者進行「Facebook」的朋友或手機「聯絡人」的追蹤設定，如左下圖所示，要追蹤「Facebook」的朋友請在朋友大頭貼後方按下藍色的「追蹤」鈕使之變成白色的「追蹤中」鈕，這樣就表示完成追蹤設定，同樣的邀請 Facebook 朋友也只需按下藍色的「邀請」鈕，或是按「下一步」鈕先行略過，之後再從「設定」功能中進行用戶追蹤即可。

▲ 按下藍色按鈕就可以對臉書朋友進行「追蹤」或「邀請」

完成上述步驟後，各位就已經成功加入 Instagram 社群，無論選擇哪種註冊方式，各位已經朝向 Instagram 行銷的道路邁進。下回只要在手機桌面上按下 鈕就可直接進入 Instagram，不需要再輸入帳號或密碼等的動作。

5-2 個人檔案建立要領

經營個人 IG 帳戶時，就可以分享個人日常生活中的大小事情，偶而也可以作為商品的宣傳平台。各位想要一開始就讓粉絲與好友印象深刻，那麼完美的個人檔案就是首要亮點，個人檔案就像你工作時的名片，鋪陳與設計的優劣，可說是一個非常重要的關鍵，因為這是粉絲認識你的第一步：

個人簡介的內容隨時可以變更修改，也能與你的其他網站商城社群平台做串接。

各位要進行個人檔案的編輯，可在「個人」頁面上方點選「編輯個人檔案」鈕，即可進入如下畫面，其中的「網站」欄位可輸入網址資料，如果你有網路商店，那麼此欄務必填寫，因為它可以幫你把追蹤者帶到店裡進行購物。下方還有「個人簡介」，也盡量將主要銷售的商品或特點寫入，或是將其他可連結的社群或聯絡資訊加入，方便他人可以聯繫到你：

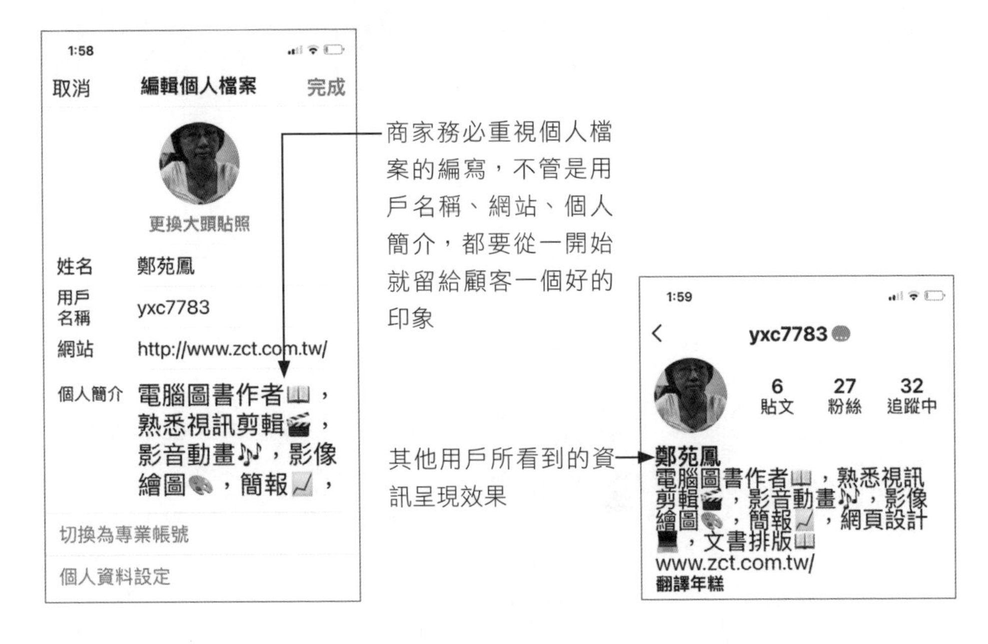

千萬不要將「個人簡介」欄位留下空白，完整資訊將給粉絲留下好的第一印象，如果能清楚提供訊息，頁面品味將看起來更專業與權威，記得隨時檢閱個人簡介，試著用 30 字以內的文字敘述自己的品牌或產品內容，讓其他用戶可以看到你的最新資訊。

5-2-1 引爆吸客亮點的大頭貼

當各位有機會被其他 IG 用戶搜尋到，那麼第一眼被吸引的絕對會是個人頁面上的大頭貼照，圓形的大頭貼照可以是個人相片，或是足以代表品牌特色的圖像，以便從一開始就緊抓粉絲的眼球動線。大頭貼是最適合品牌宣傳的吸睛爆點，尤其在限時動態功能更是如此，也可以考慮以店家標誌（LOGO）來呈現，運用創意且亮眼的配色，讓你的品牌能夠一眼被認出，讓粉絲對你的印象立馬產生聯結。

各位想要更換相片時，請在「編輯個人檔案」的頁面中按下圓形的大頭貼照，就會看到如下的選單，選擇「從 Facebook 匯入」指令，只要在已授權的情況下，就會直接將該社群的大頭貼匯入更新。若是要使用新的大頭貼照，就選擇「新的大頭貼照」來進行拍照或選取相片，加上運用創意且吸睛的配色，讓你的品牌被一眼認出，這也是讓整體視覺可以提升的絕佳方式。

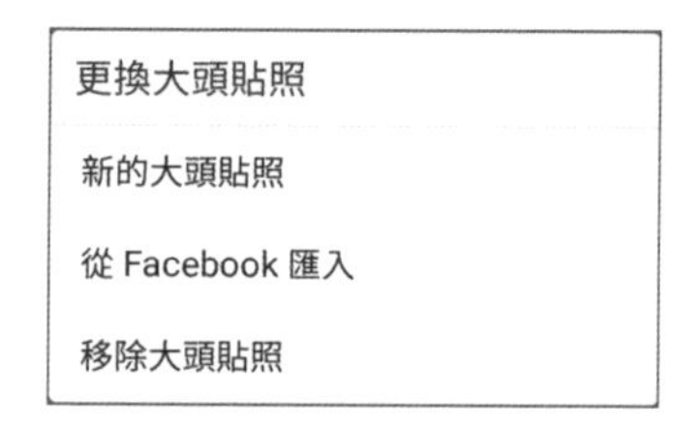

5-2-2　IG 的贏家命名思惟

IG 所使用的帳戶名稱，名稱也最好能夠讓人耳熟能詳，因為名稱代表品牌給消費者的形象，想要在眾多品牌用戶中脫穎而出，取個好名字就是首要基本條件。所以當你使用 IG 的目的在行銷自家的商品，那麼建議帳號名稱取一個與商品相關的好名字，並添加「商店」或「Shop」的關鍵字，這樣被搜尋時就容易被其他用戶搜尋到。

如左下圖所示的個人部落格，該用戶是以分享「高雄」美食為主，所以用戶名稱直接以「Kaohsiungfood」作為命名，自然而然的該用戶就增加被搜尋到機會。或是如右下圖所示，搜尋關鍵字「shop」，也很容易地就看到到該用戶的資料了。

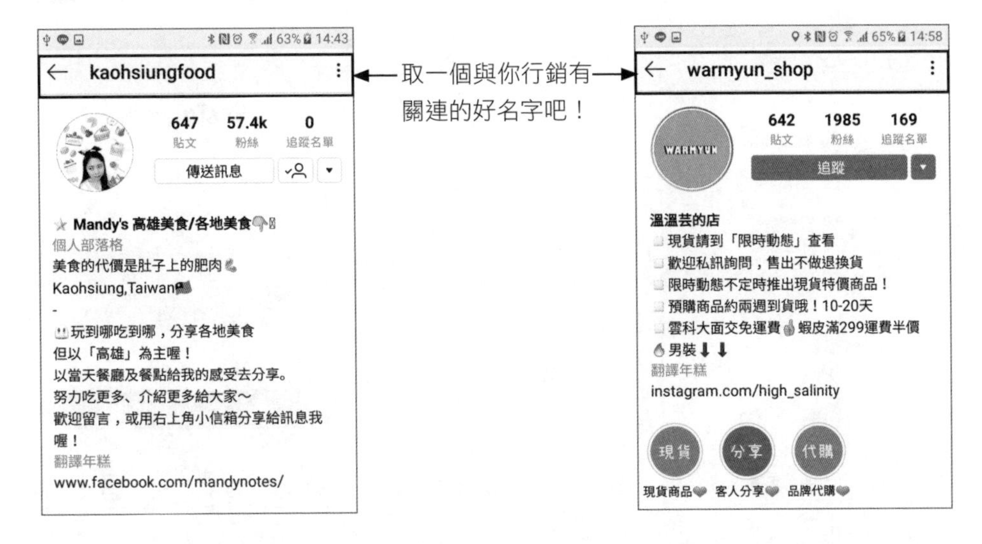

千萬別以為你設定的用戶名稱無關緊要，用心選擇一個貼切於商品類別的好名稱，簡直就是成功一半，朗朗上口讓人好記且容易搜尋為原則，以後可以用在宣傳與行銷上，幫助店家來推廣商品。

5-2-3 新增商業帳號

在 Instagram 的帳號通常是屬於個人帳號，如果你想利用帳號來做商品的行銷宣傳，那麼也可以考慮選擇商業帳號，過去很多自媒體經營者仍舊使用「一般帳號」在經營 IG，強烈建議轉換成「商業帳號」，而且申請商業帳號是完全免費，不但可以在 IG 上投放廣告，還能提供詳細的數據報告，容易讓顧客更深入瞭解您的產品、服務或商家資訊。

如果你使用的是商業帳號，自然是以經營專屬的品牌為主，主打商品的特色與優點，目的在宣傳商品，所以一般用戶不會特別按讚，追蹤者相對也會比較少些。你也可以將個人帳號與商業帳號兩個帳號並用，因為 Instagram 允許一個人能同時擁有 5 個帳號。早期使用不同帳號時必須先登出後才能以另一個帳號登入，現在則可以直接由左上角處進行帳號的切換，相當方便。

如果想要同時在手機上經營兩個以上的 IG 帳號，那麼可以在「個人」頁面中新增帳號。請在「設定」頁面下方選擇「新增帳號」指令即可進行新增。新帳號若是還沒註冊，請先註冊新的帳號喔！如圖示：

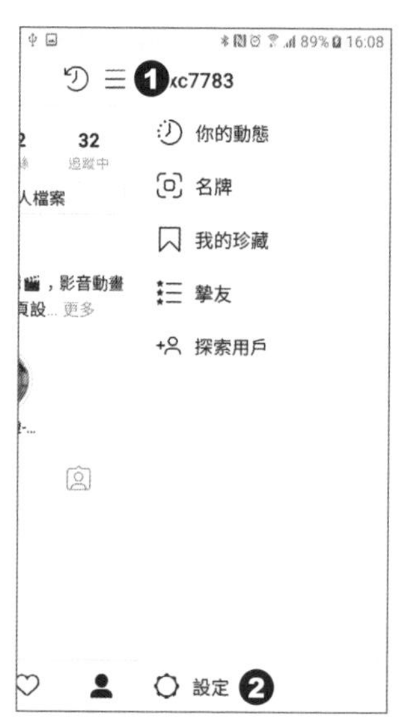

當擁有兩個以上的帳號後，若要切換到其他帳號時，可以從「設定」頁面下方選擇「登出」指令，登出後會看到左下圖，請點選「切換帳號」鈕，接著顯示右下圖時，只要輸入帳號的第一個字母，就會列出帳號清單，直接點選帳號名稱就可進行切換。

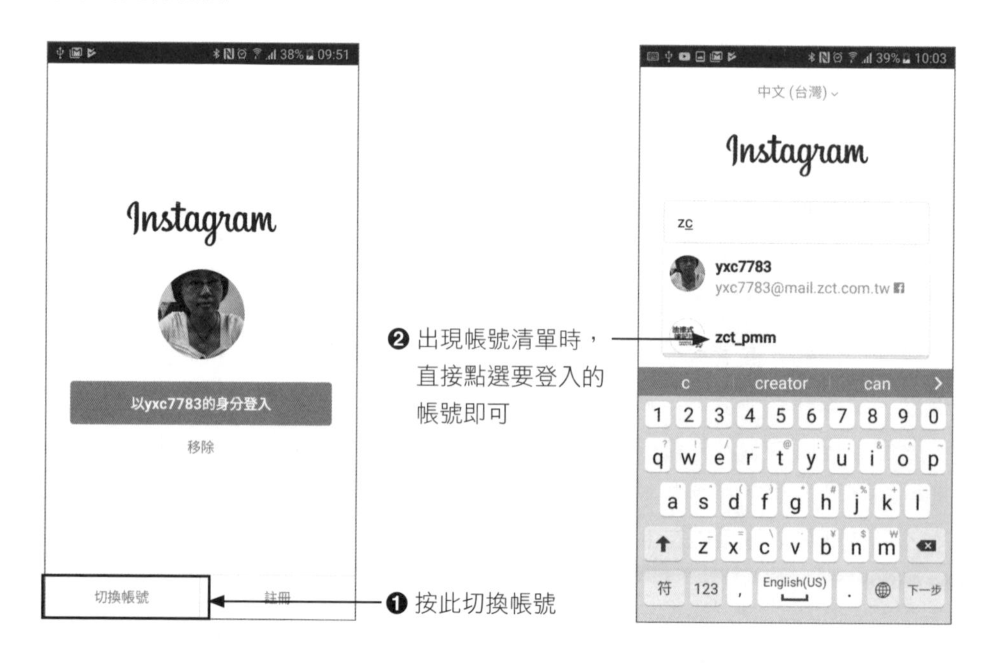

此外，當手機已同時登入兩個以上的帳號後，你就可以從「個人」頁面的左上角快速進行帳號的切換喔！

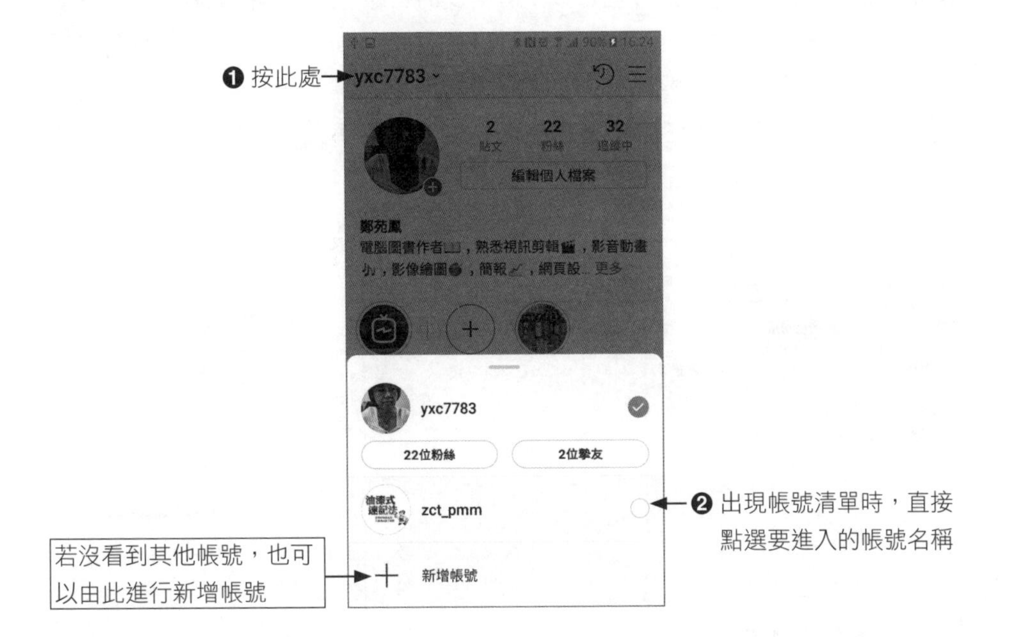

5-3 人氣爆表的拉客靈丹

Instagram 不只是能分享照片的社群平台，也是所有社群中和追蹤者互動率最高的平台。經營 IG 真的需要有花費一段時間做功課，要成功吸引到有消費力的客群加入，確實需要不少心力，不能抱著只把短期利益擺前頭，也不能因為「別人都這樣做，所以我也要做」的盲從心理，反而不論是照片影片你都必須確保具有一定水準，因為能讓貼文嶄露頭角的最重要指標就是高品質的內容。

其實不管經營任何一個社群平台，基本目標一定還是會多少在意粉絲數的增加，就跟我們開店一樣，要培養自己的客群，特別是剛開立帳號，商家們都期待可以觸及更多的人，一定會先邀請自己的好友幫你按讚。這樣就有機會相互追蹤，請他們為你上傳的影音 / 相片按讚（愛心）增強人氣。

5-3-1　探索用戶

在 Instagram 裡，透過追蹤好友可以了解朋友的動態，追蹤熱門人物或時尚品牌才能知道大多數人喜好。如果你是第一次使用 Instagram 社群，「首頁」的畫面按下頁面中的「尋找要追蹤的朋友」鈕，即可找尋有興趣的對象來進行追蹤，如左下圖所示。而任何時候你都可在右下方按下鈕切換到「個人」頁面，接著按下右上方的鈕選擇「探索用戶」，即可針對朋友或熱門人物進行探索。

尋找用戶的頁面，包括兩個標籤，一個是 IG 跟各位建議追蹤的名單，另一個則是你的朋友或手機上的聯絡人。通常按下 追蹤 鈕就會變成 追蹤中 的狀態。

5-3-2　推薦追蹤名單

曝光率就是行銷的關鍵，而且和追蹤人數息息相關，例如女性用戶大部分追求時尚和潮流，而男性則是喜歡嘗試了解新事物。各位可別輕忽 IG 跟各位推薦的熱門追蹤名單，因為這裡的「建議」清單包含了熱門的用戶、已追蹤朋友所追蹤的對象、還有 IG 為你所推薦的對象。

「首頁」通常是顯示已追蹤者所發佈的相片 / 影片的頁面，已追蹤的朋友如果要取消追蹤，可從朋友貼文的右上角按下「選項」鈕，當出現如右下圖的功能表時選擇「停止追蹤」指令即可。

此外，按下鈕切換到「個人」頁面，右上方按下「追蹤中」就會進入「追蹤名單」的頁面，直接在欲取消追蹤者的後方按下「追蹤中」鈕，就能在開啟的視窗中選擇「停止追蹤」指令，悄悄的移除追蹤者。

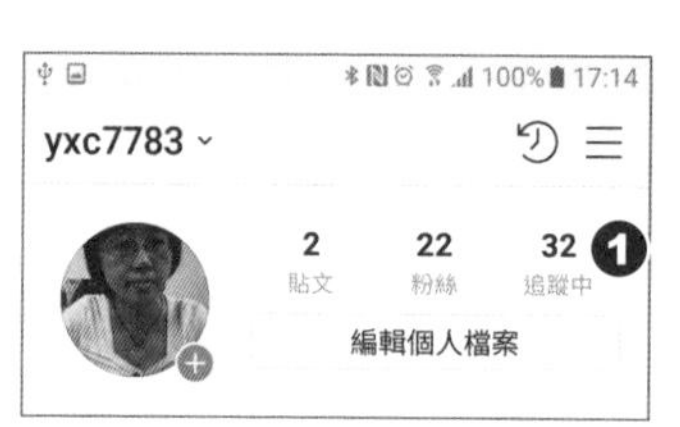

5-3-3 廣邀朋友加入

經營 IG 真的需要有花費一段時間做功課，要成功吸引到有消費力的客群加入需要不少努力，其實不管經營任何一種社群平台，基本目標一定還是會多少在意粉絲數的增加，就跟我們開店一樣，要培養自己的客群，特別是剛開立帳號時，商家們都期待可以觸及更多用戶，會先邀請自己的好友幫你按讚。這樣就有機會相互追蹤，請他們為你上傳的影音 / 相片按讚（愛心）來增強人氣。

請由「設定」頁面按下「追蹤和邀請朋友」鈕，接著點選「邀情朋友」的選項，下方會列出各項應用程式，諸如 Messenger、電子郵件、LINE、facebook、Skype、Gmail…等，直接由列出清單中點選想要使用的圖鈕即可。

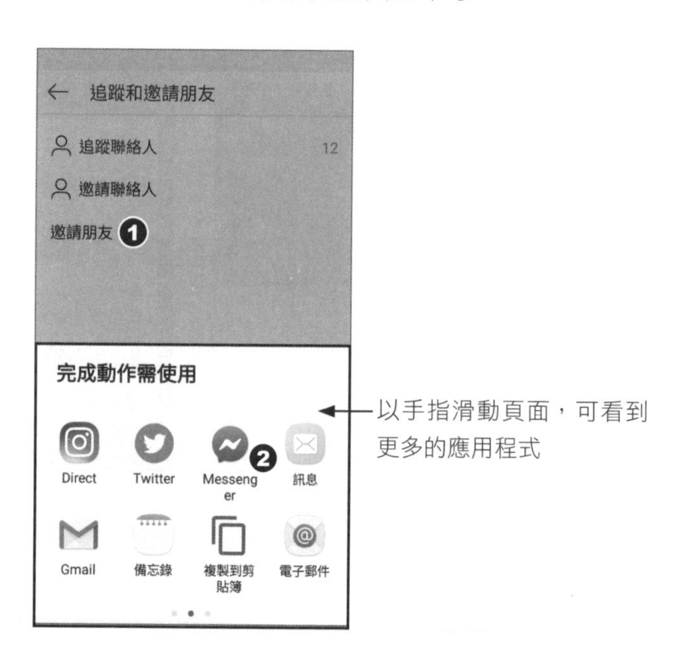

5-3-4 以 Facebook/Messenger/LINE 邀請朋友

從各社群邀請朋友加入也是不錯的方法，如下所示，Facebook 只要留個言，設定朋友範圍，即可「分享」出去。Messenger 只要按下「發送」鈕就直接傳送，或是 LINE 直接勾選人名，按下「確定」鈕，系統就會進行傳送。

▲ Facebook 畫面

▲ Messenger 畫面

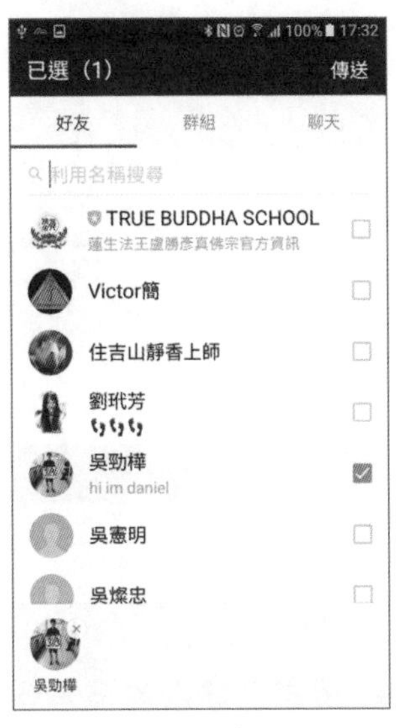

▲ LINE 畫面

5-4 一看就懂的 IG 介面操作功能

要好好利用 Instagram 來進行行銷活動，當然要先熟悉它的操作介面，了解各種功能的所在位置，這樣用起來才能順心無障礙。Instagram 主要分為五大頁面，由手機螢幕下方的五個按鈕進行切換。

- **首頁**：瀏覽追蹤朋友所發表的貼文。

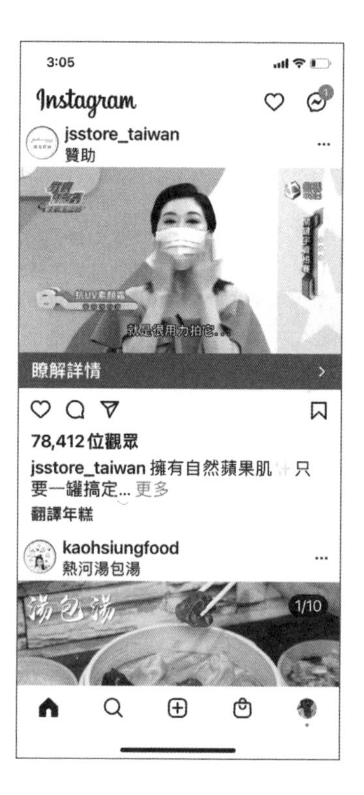

- **搜尋**：鍵入姓名、帳號、主題標籤、地標等，用來對有興趣的主題進行搜尋。

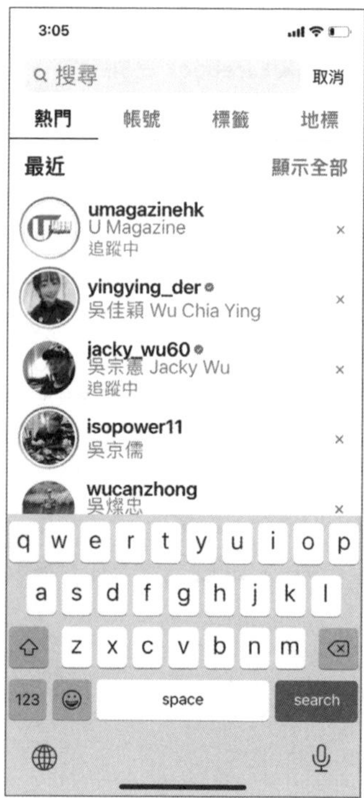

- **新增**：可以新增貼文、限時動態或直播。

- **商店**：點進「商店」分頁後用戶就能查看個人化推薦的商店與商品，可能是根據你按讚或追蹤的內容來推薦。

- **個人**：由此觀看你所上傳的所有相片 / 貼文內容、摯友可看到的貼文、有你在內的相片 / 影片、編輯個人檔案，如果你是第一次使用 Instagram，它也會貼心地引導你進行。

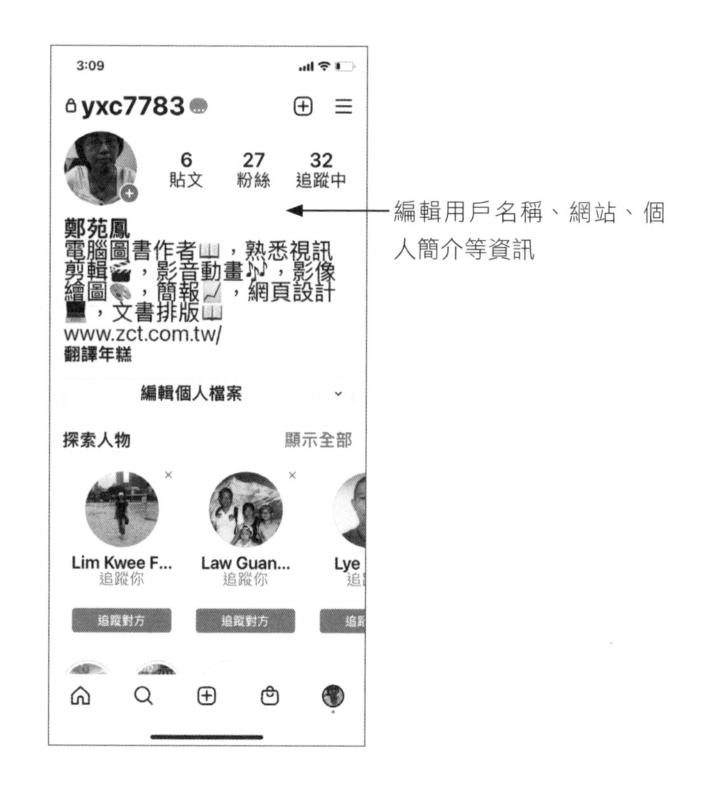

5-5 零秒爆量成交的 PO 文速成心法

社群平台如果沒有長期的維護經營，有可能會讓粉絲們無情地取消關注。如果希望自己的帳戶的追蹤者能像滾雪球一樣地成長，那麼就要讓粉絲喜歡你，不會有人想追蹤一個沒有內容的粉專，因此貼文內容扮演著最重要的角色，甚至粉絲都會主動幫你推播與傳達。因此必須定期的發文撰稿、上傳相片 / 影片做宣傳、注意貼文下方的留言並與粉絲互動，如此才能建立長久的客戶，加強店家與品牌的形象。

▲ 一次只強調一個重點，才能讓觀看者有深刻印象

各位在 IG 上貼文發佈頻率其實沒有一定的準則，不過如果經營 IG 的模式是三天打魚兩天曬網，時間久了粉絲肯定會取消追蹤，最好盡可能做到每天更新動態，或者一週發幾則近況，發文的頻率確實和追蹤人數的成長有絕對的關聯，例如利用商業帳號查看追蹤者最活躍的時段，就在那個時段發文，便能有效增加貼文曝光機會，或者能夠有規律性的發佈貼文，粉絲們就會願意定期追蹤你的動態。

但是也不要在同一時間連續更新數則動態，太過頻繁也會給人疲勞轟炸的感覺。當追蹤者願意按讚，一定是因為你的內容有料，所以必須保證貼文一定要有吸引粉絲的賣點才行。由於社群平台皆為開放的空間，所發佈貼文和相片都必須是真實的內容才行，同時必須慎重挑選清晰有梗的行銷題材，盡可能要聚焦，一次只強調一項重點，這樣才能讓觀看的用戶留下深刻的印象。

5-5-1 貼文撰寫的小心思

時下利用 Instagram 拉近與粉絲距離的店家與品牌不計其數，首先各位要清楚對大多數人而言，使用 Facebook、Instagram 等社群網站的初心絕對不是要購買東西，所以在社群網站進行商品推廣時，務必「少一點銅臭味，多一點同理心」，千萬不要一味地推銷商品，最好能在文章中不露痕跡地陳述商品的優點和特色。

在社群經營上，首要任務就是要懂你的粉絲，因為投其所好才能增加他們對你的興趣，例如用心構思對消費者有益的美食貼文，這樣不起眼的小吃麵攤有可能透過社群行銷，也能搖身變成外國旅客來訪時的美食景點，店家發文時，不妨試試提出鼓勵粉絲回應的問題，想辦法讓粉絲主動回覆，這是和他們保持互動關係最直接有效的方法。

▲ 設身處地為客戶著想，較容易撰寫出引人共鳴的貼文

發佈貼文的目的當然是盡可能讓越多人看到越好，一張平凡的相片，如果搭配一則好文章，也能搖身一變成為魅力十足的貼文。寫貼文時要注意標題訂定，設身處地為用戶著想，了解他們喜歡聽什麼、看什麼，或是需要什麼，這樣撰寫出來的貼文較能引起共鳴，千萬不要留一些言不及義的罐頭訊息或是丟表情符號或嗯啊這樣比較沒 fu 的互動方式。標題部分最好還能包括關鍵字，同時將關鍵字隱約出現在貼文中，然後同步分享到各社群網站上，如此可以大大增加觸及率。

5-5-2 按讚與留言

在 Instagram 中和他人互動是很簡單的事，對於朋友或追蹤對象所分享的相片 / 影片，如果喜歡的話可在相片 / 影片下方按下♡鈕，它會變成紅色的心型♥，這樣對方就會收到通知。如果想要留言給對方，則是按下◯鈕在「留言回應」的方框中進行留言。真心建議各位有心的店家每天記得花一杯咖啡的時間，去看看有哪些內容值得你留言分享給愛心。

5-5-3 開啟貼文通知

不想錯過好友或粉絲所發佈的任何貼文，各位可以在找到好友帳號後，從其右上角按下「選項」鈕 ··· 鈕，並在跳出的視窗中點選「開啟貼文通知」的選項，這樣好友所發佈的任何消息就不會錯過。

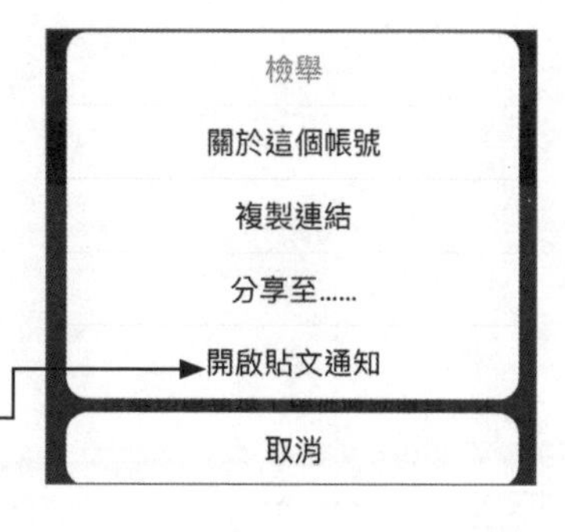

點選此項，好友發佈貼文都不會錯過

同樣地，想要關閉該好友的貼文通知，也是同上方式在跳出的視窗中點選「關閉貼文通知」指令就可完成。

按此處進行珍藏，目前顯示珍藏狀態

在探索主題或是瀏覽好友的貼文時，對於有興趣的內容也可以將它珍藏起來，也就是保存他人的貼文到 IG 的儲存頁面。要珍藏貼文請在相片右下角按下鈕使變成實心狀態就可搞定。貼文被儲存時，系統並不會發送任何訊息通知給對方，所以想要保留暗戀對象的相片也不會被對方發現。

如果想要查看自己所珍藏的相片，切換到「個人」，按下右上方的鈕，接著點選「我的珍藏」，就會顯示「我的珍藏」頁面。如右下圖所示：

設定
典藏
你的動態
QR 碼
我的珍藏 ❶
摯友
新冠病毒資訊中心

顯示所有珍藏的內容

剛剛新加入的珍藏項目

由於珍藏的內容只有自己看得到，如果珍藏的東西越來越多時，可在「珍藏分類」的標籤建立類別來分類珍藏。設定分類的方式如下：

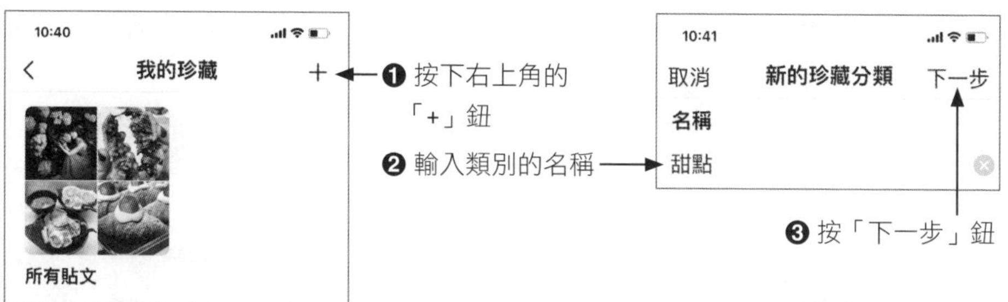

5-5-4　貼文加入驚喜元素

在這個資訊爆炸的時代，不會有人想追蹤一個沒有趣味的用戶，因此貼文內容扮演著重要的角色，在貼文、留言當中，或是個人檔案之中，可以適時地穿插一些幽默元素，像是表情、動物、餐飲、蔬果、交通、各種標誌…等小圖示，讓單調的文字當中顯現活潑生動的視覺效果。

各位要在貼文中加入這些小圖案一點都不困難，當你要輸入文字時，手機中文鍵盤上方按下 😀 鈕，就可以切換到小插圖的面板，如右下圖所示，最下方有各種的類別可以進行切換，點選喜歡的小圖示即可加入至貼文中。

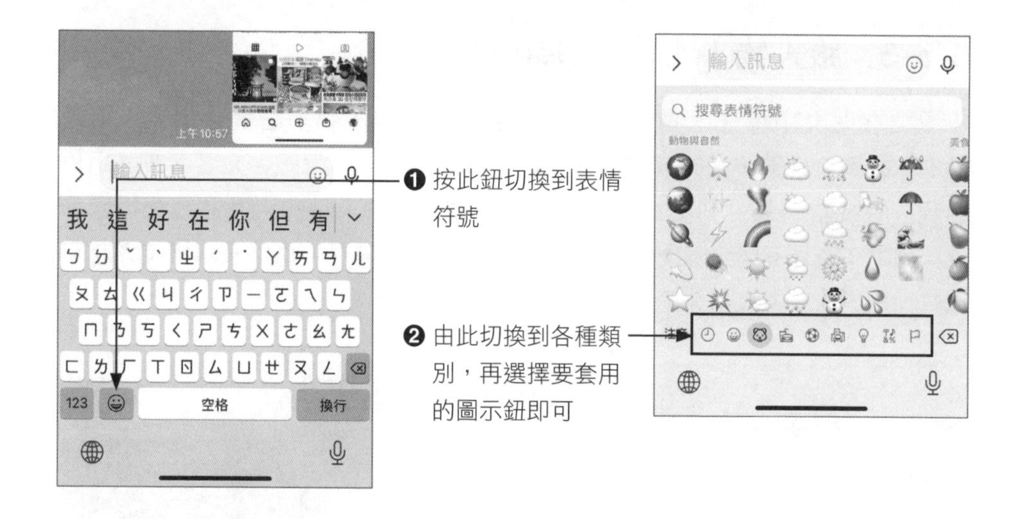

在首面中按下 ⊞ 的新增「貼文」中也可以輕鬆為文字貼文加入如上的各種小插圖，如左下圖所示。別忘了在首面中按下 ⊞ 的新增「限時動態」中，還可以使用趣味或藝術風格的特效拍攝影像，只需簡單的套用，便可透過濾鏡讓照片充滿搞怪及趣味性，讓相片做出各種驚奇的效果，偶爾運用也能增加貼文趣味性喔！

5-5-5 跟人物 / 地點說 Hello

小編要在貼文中標註人物時，只要在相片上點選人物，它就會出現「這是誰？」的黑色標籤，這時就可以在搜尋列輸入人名，不管是中文名字或是用戶名稱，IG 或自動幫你列出相關的人物，直接點選該人物的大頭貼就會自動標註，如右下圖所示。同樣地，標註地點也是非常的容易，輸入一兩個字後就可以在列出的清單中找到你要的地點。

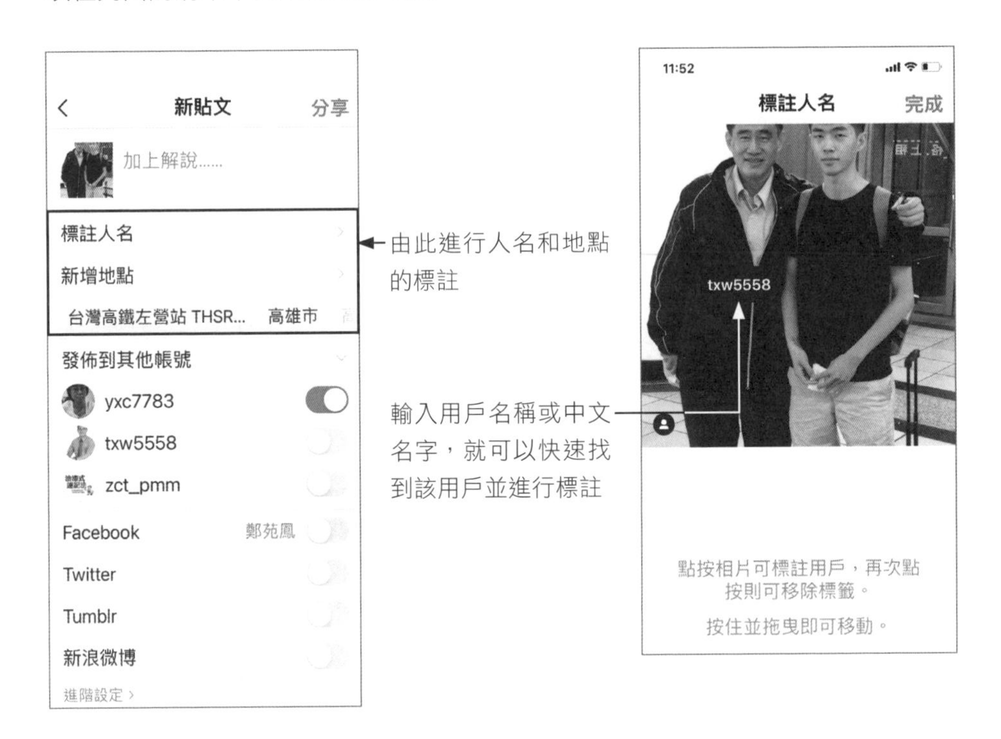

5-5-6 推播通知設定

IG 主要是以留言為溝通管道，當你接收到粉絲留言時應該迅速回覆，一旦粉絲收到訊息通知，知道留言被回覆時，他也能從中獲得樂趣與滿足。若與粉絲間的交流變密切，粉絲會更專注你在 IG 上的發文，甚至會分享到其他的社群之中。如果你要確認貼文、限時動態、留言等各種訊息是否都會通知你，或是你不希望被干擾想要關閉各項的通知，那麼可在「設定」頁面的「通知」功能中進行確認。

點選「通知」後，你可以針對以上的幾項來選擇開啟或關閉通知，包括：「貼文、限時動態和留言」、「追蹤名單和粉絲」、「訊息」、「直播和 IGTV」、「募款活動」、「來自 Instagram」、「其他通知類型」、「電子郵件和簡訊」、「購物」…等。

5-6 豐富貼文的變身技

社群媒體是能經常接觸到品牌的地方，因此 IG 的貼文需要花許多時間經營與包裝，還需要編排出有亮點的文字內容，讓閱讀有更好的體驗。各位想要建立兼具色彩感的文字貼文，在 Instagram 中也可以輕鬆辦到，用戶可以設定主題色彩和背景顏色，讓簡單的文字也變得五彩繽紛。貼文不只是行銷工具，也能做為與消費者溝通或建立關係的橋樑，不妨嘗試一些具有「邀請意味」的貼文，友善的向粉絲表示「和我們聊聊天吧！」以文字來推廣商品或理念時盡可能要聚焦，而且一次只強調一項重點，這樣才能讓觀看的粉絲有深刻的印象。

5-6-1 建立限時動態文字

各位要建立限時動態文字，請在 IG 只要在 IG 下方按下 ⊞ 鈕，並在出現的畫面下方選定「限時動態」，並在畫面左側按「Aa」鈕建立「文字」，接著點按螢幕即可輸入文字。

螢幕上方還提供文字對齊的功能，可設定靠左、靠右、置中等對齊方式。另外也提供字體色彩的變更及不同文字框的選擇：

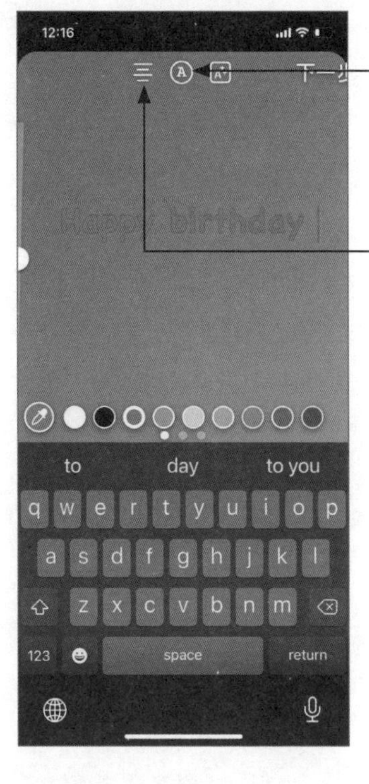

文字和主題色彩設定完成後，按下圓形的「下一步」鈕就會進入如下圖的畫面，點選「限時動態」、「摯友」、「傳送對象」等即可進行分享或傳送。

5-6-2 吸睛 100 的文字貼文

各位可別小看「文字」貼文的功能，事實上 IG 的「文字」也可以變化出有設計風格的貼文，因為你可以為文字自訂色彩、為文字框加底色、幫文字放大縮小變化、為文字旋轉方向、也可以將多組文字進行重疊編排，讓你製作出與眾不同的文字貼文。善用這些文字所提供的功能，就能在畫面上變化出多種的文字效果，組合編排這些文字來傳達行銷的主軸，也不失為簡單有效的方法。

滑動兩指指間，可調整文字大小或旋轉角度

按點一下文字就可以進入編輯狀態，再次編輯文字或屬性

最後編輯的文字會放置在最上層

文字框加底色的效果

5-6-3 重新編輯上傳貼文

人難免有疏忽的時候，有時候貼文發佈出去才發現有錯別字，想要針對錯誤的資訊的進行修正，可在貼文右上角按下「選項」 ··· 鈕，再由顯示的選項中點選「編輯」指令，即可編修文字資料。

❶ 按「選項」鈕

刪除
典藏
隱藏按讚人數
關閉留言功能
編輯
複製連結
分享至......
分享
取消

❷ 選擇「編輯」指令編輯資料

5-6-4 分享至其他社群網站

由於所有行銷的本質都是「連結」，對於不同受眾來說，需要以不同平台進行推廣，如果將自己用心拍攝的圖片加上貼文放在行銷活動中，對於提升粉絲的品牌忠誠度來說則有相當的幫助。因此社群平台的互相結合能讓消費者討論熱度和延續的時間更長，理所當然成為推廣品牌最具影響力的管道之一。

如果想要將貼文或相片分享到 Facebook、Twitter、Tumblr 等社群網站，只要在 IG 下方按下 ⊞ 鈕選定相片，依序「下一步」至「新貼文」的畫面，即可選擇將貼文發佈到 Facebook、Twitter、Tumblr 等社群。由下方點選社群使開啟該功能，按下「分享」鈕相片 / 影片就傳送出去了。由於 Instagram 已被 Facebook 收購，所以要將貼文分享到臉書相當的容易，請各位按下「進階設定」鈕使進入「進階設定」視窗，並確認偏好設定中有開啟「分享貼文到 Facebook」的功能，這樣就可以自動將你的相片和貼文都分享到臉書上：

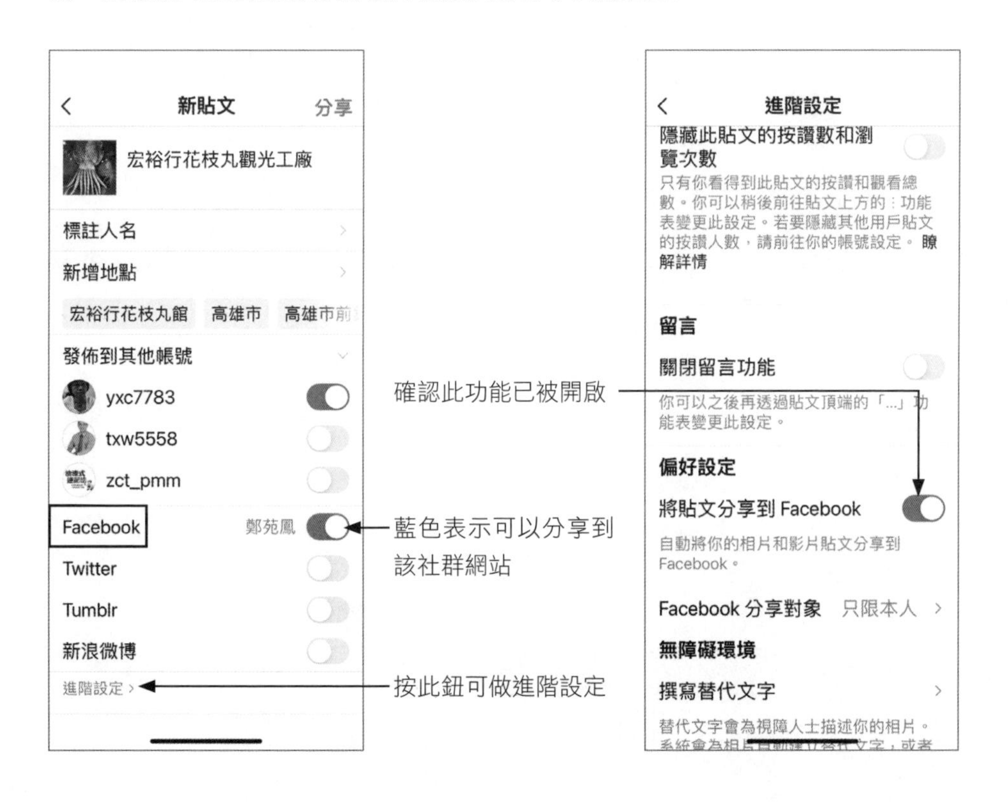

5-6-5 加入官方連結與聯絡資訊

在前面的章節中我們曾經強調過，個人或店家都應該在「個人」頁面上建立完善的資料，包括個人簡介、網站資訊、電子郵件地址、電話等，因為這是其他用戶認識你的第一步。但是一般用戶在瀏覽貼文時並不會特別去查看，所以每篇貼文的最後，最好也能放上官方連結和聯絡的資訊。例如歌手羅志祥的每篇貼文後方一定會放入個人 IG 帳號或主題標籤，方便粉絲們最連結。如果有其他的聯絡資訊，如商家地址、營業時間、連絡電話等，方便粉絲直接連結和查看：

showlostager [20181019] 美好奇妙夜 3p
Sexy @showlostage #showlo
#showlostage #羅志祥
Cr:泡泡冰專送｜羅志祥

各項活動可私訊詢問及報名！
IG搜尋：va俱樂部
也可點選IG個人簡介 @focus0103 上的網站，詢問及報名！

▲ 貼文最後需要加入聯絡資訊

觸及率翻倍的 IG 拍照御用工作術

年輕人喜歡美麗而新鮮的事物，Instagram 不但廣受年輕族群喜愛，特別是在相關新聞中更能看見 IG 的驚人潛力，至於 Instagram 行銷並不難，只要善用這些技巧並掌握用戶特性，你也能在上面建立知名度。許多網路商家都會透過 Instagram 限時動態來陳列新產品的圖文資訊，而消費者在瀏覽後也可以透過連結而進入店鋪做選購。當文字加上吸睛圖片，圖片同時散發出的品牌個性及產品價值，只要你的圖片有質感與創意，足夠吸引人，就能快速累積廣大粉絲，不知不覺中就有了導購的效果，這種針對目標族群的挑動性，最能有效提升商品的的點閱率。

▲ Baked by Melissa 的蛋糕相片，張張都讓人垂涎欲滴

各位要拍出好的攝影作品，需要基本的美學素養作為基礎，以確保每張發表的相片貼文都是新鮮、獨特，且具有創造力。有鑑於此，本章將針對如何使用 Instagram 來拍攝美照、如何進行美照編修、攝錄影秘訣、構圖技巧等主題做介紹，讓各位精進個人的拍攝技巧，打造引以為傲的藝術相片。

6-1 相機功能一次上手

Instagram 行銷要成功就是要把握圖片 / 相片的美麗呈現，因為拍攝的相片不夠漂亮，很難吸引用戶們的目光，粉絲永遠都是喜歡網路上美感的事物，用戶可將智慧型手機所拍攝下來的相片 / 影片，利用濾鏡或效果處理變成美美的藝術相片，然後加入心情文字、塗鴉或貼圖，讓生活記錄與品牌行銷的相片更有趣生動，話不多說，下面我們就先來認識相關的 IG 相機拍照功能。

Instagram 要進行相片拍攝，可以透過「新增」⊕頁面，來進行自拍、拍攝景物、限時動態或直播，所拍攝的照片還可套用濾鏡、調整明暗亮度、或進行結構、亮度、對比、顏色、飽和度、暈映…等各種編修功能。

6-1-1　拍照 / 編修私房撇步

用戶可以將智慧型手機所拍攝下來的相片，透過編輯工具能將照片提升亮度、銳利化、或調整角度，而透過濾鏡能幫助他們傳遞一致的心境與情緒，這些具有 Instagram 效果的圖像，更對品牌行銷產生一定的影響性。

當各位在透過「新增」⊕頁面的「相機」📷鈕將會進入拍照狀態。按下「閃光燈」鈕會開啟相機的閃光燈功能，方便在灰暗的地方進行拍照。

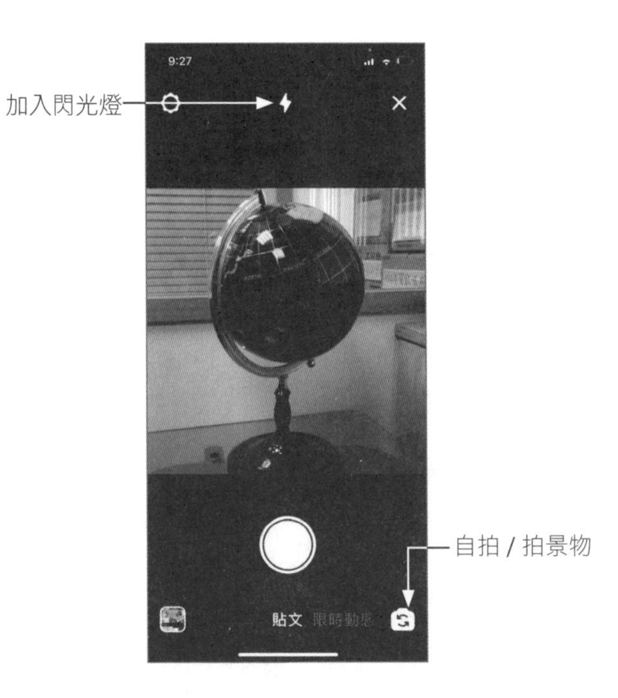

調整好位置後，按下白色的圓形按鈕進行拍照，之後就是動動手指頭來進行濾鏡的套用和旋轉 / 縮放畫面，多這一道手續會讓畫面看起來更吸睛搶眼。各位也可以選用「新增」⊞功能，在拍攝相片後是透過縮圖樣本來選擇套用的濾鏡，切換到「編輯」標籤則是有各種編輯功能可選用。

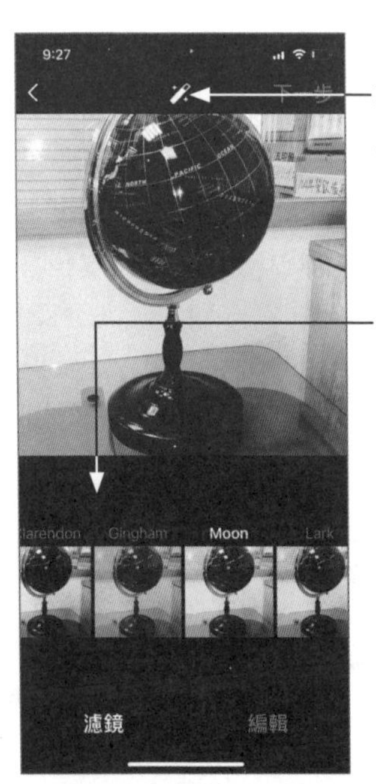

按此鈕針對畫面的明暗與對比進行調整（Lux）

直接可看到各種濾鏡套用的效果，可快速選取

提供的各種編輯功能

Instagram 所提供的相片「編輯」功能共有 13 種，包括：調整、亮度、對比、結構、暖色調節、飽和度、顏色、淡色、亮部、陰影、暈映、移軸鏡頭、銳化等，點選任一種編輯功能就會進入編輯狀態，基本上透過手指指尖左右滑動即可調整，確認畫面效果則按「完成」離開。

「編輯」功能所提供的編修要點簡要說明如下：

- **Lux**：此功能獨立放置在頂端，以全自動方式調整色彩鮮明度，讓細節凸顯，是相片最佳化的工具，可快速修正相片的缺點。
- **調整**：可再次改變畫面的構圖，也可以旋轉照片，讓原本歪斜的畫面變正。
- **亮度**：將原先拍暗的照片調亮，但是過亮會損失一些細節。
- **對比**：變更畫面的明暗反差程度。
- **結構**：讓主題清晰，周圍變模糊。
- **暖色調節**：用來改變照片的冷、暖氛圍，暖色調可增添秋天或黃昏的效果，而冷色調適合表現冰冷冬天的景緻。
- **飽和度**：讓照片裡的各種顏色更艷麗，色彩更繽紛。
- **顏色**：可決定照片中的「亮度」和「陰影」要套用的濾鏡色彩，幫你將相片進行調色。
- **淡化**：讓相片套上一層霧面鏡，呈現朦朧美的效果。
- **亮部**：單獨調整畫面較亮的區域。
- **陰影**：單獨調整畫面陰影的區域。
- **暈映**：在相片的四個角落處增加暈影效果，讓中間主題更明顯。
- **移軸鏡頭**：利用兩指間的移動，讓使用者指定相片要清楚或模糊的區域範圍，打造出主題明顯，周圍模糊的氛圍。
- **銳化**：讓相片的細節更清晰，主題人物的輪廓線更分明。

如左下圖所示是「調整」功能，使用指尖左右滑動可以調整畫面傾斜的角度，讓畫面變得更搶眼而有動感，透過「移軸鏡頭」功能可以選擇畫面清晰和模糊的區域範圍，就如右下圖所示，將背景變得模糊些，臉部表情就比左下圖的更鮮明。

選用「放射狀」後，可以手指尖控制畫面清楚和模糊得區域範圍

使用指尖左右滑動可以調整畫面傾斜的角度

6-1-2　夢幻般的濾鏡功能

IG 是個比較能展現自我與尋找美學靈感的平台，許多品牌主都不斷的在思索，如何在 IG 上創造更吸睛的內容，Instagram 有非常強大的濾鏡功能，能夠輕鬆幫圖像增色，圖片要有自己的品味與風格，就可以透過濾鏡效果處理後變成美美的藝術相片。濾鏡功用就是 IG 把一些常見影像特效集中而成的整合功能，透過品牌內容傳播體驗，再藉由趣味互動濾鏡，吸引網友瀏覽轉發，也是一種品牌內容行銷的催化劑。

根據美國大學調查報告指出，使用濾鏡優化圖像的貼文比未使用的高出 21% 的機會被檢視與注意，並得到更多回文機會。如左下圖所示是原拍攝的水庫景緻，只要一鍵套用「Clarendon」的濾鏡效果，自然翠綠的湖面立即顯現。

▲ 原拍攝畫面套用「」濾鏡

6-1-3　從圖庫分享相片

IG 代表的不只是一個社群平台，而可以看成是每個現代人日常生活的縮影世界，年輕族群是 IG 的主要用戶，對圖像感受力特別敏銳，對於現代年輕人來說，大家刷 IG 也都是看圖再決定來看文字，圖片比文字吸引人，也更符合這個世代溝通方式。新手如果要從圖庫中進行相片或影片的分享，選用「新增」貼文功能後，即可瀏覽並選取已拍攝的相片。圖片對於 IG 視覺化行銷面著手，讓圖片說故事是最好的行銷概念，對於年輕客群而言，第一眼視覺接觸往往直接反應喜好與否。將自己用心拍攝的圖片加上文字分享至行銷活動中，對於提升品牌忠誠度來說會有相當大的幫助。貼文中也可以一次放置十張的相片或影片，如要放置多張相片請點選 鈕，相片縮圖的右上角就會出現圓圈，請依序點選縮圖即可。

❶ 點選此鈕進行多張相片的選取

❷ 依序選取要使用的相片

❸ 按「下一步」鈕進入右圖

❹ 手指左右移動可以調整濾鏡效果，也可以旋轉相片角度、或縮放相片

❺ 按「下一步」鈕進入分享的畫面

6-1-4 酷炫有趣的限時動態

如果你使用「新增」⊞ 功能，想在 IG 加入限時動態，各位可以直接使用手機內已有的圖片或立即拍照，接著各位可以在圖片上方有一個特效鈕，它各種效果圖案與動態變化供各位選擇，各位只要點選圖案鈕套用。

要新增限時動態時，當選取好圖片或拍照完成時，在圖片上方可以找到「 」鈕，按下這個鈕後，在圖片下方提供各種效果圖案與動態變化供各位選擇

照片的底端所顯示的按鈕列，請選取想要套用的按鈕圖案

你只要點選圖案鈕套用，就可以馬上看到效果。各位不妨整個瀏覽一番，這樣下一次使用時就能運用自如。如下所示，很多的效果各位都可以嘗試看看。如下列二圖所示：

6-1-5 美麗的 BOOMERANG 功能

在新增限時動態時，也可以嘗試使用「BOOMERANG」模式進行創意小影片的拍攝，它可將影片是限定在短暫的 1 秒左右的拍攝長度，能夠珍藏生活中每個有趣又驚喜的剎那時刻。只要有移動的動作，透過 BOOMERANG 就能製作迷你影片。當各位切換到「BOOMERANG」模式，按下拍照鈕就會看到按鈕外圍有彩色線條進行運轉，運轉一圈計時完畢，小影片就拍攝完畢。如下圖所示，拍攝完成時再加入文字和插圖，透過這樣方式就可以讓拍攝的內容變有趣。

❷ 按此鈕加入輸入文字

❸ 按此鈕加入點綴的插圖

❶ 按下圓形鈕進行錄影，並做書本翻頁的動作

❹ 完成影片會在背景顯示反覆翻頁的效果，就可以選擇要傳送的對象

6-2 創意百分百的修圖技法

對於 Instagram 行銷而言，為了拍出一張討讚的 Instagram 好照片，是不是總讓你費盡心思？在許多品牌獨特且美好的視覺內容引誘與衝擊下，高達 70%的用戶會因為這些相片啟發而採取行動，萬一你不是攝影高手，卻又擔心圖像不夠

漂亮很難讓粉絲動心？各位不要以為有神仙顏值不用修圖，就算是拍花瓶也不要忘了 P 圖！各位接下來就要學習相片的創意編修功能，透過圖片串聯粉絲，可以快速建立起一個個色彩鮮明的品牌社群，讓每個精彩畫面都能與好友或他人分享。

6-2-1 相片縮放 / 裁切功能

請利用下方的「分享拍照」⊕進行相片的編修，點選⊕後可在視窗下方的「圖庫」選取以前所拍攝的相片 / 影片，也可以立即進行「相片」拍照，選取相片後可按下左下角的 鈕對相片進行縮放或剪裁。

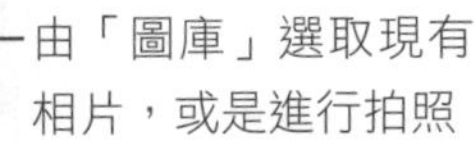

6-2-2 調整相片明暗色彩

IG 因為有非常強大的濾鏡功能，使它快速竄紅成為近幾年的人氣社群平台，並且累積大量的用戶。對於分享的相片，你可以為它加入濾鏡效果，或按下「編輯」鈕進行調整，如亮度、對比、結構、暖色調節、飽和度、顏色、淡化、亮度、陰影、暈映、移軸鏡頭、銳化等編輯動作，例如不妨大膽一點，嘗試看看對比和飽和度的調高或調降，都能帶來相片的萬種風情，或是光彩奪目，或是冷靜沉穩，例如有些人偏愛日韓系的小清新風格，就可以試試偏冷和藏青色來調色，配合低對比度為主。如右下圖所示。如果是拍攝的影片，除了套用濾鏡的效果外，還可為影片加入封面！

直接點選縮圖就可套用濾鏡

「編輯」所提供的各項功能，以指尖左右滑動進行切換

影片修剪及加入封面

「編輯」所提供的各項功能，基本上是透過滑桿進行調整，滿意變更的效果則按下「完成」鈕確定變更即可。

6-3 一次到位的影片拍攝密技

在這個講究視覺體驗的年代，大家都喜歡看有趣的影片，動態視覺呈現更能有效吸引大眾的眼球，影片絕對是未來社群行銷的重點趨勢，例如不到一分鐘的開箱短影片的方式，就能幫店家潛移默化教育消費者如何在不同的情境下使用產品。事實上，Instagram 除了拍照外，拍攝影片更是輕而易舉的事。首先我們打開 Instagram App，點選下方中間的 ⊞ 來新增貼文，接著按下 ⊙ 鈕，進入拍照 / 攝影的畫面：

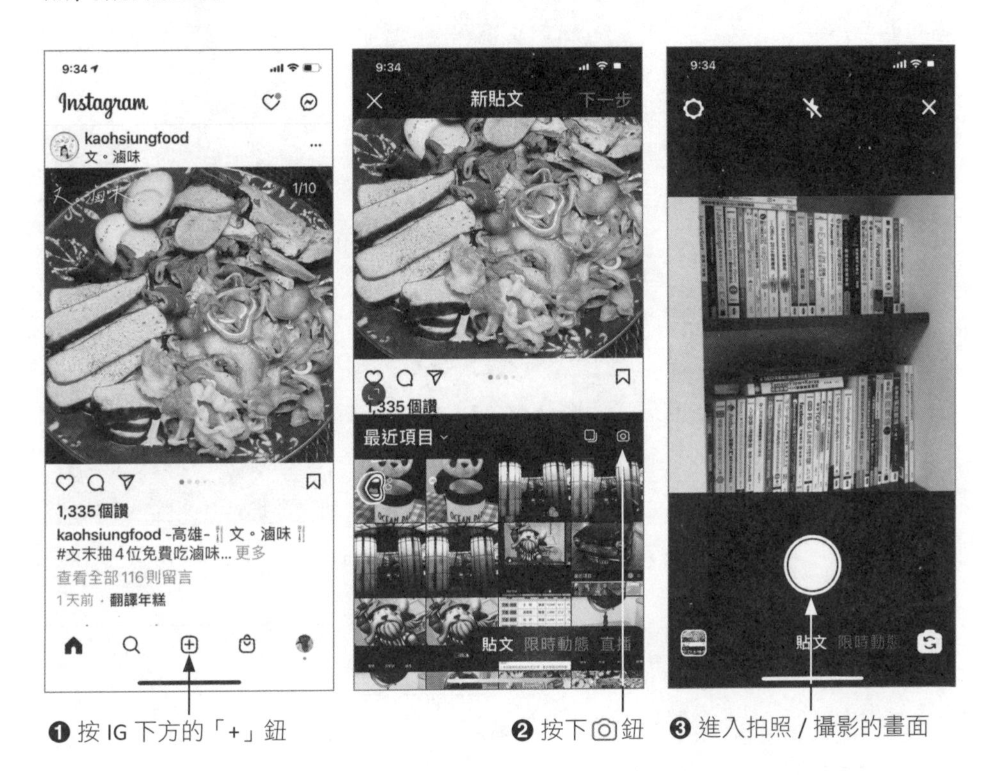

❶ 按 IG 下方的「+」鈕　❷ 按下 ⊙ 鈕　❸ 進入拍照 / 攝影的畫面

6-3-1　用「相機」來錄影

在這個所有人都缺乏耐心的時代，影片必須在幾秒內就能吸睛，只要影片夠吸引人，就可能在短時間內衝出高點閱率。如果是拍攝影片，影片開頭或預設畫面就要具有吸引力且主題明確，尤其是前 3 秒鐘最好能將訴求重點強調出來，才能讓觀看者快速了解影片所要傳遞的訊息，方便網友「轉寄」或「分享」給社群中的其他朋友。當各位按 IG 下方中間的 ⊞ 鈕新增「貼文」畫面中的「相機」⊙ 功能來錄製影片，只要調整好畫面構圖，按下圓形白色按鈕就開始錄影，手指放開按鈕則完成錄影，並進入如下畫面，可以讓使用者套用「濾鏡」，並進行影片的修剪，還可以在「封面」標籤中設定封面相片。如下列三圖所示：

▲ 濾鏡、修剪及封面三個畫面

影片完成後，再按「下一步」鈕就可以發佈影片貼文，如下圖所示：

影片盡可能營造出臨場感與真實性，從觀眾的角度來感同身受，以吸引觀眾的目光，進而創造新聞話題或轟動。如果可能的話，最好為影片加入字幕，因為很多人的手機是在沒有聲音的情況下觀看影片，加入字幕可以讓觀眾更了解影片的內容，不會受到靜音的限制。

6-3-2　一按即錄

當各位按 IG 下方中間的 ⊕ 新增鈕的「限時動態」功能中的「一按即錄」功能，使用者只要在剛開始錄影時按一下圓形按鈕，接著就可以專心拿穩相機拍攝畫面，或是在錄製過程中也可以透過手指縮放畫面，直到結束時再按下按鈕即可，而每段影片的時間以繞圓周一圈為限，如果用戶仍然繼續拍攝就會自動產生第二段、第三段影片，直到按下該鈕才會結束錄製。

6-3-3 Instagram 直播密技

Instagram 和 Facebook 一樣，也有提供直播的功能，它可以在下方留言或加愛心圖示，也會顯示有多少人看過，但是 Instagram 的直播內容並不會變成影片，而且會完全的消失。當各位按 IG 下方中間的 ⊞ 鈕，功能底端選用「直播」，只要按下「直播」鈕，Instagram 就會通知你的一些粉絲，以免他們錯過你的直播內容。

當你的追蹤對象分享直播時，可以從他們的大頭貼照看到彩色的圓框以及 Live 或開播的字眼，按點大頭貼照就可以看到直播視訊。

你的追蹤對象如有開直播，可從他的大頭貼看到看到彩虹圓框，若在限時動態中分享直播視訊會顯示播放按鈕

很多廠商經常將舉辦的商品活動和商品使用技巧等直播的方式，來活絡商品與粉絲的關係。粉絲觀看直播視訊時，可在下方的「傳送訊息」欄中輸入訊息，也可以按下愛心鈕對影片說讚。

直播影片時，用戶留言都會在此顯現

顯示按讚的情況

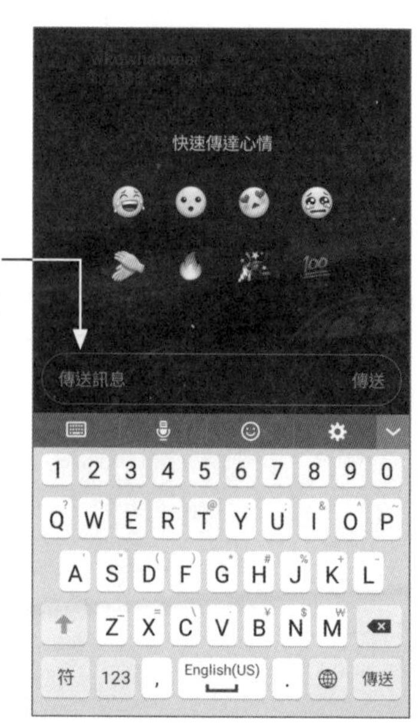

觀賞者可在「傳送訊息」欄上輸入訊息或加入表情符號

6-4 攝錄達人的吸睛方程式

相片想要吸引眾人目光，畫面色彩是否鮮豔動人、對比是否強烈鮮明、構圖是否有特色、光線變化是否別出心裁…等，這些全部都是重點。所以用心構圖讓畫面呈現不同於以往的視覺感受，這樣拍出來的相片就成功了一半。Instagram 是個獨特又迷人的社群，不僅啟發了品牌的行銷和攝影技術，還能加速帶動趨勢的流行，想要使用 Instagram 進行相片拍攝或錄影，每個細節都很重要，想要對品牌 / 商品進行宣傳，那麼基本的攝錄影技巧不可不知。

當各位拿起手機進行拍攝時，事實上就是模擬眼睛在觀看世界，所以認真觀察體驗，用心取景構圖，以自己的眼睛嘗試替代粉絲的雙眼，真實誠懇的傳達理念或想法，才能讓拍攝的相片與觀看者產生共鳴，進而在短時間內抓住粉絲的目光。這個小節我們將針對拍攝的基本技法做説明，讓你拿穩手機拍照，用你那充滿創造力的雙眼認真看待世界，就能將平凡的事物推向藝術境界，輕鬆拍出吸睛的畫面。

6-4-1 掌鏡平穩的訣竅

各位要拍出好的視訊影片，最基本的功夫就是要維持鏡頭「平順穩定」。因此，雙腳張開與肩膀同寬，才能在長時間站立的情況下，維持腳步的穩定性。手持手機拍攝時，儘量將手肘靠緊身體，讓身體成為手機的穩固支撐點，屏住呼吸不動，這樣就可以維持短時間的平穩拍攝。

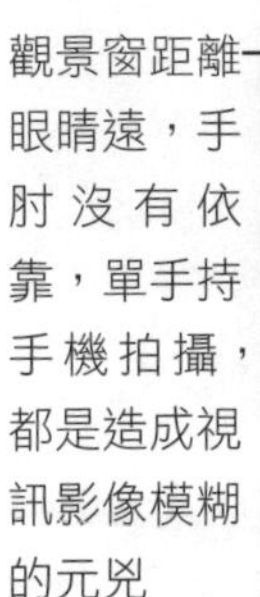

觀景窗距離眼睛遠，手肘沒有依靠，單手持手機拍攝，都是造成視訊影像模糊的元兇

如果環境許可的話，盡量尋找週遭可以幫助穩定的輔助物體，譬如在室內拍攝時，可利用椅背或是桌沿來支撐雙肘；在戶外拍攝，那麼矮牆、大石頭、欄杆、車門…等，就變成各位最佳的支撐物。善用周邊的輔助工具，可讓雙肘有所依靠。若是進行運鏡處理時，那麼建議使用腳架來輔助取景，以方便做平移或變焦特寫的處理。

利用周遭環境的輔助物做支撐，可增加拍攝的穩定度

例如各位經常在 Instagram 上看到許多的精緻的美食，大都採用如下的「平拍」手法，所謂「平拍」是將拍攝主題物放在自然光充足的窗戶附近，採用較大面積的桌面擺放主題，並留意主題物與各裝飾元素之間的擺放位置，透過巧思和謹慎構圖，再將手機水平放在拍攝物的上方進行拍攝。由於拍攝物與相機完全呈現水平，沒有一點傾斜度，所以稱為「平拍法」。這種拍攝的方式安全而且失誤率低，各位一定要使用看看。

「平拍手法」不一定得在平面的桌面上進行拍攝，只要主體物和相機是採水平方式進行拍攝，也能產生不錯的畫面效果，如下圖所示：

6-4-2 採光控制的私房撇步

攝影時最重要的元素就是光線，光線可以說是照片和影片的第二生命，只要光線對了，真的就是套什麼濾鏡都好看。攝影的光線有「自然光源」與「人工光源」兩種，自然光源指的就是太陽光，這是拍攝時最常使用的光源。因為自然光卻可以呈現產品最原始的色澤和外貌，同樣的場景會因為季節、天候、時間、地點、角度的不同而呈現迥異的風貌，每次拍攝都能拍出不同感覺的照片。因此不管是要在家裡或是建築物內拍攝，都可以利用靠窗座位、窗台等位置來取用自然的陽光。這些生活中細微的光源變化，左右了每一張照片的成敗。像是日出日落時，被射物體會偏向紅黃色調，白天則偏向藍色調，晴天拍攝則物體的反差較強烈，陰天則變得柔和。

室外也是一個尋找靈感的好地方，除了光線充足與均勻外，更多了一份視野的寬闊感，不過要留意光源位置不同會影響到畫面的拍攝效果，光線均勻可以拍出很多細節，如果被拍攝物體正對著太陽光，這種「順光」拍攝出來的物體會變得清楚鮮豔，雖然光線充足，但是立體感較弱。如果光線從斜角的方向照過來，由於陰影的加入會讓主題人物變得更立體。

▲ 陰影除了增加立體感外，也能產生戲劇化的效果

如果是正中午拍攝主題人物，由於光源位在被攝物的頂端，容易在人像的鼻下、眼眶、下巴處形成濃黑的陰影。「逆光」則是由被拍攝物的後方照射而來的光線，若是背景不夠暗，容易造成主題變暗。

▲ 逆光攝影會讓主體的輪廓線更鮮明，易形成剪影的效果

很多的風景畫面若是探求光線的變化，往往會讓習以為常的景緻展現出特別的風味。此外，線條的走向具有引領觀賞者進入畫面的作用，或者嘗試利用撞色搭配出反差感，所以各位在按下快門之前，不妨多多嘗試各種取景角度，不管是高舉相機或是貼近地面，都有可能創造出嶄新的視野和景象。

▲ 對比變化

▲ 弧線變化

▲ 線條 / 色彩變化

▲ 色彩變化

Tips

不管是拍照還是錄影，其實最重要的並不只是工具，而是燈光效果，有經驗的攝影師都知道，畢竟沒有打光的商品跟打光的商品，拍出來的呈現差很多。如果想要晉身稍微專業的直播主，補光燈算是直播必備的神器，因為手機在光線昏暗的情況下很容易會影響畫質，這時就需要隨身的補光燈上場，不但能讓錄影品質大幅提升，還可以幫忙調整亮度與色溫。

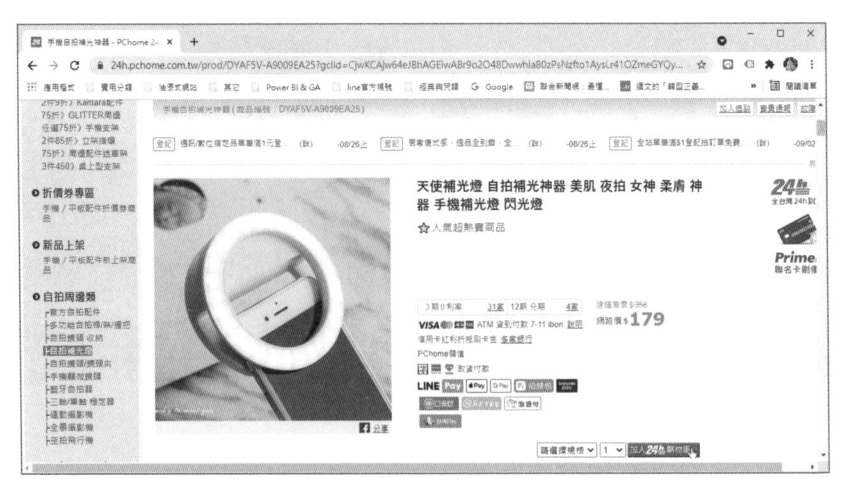

▲ 補光燈和手機的連接方式區分為「夾式」與「耳機插孔式」

6-4-3 多重視角的集客風情

雖然是人手一支的手機，拍攝的是日常生活中的事物，一般人在拍攝時都習慣以站立之姿進行拍攝，常用這種水平視角的拍攝手法，畫面會變得平凡而沒有亮點，因為眼睛已習以為常。IG 的圖片代表著品牌的形象，拍攝的角度也非常重要，人們都會被特殊的視角吸引，你分享的東西應該要有自己的風格，例如是介紹精緻烹調的食物，最好就用俯視的角度，由上往下拍攝，拍出空間感之餘的幸福氣氛。

▲ 俯角能拍出食物飽滿的幸福感

我們建議各位不妨採用與平日不同的角度來拍世界，取角角度不同，除了能讓主題與背景構築的畫面更豐富，利用多重視角創造多樣視覺構圖，特別是從不同的角度去觀察輪廓與光影，經常會讓人有眼睛一亮的感覺。諸如：坐於地上，以膝蓋穩住機身；或是單腳跪立，以手肘撐在膝蓋上；或是全身躺下，只用兩手肘支撐在地上。

這樣的拍攝方式，不但可以穩住機身，拿穩鏡頭，仰角度、俯角度也能帶給觀賞者全新的視覺感受，偶爾添加一些仰角畫面，能帶到更完整的建築物，尤其是拍攝高聳的主題人物，也會更具有氣勢。另外，鏡頭由一個點橫移到另一點，或是攝影鏡頭隨著人物主題的移動而跟著移動等方式，也可以表現出動感和空間效果。

▲ 採用低姿勢拍攝，視覺感受的新鮮度會優於站姿

色彩是影響照片很決定性的要素，如果是拍攝餐點、糕餅、點心等美食或商品，除了善用現場的自然光線外，互補色或對比色能創造出不同心動效果，記得要重視擺盤，讓畫面看起來精緻可口且色彩繽紛，例如一張吸睛的食物照絕對不是只有食物那麼簡單，道具是很重要的元素，善用道具作為點綴，像是花瓶、眼鏡、雜誌、手機、錢包、筆電…等，讓照片營造出意境或美好的氛圍。

至於視角部分，除了一般常用的從正上方往下拍外，不妨嘗試由前面正拍食物，像是以連拍技巧捕捉醬汁倒入食物中的畫面、準備開動美食、手持食物的動作…等，只要背景簡單清爽，焦點放在美食上，也能照出高人氣的美食照，切記！千萬不要找背景太亂的地方，這樣會模糊焦點，影響了整體效果。

在拍攝影片時，最好一次只拍攝一個主題，因為「極簡攝影風」更能營造出讓視覺深呼吸的想像空間，以一個主題貫穿所有作品，除了讓作品有更統一的風格外，也方便構思與跑出靈感。不要企圖一鏡到底，盡可能善用各種鏡頭或角度來表現主題，用意在於凸顯照片中的主題，並能帶出觀眾當下的情感張力，例如要展現一個展覽或表演活動，可以先針對展覽廳的外觀環境做概述，接著描寫展覽廳的細節、表演的內容、參觀的群眾，最後加入可以加入自己的觀感…等等。

在 Instagram 裡運用「新增」⊕鈕來錄製影片，正好可以表現像這樣的多片段畫面，只要預先構思好要拍攝的片段，就能胸有成竹的利用「新增」⊕鈕來輕鬆達標。如果沒有預先計畫，企圖從外到內一鏡完成，這樣拍攝出來的效果一定讓人看得頭昏眼花。

6-4-4 獲讚無數的自拍手札

Instagram 是個美圖爭妍鬥豔與百家爭鳴的地方，或許更是下一個零售業者或品牌接近千禧世代的方式。大家都喜歡將自己打扮自己最美麗照片上傳，只要你的照片有創意質感，日常的美食照、穿搭照等都能應用，就能累積廣大粉絲。如果你喜歡自拍，現今流行的自拍神器相當好用，除了可以不受拘束地想拍就拍，多節的伸縮調桿，讓拍遠拍近都變得輕鬆，用自拍棒拍照的話，一個人也可拍出寫真的效果。手機鏡頭夾也有提供特效可打造不同的效果，另外手機夾所附的後視鏡頭，讓自拍者輕鬆拍下美美的照片，出外旅遊有了它真得是方便好用。

自拍首要就是看場合，使用手機自拍影像或視訊時，第一步要找到對的光線，是自拍的基本功，接著要選對合適的時間和地方自拍，加上到位表情和信心。例如女生在自拍的時候都喜歡側臉，由於大部分人的臉也不是左右對稱，拍照時挑選自己偏好的一面上鏡就是常識。例如縮下巴抿唇微笑，偷偷發出「C」或「甜」的音之外，角度的拍攝也是很重要的，除非你很瘦，不然鏡頭一定要比臉高，像是以左上 / 右上 45 度角向下拍，可以讓五官更立體，並在自拍時同時將下巴往下壓，讓臉的弧度更美，同時臉頰也會變得嬌小，或者以「雙手捧臉或托腮」等小動作遮住臉部，再依照臉型大小做微調，都是用戶票選最迷人的姿勢，通常都會有不錯的視覺效果。

▲ 手機自拍畫面

拍照時最好待在戶外，或是陽光照射的窗戶邊，光源往往都是拍照的重點，你不需直接站在景點前，試著融合兩旁街景會更時尚不凡。當然也可以使用智慧型手機的廣角鏡來進行自拍，可以使照片畫面裡的透視關係更加明顯，只要景抓得好都能拍出一種讓背景更震撼獨特的感覺，這種廣角鏡為可卸式，需要時再插在手機上即可，使用廣角鏡拍攝時最好以水平角度進行拍攝。基本上，對於部分小編來説，自拍其實不難，只要加上些微攝影常識，搭配一些有趣的景物，就能述説一個很酷的品牌故事。

6-5 魅惑大眾的構圖思維

原來一張細膩的美照，背後也暗藏許多層次的巧思，例如「構圖是第一生命、光線是第二靈魂」，先掌握住這兩個關鍵，就能拍出熱門的吸睛照。構圖（Composition）指的是構成圖像的元素，簡單來說就是「圖像的呈現組合」。當你去到一個全新的景點時，你通常會變得更為靈敏和善於觀察，不妨用心找一個好地點來思考如何構圖。因為構圖的好壞通常會影響受眾的視覺印象和心裡感受。例如：拍攝遼闊的海平面時，使用水平線的構圖可讓畫面呈現平穩、寧靜的感受，而拍攝高聳的建築物，由於垂直線的構圖，則容易產生高大或孤獨的心裡感受，像這樣就是構圖影響心理層面的感受。

好的構圖才是拍照最重要的精氣神所在，一張好的照片，本身的構圖是吸睛的基礎。構圖最簡單的訣竅就是「精簡」，除了拍攝的主體外，其他多餘的東西盡量不要加入，萬一背景雜亂無章，那麼換個角度拍攝，或是拍攝後利用「編輯」標籤中的「移軸鏡頭」、「暈映」等功能將背景變模糊，也是一種解決之道。構圖要吸引目光，主題人物的位置、大小、角度、光線、遠近都有關聯，構圖雖不盡然決定照片的一切，但比起專業技術的養成，學會構圖才是最基礎的關鍵步驟。入門新手一般最常應用的就是「三等分」法和「黃金比例」，這裡順道跟各位做説明，讓你拍攝的畫面也能達到一定的水準。

6-5-1 三等分構圖

「三等分」（rule of thirds）構圖又稱為「井字構圖」，是許多拍照達人最常使用的構圖技巧，可以利用手機相機裡內建的九宮格線功能來對照畫面，橫直線相交叉的四個點，或是線的所在位置，無論是垂直、水平方向，將拍攝的主題放在這三等份之一，使畫面更有氛圍與美感。以下構圖是將主題定位在其中之一的等分參考線上，其視覺效果會比將主題放在畫面正中央來的吸引人。

另外，也可以將照片平均分割成上 / 中 / 下，或左 / 中 / 右三等分，將拍攝人物或物品等主題放在三等份不同位置，例如將「主題人物」放在垂直與水平交叉點，更有美感與 Fu，而切割的準則是將可辨識的主體依照遠 / 中 / 近分切割，就能營造不同的氛圍，而造成視覺上的遠近層次感。

6-5-2　黃金比例構圖

所謂的「黃金比例」是一種特殊的比例關係，其比值在經過運算後大概是 1：1.618。黃金比例應用到構圖技法上，同樣具有強烈的審美價值，相信各位構圖時，應該沒有那麼多的時間去作短邊 / 長邊的比例運算，不過各位在決定拍攝對象主體的位置時，可以參考黃金分割定律，將畫面以斜線一分為二，再從其中的一半的三角形中拉出一條跟那條直線垂直的線，將焦點放在該處就是黃金比例的構圖了，也會使照片耐看又不失平衡感。

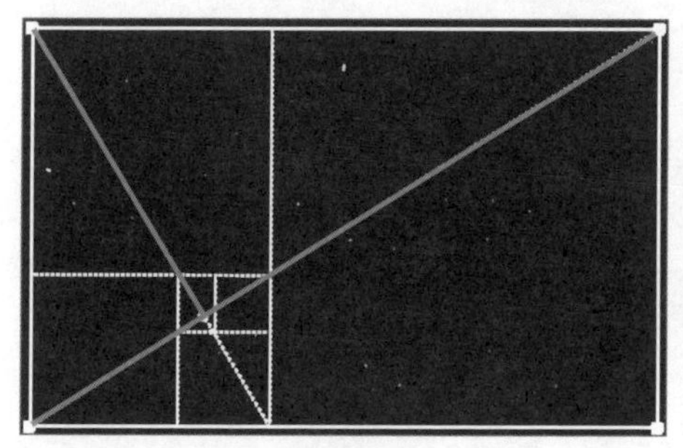

▲ 黃金比例分割

6-6 魔性視覺內容的爆棚行銷力

我們利用 Instagram 行銷，主要的原因還是以「圖像分享」為主的定位，讓使用者可以更輕鬆地「看圖說故事」，具有 Instagram 效果的圖像，傳遞顧客最真實與享受的情緒，更對於品牌產生一定的影響性。店家或品牌想要不花大錢，小品牌也能痛快做行銷，並以 Instagram 進行年輕族群的行銷媒介，就必須對影音 / 圖片的行銷技巧有所了解。由於每個社群平台都有專屬的特性，尤其現在的消費者早已厭倦了老舊的強力推銷手法，太商業性質的行銷手法會造成反效果，所以行銷品牌或商品時當然要以色彩豐富、畫面精緻、視覺吸睛、新潮有趣的相片或影片為主流模式。

▲ Adidas 的視覺行銷力相當與眾不同

6-6-1 別出心裁的組合相片功能

小編們想要將多張相片組合在一張畫面上，各位可以利用「新增」⊕「限時動態」所提供的「版面」來處理。組合相片的特點是可以製作有趣又獨一無二的版面佈局。如果你尚未使用過「版面」的功能，請由 Instagram 底端按下 ⊕ 鈕，切換到「限時動態」標籤，接著按下 ⊞ 鈕，就可以依照預設的「版面」配置，由圖庫中選取照片再進行各種不同效果的拍照，或是自行拍照。

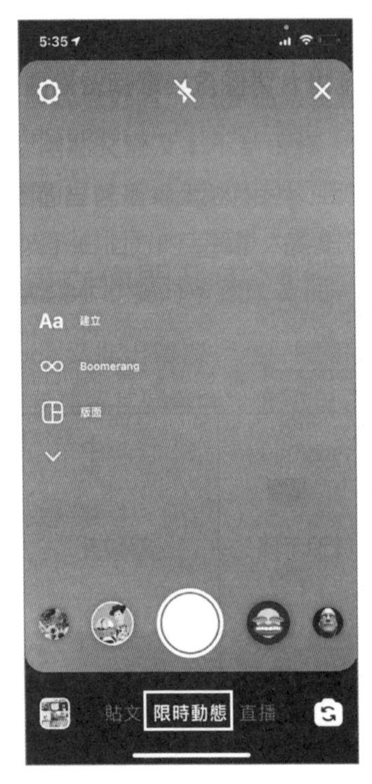

如果想變更版面的配置方式，可以按下「⊞」變更網格鈕，就會出現如下圖的各種不同的版面配置可以供各位進行選擇。

確定好自己所需要版面配置方式，接著就可以自行拍照或從圖庫中選取照片，如下圖所示為筆者由圖庫中自行選取一張相片，就會被放置在目前版面配置的第一個位置：

套用版面後如果想要變更相片，只要長按相片，按下「🗑」刪除鈕就可以將該圖片刪除，接著重新從圖庫選擇或拍照相片。接著各位可以先從下方的圖庫中點選要使用的相片，再由上方選擇想要使用的版面進行套用。如下圖所示就是一個完整的版面，確認無誤後，再按下「✓」鈕就可以完成所選定的版面配置的限時動態。

接著各位還可以傳送限時動態前，利用螢幕頂端的幾個功能按鈕在限時動態的圖片上加入各種文字特效、插圖…等，一切就緒後，就可以將所完成的組合照片，傳送給指定的摯友或直接傳送到限時動態。如右圖所示：

6-6-2　催眠般的多重影像重疊

各位拍攝產品也可以讓多張相片重疊組合在一個畫面上，讓人有吸睛放閃的朦朧般感覺，使用方式很簡單，各位可以利用「新增」⊞ 畫面中的「限時動態」，這時可以選擇拍攝眼前的景物或自拍，也可以從圖庫中找到你曾經儲存過的畫面。拍照或選取相片後，在相片上方按下「插圖」鈕，出現如右下圖的選項時請點選「自拍照」圖示，接著顯示前鏡頭再進行自拍。

自拍照有提供了幾種不同模式，只要以手指左右滑動就會自動做切換。調整好位置，按下前鏡頭下方的白色圓鈕即可快照相片。拍攝後還可進行大小或位置的調整，也可以旋轉方向，拍攝不滿意則可拖曳至下方的垃圾桶進行刪除，相當方便。透過這樣的方式，你就可以發揮創意，盡情地將你的商品融入生活相片之中。

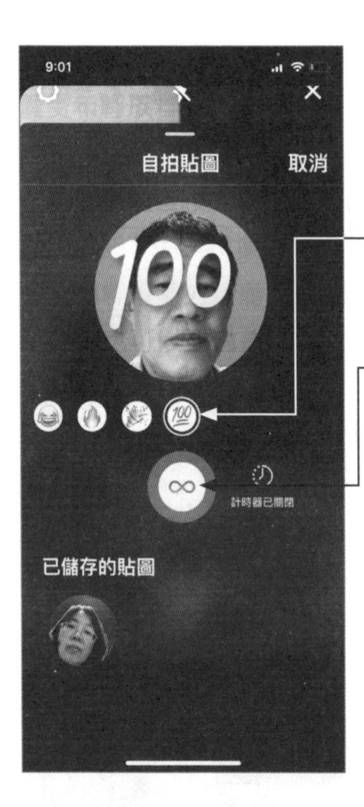

❶ 點選前鏡頭這種模式

❷ 按下白圓鈕進行拍照

❸ 拍照完畢後按此鈕會回到上頁

❶ 拍攝後還可進行大小或位置的調整

❷ 依序點選中間白色圓鈕圖示，可加入多個前景畫面

6-6-3 相片加入可愛元素

讓 IG 中的相片變可愛的方法有很多，尤其突然看到這些可愛的貼圖，直接讓粉絲們表達最真實的心情和感受度，莫名的覺得超療癒，互動率馬上瞬間爆表！例如可以利用「新增」⊞畫面中的「限時動態」，這時可以選擇拍攝眼前的景物或自拍，也可以從圖庫中找到你曾經儲存過的畫面。當進行拍照或選取圖庫相片，各位就會在相片上方螢幕頂端看到如圖的幾個按鈕：

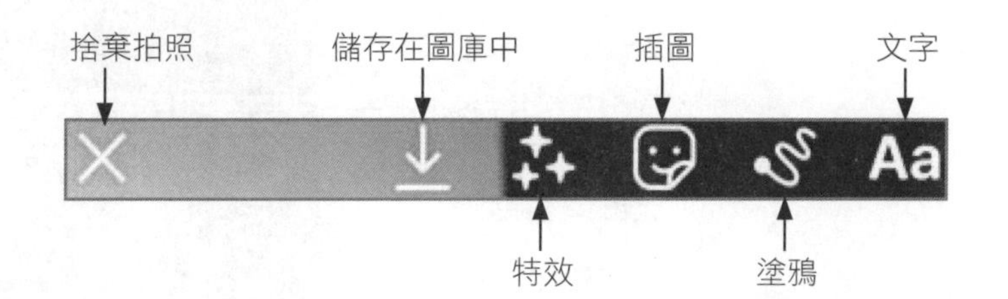

點選「插圖」鈕會在相片上跳出如下的設定窗，各位可以上下滑動瀏覽各式各樣的可愛插圖。

由上往下滑動可以看到更多類別的插圖

點選喜歡的圖案即可加入到相片上，插圖插入後，以大拇指和食指尖往內外滑動，可調動插圖的比例或進行旋轉。如果不滿意所插入的插圖，拖曳圖案時會看到下方有個垃圾桶，直接將圖案拖曳到垃圾桶中即可刪除。利用這些小插圖，就可以輕鬆將同一張相片裝扮出各種造型出來。

同一張相片經過不同的裝飾插圖，也能變化出多種造型

6-6-4　超猛塗鴉文字特效

年輕人就是喜歡潮而新鮮的事物，在相片中加入一些強調性的文字或關鍵字，讓觀看者可以快速抓到貼文者要表達的重點，既符合年輕人的新鮮感，也跟得上時尚潮流。如下所示，使用塗鴉方式或手寫字體來表達商品的特點，是不是覺得更有親切感！多看幾眼就在不知不覺中就將商品特色給看完了！

▲ 圖片加入塗鴉文字的說明，讓觀看者快速抓住重點

各位也可以在相片上寫字畫圖，把相片中美食的特點淋漓盡致地說出來，以吸引用戶的注意，這種行銷手法各位應該在 Instagram 相片中經常看得到。

當你使用利用「新增」⊞畫面中的「限時動態」取得相片後，按下「塗鴉」鈕即可隨意塗鴉。視窗上方有各種筆觸效果，不管是尖筆、扁平筆、粉筆、暈染筆觸都可以選用，畫錯的地方還有橡皮擦的功能可以擦除。

復原 完成

視窗下方有各種色彩可供挑選，萬一提供的顏色不喜歡，也可以長按於圓形色塊，就會顯示色彩光譜讓各位自行挑選顏色。文字大小或筆畫粗細是在左側做控制，以指尖上下滑動即可調整。

提供的各種筆觸

拖曳左處邊界的圓形滑鈕可控制畫筆粗細

下方色塊選擇可選擇文字或筆畫色彩

另外，按下「文字」**Aa** 鈕可以加入電腦打入的文字，強調你要推銷的重點，這樣一張圖片就可以輕鬆抓住用戶的眼睛。

使用「文字」工具加入要行銷的文字

6-6-5　立體文字效果

這裡所謂的「立體文字」事實上是仿立體字的效果。各位只要輸入兩組相同的文字，另一組文字（黑色）放在底層，並將兩組字作些許的位移，就可以看起來像立體字一樣。

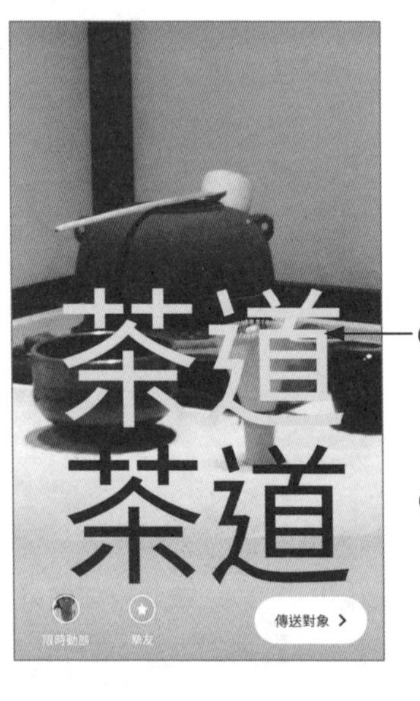

❶ 輸入文字後，再複製一組相同的字

❷ 將兩組字重疊後，再作些許的位移就搞定了

6-6-6 擦出相片中的引爆火花

有時相片中的內容物太多，不容易將想要強調的重點商品表現出來，那麼各位不妨試試下面的擦除技巧。如左下圖所示，當各位調整好位置後，請按下「塗鴉」鈕，接著從下方的色塊中選定要使用的色彩，選定顏色後以手指長按畫面，那麼畫面就會塗上一層你所設定的色彩，如左下圖所示。

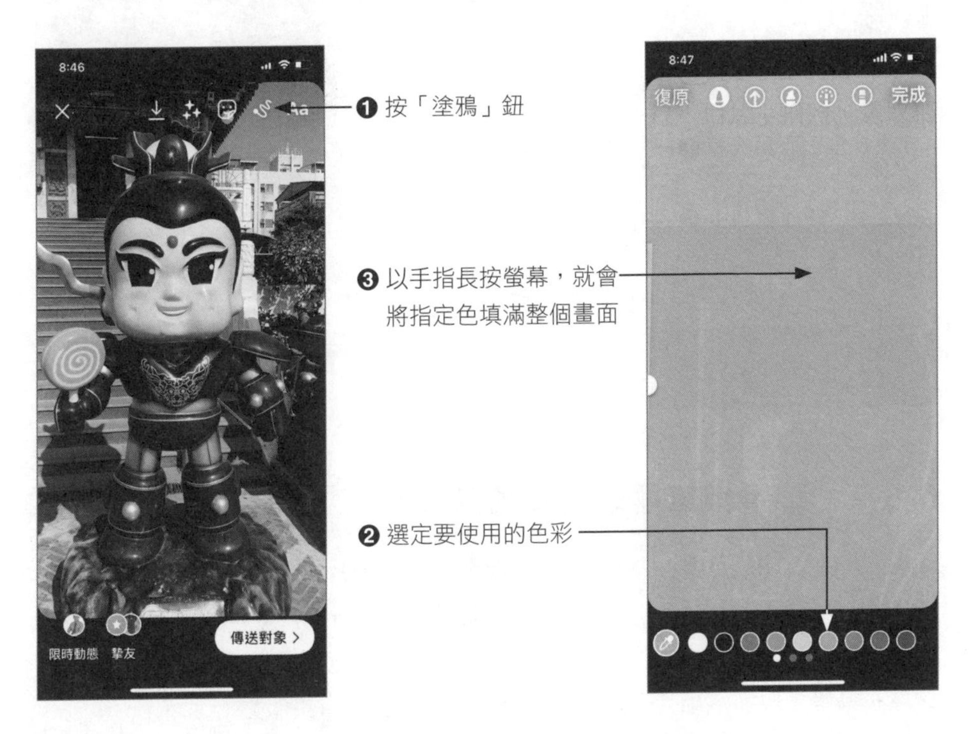

接下來選用「橡皮擦」工具，調整筆刷大小後，再擦除掉重點商品的位置，最後加入強調的標題文字，就能將主商品清楚表達出來。

6-6-7 善用相簿展現商品風貌

Instagram 在分享貼文時，允許用戶一次發佈十張相片或十個短片，這麼好的功能店家可千萬別錯過，利用這項功能可以把商品的各種風貌與特點展示出來。如下所示的衣服販售，同一款衣服展示各種不同的色彩，衣服的細節、衣服的質感…等等，以多張相片表達商品比單張相片來的更有說服力。

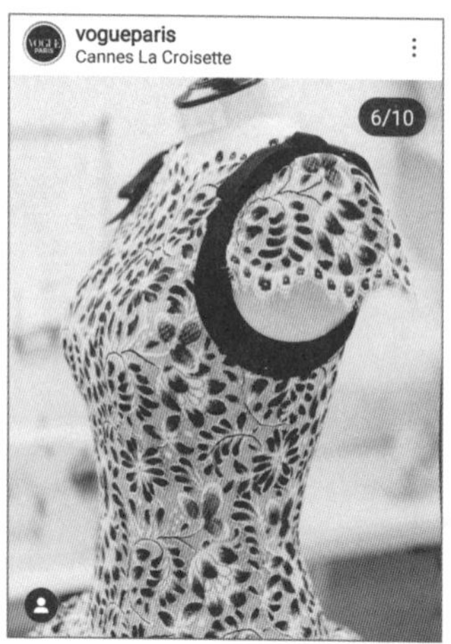

在影片部分，可以故事情境來做商品介紹，也可以進行教學課程，像是販賣圍巾可以教授圍巾的打法，販賣衣服可介紹剛商品的穿搭方式，以此吸引更多人來觀看或分享，不但利他也利己，贏得雙贏的局面。

6-6-8 標示時間 / 地點 / 主題標籤

各位在新增「限時動態」時，點選圖片上方的「插圖」鈕後，會在第二個頁面看到如左下圖的選項，點選「地點」、「# 主題標籤」、和日期三個按鈕，就可以在畫面中標示出時間、地點、與主題標籤。加入後自行調整要放置的位置、比例大小、角度，按點標籤還會自動變更色彩與樣式。

在相片中加入主題標籤和地點是一個不錯的行銷手法，因為當其他用戶們的視覺被精緻美豔的相片吸引後，只要可以知道相片中的地點或主題，就有機會增強他們的印象。社群行銷成功關鍵字不在「社群」而是「連結」，讓相同愛好的人可以快速分享訊息，也增加了你的產品的曝光機會。

另外，你也可以在相片中將自己的用戶名稱標註上去，這樣任何瀏覽者只要點選該標籤，就可以隨時連結到你的帳號去查看其他商品。

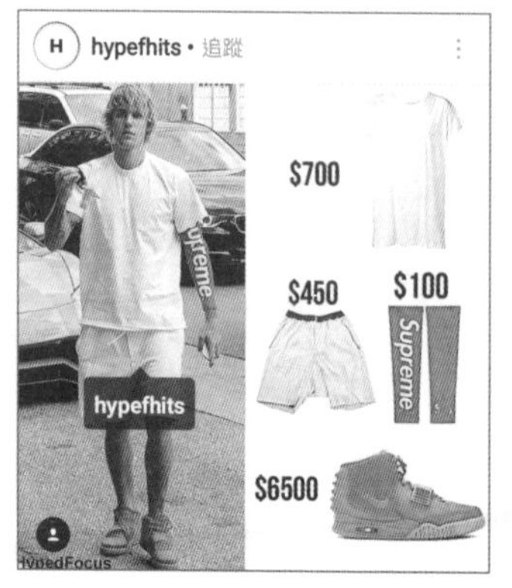

▲ 按點灰色標籤，就可以連結到該用戶

現在也有許多人採用相互標籤的方式來增加被瀏覽的機會，也就是在圖片中加入其他人的標籤，這樣當瀏覽者點閱相片時，就會同時出現如下圖所示的標籤，增加彼此間的被點閱率。

相片中加入用戶標籤並不難，點選「新增」⊕頁面進行拍照後，在最後「分享」貼文的畫面中點選「標註人名」，再將自己或他人的用戶名稱輸入進去就搞定了！

6-6-9 加入票選活動

在相片上你也可以加入投票活動喔！讓你製造問題和兩個選項，再由瀏覽者進行選擇。這樣的投票功能自從推出以後，如果你有選擇的障礙，就可以用此方式來詢問朋友的意見，也增加了彼此之間的互動。而參與投票的用戶可以知道投票所佔的比例，發問者則可以看到那些人投了哪個選項。透過這樣的方式，商家就能進行簡單的市場調查，以便了解客戶的喜好。如左下圖所示，便是商家在限時動態中所進行的「票選活動」，讓你選擇「青銅」或「銅」的鍋具。

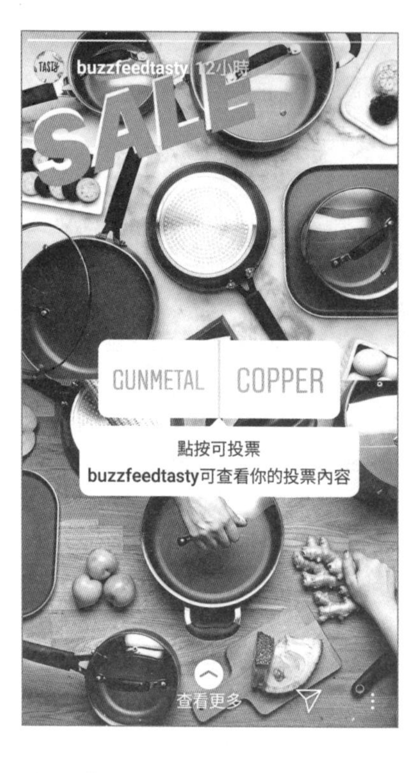

滑桿方式和簡答題的互動方式可也以用喔

使用此功能即可進行票選的設定

除了「票選活動」採用兩個選項來選擇外，還有以滑桿的方式來設定喜好程度，或是直接用簡答的方式來回覆問題，三種的呈現效果如下：

地表最強的標籤與限時動態拉客錦囊

隨著 Instagram 不斷擴大影響每一個人的社群行為，有經驗的小編都知道要做好 Instagram 行銷，優化標題跟描述內容是絕對不可少，但更重要的是要加入至少一個主題標籤（Hashtag），因為用戶者除了觀看追蹤名人和親朋好友外，他們還會主動去搜尋他們有興趣的 Hashtag。標籤（Hashtag）是目前社群網路上相當流行的行銷工具，Hashtags 的標籤和臉書相當不一樣，不但已經成為品牌行銷重要一環，可以利用時下熱門的關鍵字，並以 Hashtag 方式提高曝光率與處。透過標籤功能，所有用戶都可以搜尋到你的貼文，你也可以透過主題標籤找尋感興趣的內容。目前許多企業也逐漸認知到標籤的重要性，紛紛運用標籤來進行宣傳，使 Hashtag 成為社群行銷的新寵兒。

▲ Instagram、Facebook 都有提供 hashtag 功能

對品牌行銷而言，「限時動態」已經成為品牌溝通重要的管道，限時動態功能會將所設定的貼文內容於 24 小時之後自動消失。此功能相當受到年輕世代的喜愛，它能讓用戶以動態方式來分享創意影像，正因為是 24 小時閱後即焚的動態模式會讓用戶更想觀看，很多品牌都會利用限時動態發布許多趣味且話題性十足的內容來創造話題或新商機，相較於永久呈現在動態時報的洗版照片或影片，年輕人應該更喜歡分享稍縱即逝的動態。

▲ Disney 的限時動態相當多樣化

7-1 標籤的鑽石行銷熱身課

主題標籤是全世界 Instagram 用戶的共通語言，他們習慣透過 Hashtag 標籤尋找想看的內容，一個響亮有趣的 slogan 很適合運用在 IG 的主題標籤上，主題標籤不但可以讓自己的商品做分類，同時又可以滿足用戶的搜尋習慣，只需要勾起消費者點擊的好奇心，在搜尋時就能看到更多相關圖片，透過貼文搜尋及串連功能，就能迅速與全世界各地網友交流，進而增進對品牌的好感度。

店家貨品牌可以在貼文裡加上別人會聯想到自己的主題標籤，當品牌舉辦活動時，一個響亮有趣的 slogan 很適合運用在 IG 的主題標籤上，只需要勾起消費者點擊的好奇心，在搜尋時就能看到更多相關圖片，透過貼文搜尋及串連功能，就能迅速與全世界各地網友交流，進而增進對品牌的好感度。

▲ 貼文中加入與商品有關的主題標籤，可增加被搜尋的機會

當我們要開始設定主題標籤時，通常是先輸入「#」號，再加入你要標籤的關鍵字，要注意的是，關鍵字之間不能有空格或是特殊字元，否則會被分隔。如果有兩個以上的標籤，就先空一格後再標記第二個標籤。如下所示：

#油漆式速記法 #單字速記 #學測指考

貼文中所加入的標籤，當然要和行銷的商品或地域有關，除了中文字讓中國人都查看得到，也可以加入英文、日文等翻譯文字，這樣其他國家的用戶也有機會查看得到你的貼文或相片。不過 Instagram 貼文標籤也有數量的限定，超過額度的話將無法發佈貼文喔！

7-1-1 相片 / 影片加入主題標籤

主題標籤之所以重要，是在於它可以帶來更多陌生的潛在受眾，如果希望店家的 IG 能被更多人看見，善用 Hashtags 絕對是頭號課題！很多人知道要在貼文中加入主題標籤，卻不知道將主題標籤也應用到相片或影片上，不但與內容中的圖片相互呼應，還能鎖定想觸及的產業與目標閱聽眾。當相片 / 影片上加入主題標籤，觀看者按點該主題標籤時，它會出現如左下圖的「查看主題標籤」，點選之後，IG 就會直接到搜尋頁面，並顯示出相關的貼文。

❷ 按點「查看主題標籤」會顯示如圖的所有相關貼文

❶ 選「# 好友分享日」出現上方的「查看主題標籤」

除了必用的「# 主題標籤」外，商家也可以在相片上做地理位置標註、標註自己的用戶名稱，甚至加入同行者的名稱標註，增加更多的曝光的機會讓你的粉絲變多。

提及其他用戶名稱

加入地點標註

7-1-2 創造專屬的主題標籤

IG 中有無數種標籤可以任你使用；不同屬性的品牌帳號適合的主題標籤也不同，不過最重要的是哪種標籤適合各位的目標受眾，因此最好必須先行了解當前的流行趨勢。針對行銷的的內容，企業也可以創造專屬的主題標籤。例如星巴克在行銷界算是十分出名的，雖然 Starbucks 已是世界知名的連鎖企業，但在大眾的心裡都維持優良的形象，每當星巴克推出季節性的新飲品時，除了試喝活動外，也會推出馬克杯和保溫杯等新商品，所以世界各地都有它的粉絲蒐集星巴克的各款商品。

星巴克在 IG 經營和行銷方面算是十分的優越，消費者只要將新飲品上傳到 IG，並在內文中加入指定的主題標籤，就有機會抽禮物卡，所以每次舉辦活動時，IG 上就有上千張的相片是由消費者上傳上去的，這些相片自然而然成為星巴克的最佳廣告，像是「# 星巴克買一送一」或「# 星巴克櫻花杯」等活動主題標語便是最好的行銷。

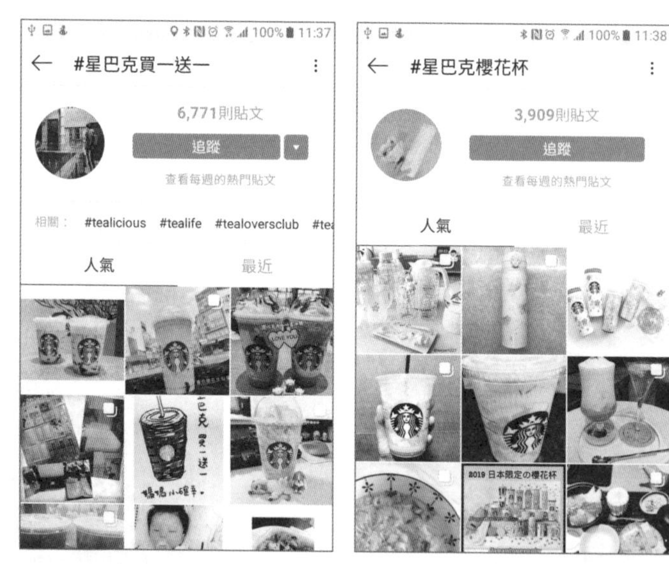

▲ 搜尋該主題可以看到數千則的貼文，貼文數量越多就表示使用這個字詞的人數越多

這樣的行銷手法，粉絲們不但會主動上傳星巴克飲品的相片，粉絲們的追蹤者也會看到星巴克的相關資訊，宣傳效果如樹狀般的擴散，一傳十，十傳百，傳播速度快而顯著，又不需要耗費太多的廣告成本，即可得到消費者的廣大的回

響。而下圖所示則為星巴克近期推出的「星想餐」，不但在限時動態的圖片中直接加入「星想餐」的主題標籤，也在貼文中加入這個專屬的主題標籤。

限時動態中加入星巴克專屬的主題標籤 - 星想餐

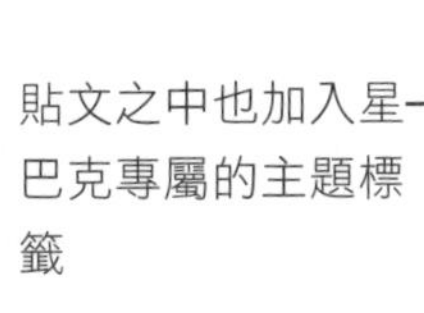

7-1-3 蹭熱點標籤的妙用

IG 的標籤是增加互動率的絕佳工具，在運用主題標籤時，除了要和自家行銷的商品有關外，各位也可以上網查詢一下熱門標籤的排行榜，了解多數粉絲關注的焦點，再依照自家商品特點蹭入適合的標籤或主題關鍵字，這樣就有更多的機會被其他人關注到。千萬不要隨便濫用標籤，例如加入「# 吃貨」這個主題標籤的貼文就多達 694K，這麼多的貼文當中，你的貼文要被看到的機會實在不容易；或是放入與你的產品完全不相干的主題標籤，除了在所有貼文中顯得突兀外，也會讓其他用戶產生反感。

經營 IG 的一個大重點是你必須讓貼文內容被越多人看到越好，例如貼文有提到其他品牌或是某知名網紅，建議可以在貼文中標籤他們，快速增加店家粉絲量，對大品牌或網紅而言，也喜歡用戶可以標籤他們，也能帶來導流的效果。善用標籤幫助「自然觸及」增長，用意不是為了觸及更多的觀眾，而是為了觸及目標觀眾，這種方法不需要廣告費用便有大量可能觸及用戶。基本上，標籤數越多接觸點就會更多。雖然每篇 Instagram 貼文的標籤上限為 30 個，還是要謹慎地使用合適的主題標籤。剛開始使用 IG 時，如果不太曉得該如何設定自己的主題標籤，那麼先多多研究同類型的對手使用那些標籤，再慢慢找出屬於自己的主題標籤。

▲ 主題標籤的設定大有學問，多多研究他人 Tag 的標籤，可以給你很多的靈感

7-1-4　不可不知的熱門標籤字

在 IG 的貼文中，有些標籤代表著特別的含意，搞懂標籤的含意就可以更深入 Instagram 社群。由於主題標籤的文字之間不能有空格或是特殊字元，否則會被分隔，所以很多與日常生活有關的標籤字，大都是詞句的縮寫。還有用戶之間期望相互支持按讚，增加曝光機會的標籤，各位可以了解一下但不要過度濫用，例如：#followme 的標籤就因為有被檢舉未符合 Instagram 社群守則，所以 #followme 的最新貼文都已被 IG 隱藏。

- **#likeforlike 或是 #like4like**：表示「幫我按讚，我也會按你讚」，透過相互支持，推高彼此的曝光率。
- **#tflers**：表示「幫我按讚（Tag For Likers）」。
- **#followforfollow 或 f4f**：表示「互讚戶粉」。
- **#bff**：Best Friend Forever，表示「一輩子的好朋友」，上傳好友相片時可以加入此標籤。
- **#Photooftheday**：表示「分享當日拍攝的照片」或是「用手機記錄生活」。

- **#Selfie**：Self-Portrait Photograph，表示「自拍」。
- **#Shoefie**：將 Shoe 和 Selfie 兩個合併成新標籤，表示「將當天所穿著的美美鞋子自拍下來」。
- **#OutfitLayout**：OutfitLayout 是將整套衣服平放著拍照，而非穿在身上。不喜歡自己真實面貌曝光的用戶多會採用此方式拍照服裝。
- **#Twinsie**：表示像雙胞胎一樣，同款或同系列的穿搭。
- **#ootd**：Outfit of the Day，表示當天所穿著的紀錄，用以分享美美的穿搭。
- **#Ootn**：outfit of the Night，表示當晚外出所穿著的紀錄。
- **#FromWhereIStand**：From Where I Stand，表示從自己所站的位置，然後從上往下拍照。可拍攝當日的衣著服飾，使上身衣服、下身裙 / 褲、手提包、鞋子等都入鏡。也可以從上往下拍攝手拿飲料、美食的畫面。
- **#TBT**：Throwback Thursday，表示在星期四放上數十年前或小時候的的舊照。
- **#WCW**：Woman Crush Wednesday，表示「在星期三上傳自己心儀女生或女星的相片欣賞」。
- **#yolo**：You Only Live Once，表示「人生只有一次」，代表做了瘋狂的事或難忘的事。

各位也可以上網查詢一下熱門標籤的排行榜，了解多數粉絲關注的焦點，再依照自家商品特點加入適合的標籤或主題關鍵字，這樣就有更多的機會被其他人關注到。目前 Android 手機或 iPhone 手機都有類似的 Hashtag 管理 App，各位不妨自行搜尋並試用看看，把常用的標籤用語直接複製到自己的貼文中，就不用手動輸入一大串的標籤。

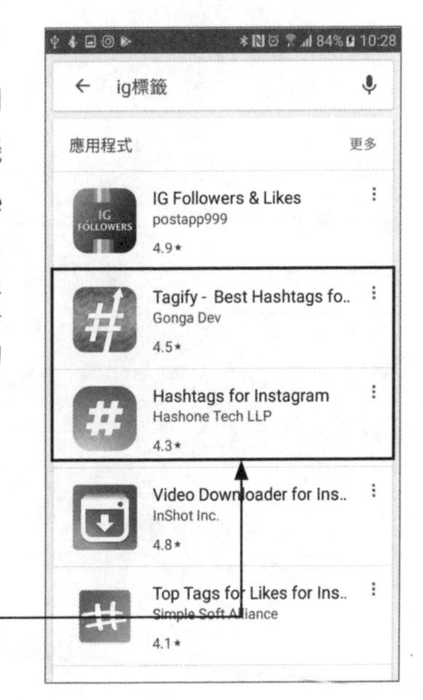

Play 商店中有各種 Hashtag 管理的 App 可以試用

7-1-5 運用主題標籤辦活動

時至今日，主題標籤已經成為 Instagram 貼文中理所當然的風景之一，店家想要做好 IG 行銷的話，肯定必須重視主題標籤的重要性。例如當品牌舉辦活動時，商家可以針對特定主題設計一個別出心裁而具特色的標籤，一個響亮有趣的 Slogan 就很適合運用在 IG 的標籤行銷！只要消費者標註標籤，就提供折價券或進行抽獎。這對商家來說，成本低而且效果佳，對消費者來說可得到折價券或贈品，這種雙贏的策略應該多多運用。如下所示是「森林小熊曲奇餅」的抽獎活動與抽獎辦法，參與抽獎活動的就有 1800 多筆。

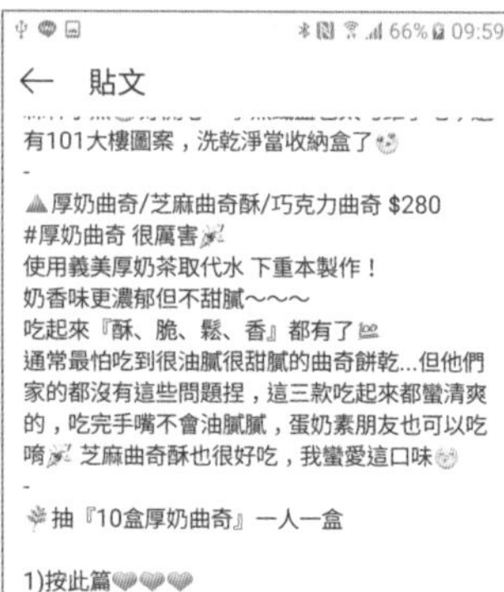

活動辦法中也要求參加者標註自己的親朋好友，這樣還可將商品延伸到其他的潛在客戶。不過在活動結束後，記得將抽獎結果公布在社群上以昭公信。另外，企業舉辦行銷活動並制定專屬 Hashtag，就要盡量讓 Hashtag 和這次活動緊密相關，並且用簡單字詞、片語來描述，透過 Hashtag 標記的主題，馬上可以匯聚了大量瀏覽人潮，不過最有效的主題標籤是一到二個，數量過多會降低貼文的吸引力。

7-2 超暖心的限時動態功能

對品牌行銷而言，如果要吸引主動客群，務必使用限時動態，並且每一天都應該要發布，讓粉絲產生黏著度。限時動態不但已經成為品牌溝通的重要管道，正因為限時動態是 24 小時閱後即焚的動態模式，會讓用戶更想常去觀看「當下分享當下生活與品牌花絮片段」與掌握「不趕快看就沒有了」的用戶心理的限時內容，最好的限時動態就是一個「故事」，有開頭、有中間、有結尾，如果配合運用濾鏡的創意傳播更能觸及到陌生的使用者，讓你的粉絲數持續上升。

店家別忘了每天製造點小故事或亮點，飢餓行銷（Hunger Marketing）反而會讓用戶更關注限時動態，善用限時動態分享自家商品，並打造出「限時限量」的商品特色，不自覺中在粉絲心中留下深刻的印象！

Tips

「稀少訴求」（Scarcity Appeal）在行銷中是經常被使用的技巧，飢餓行銷（Hunger Marketing）是以「賣完為止、僅限預購」這樣的稀少訴求來創造行銷話題，製造產品一上市就買不到的現象，利用顧客期待的心理進行商品供需控制的手段，讓消費者覺得數量有限而不買可惜。

各位想要發佈自己的「限時動態」，請在首頁上方找到個人的圓形大頭貼，按下「你的限時動態」鈕或是按下 ⊞「新增」鈕就能切換到新增限時動態的頁面，再自行選擇照相或是直接找尋相片來進行分享。

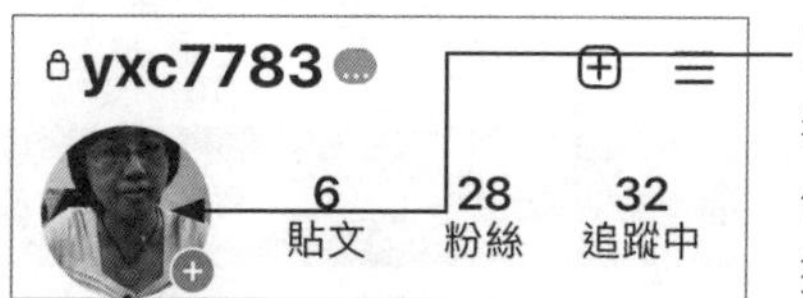

尚未做過限時動態的發表可按此大頭貼，有發佈過限時動態，則可以按此鈕觀看已發佈的限時動態

進入發佈「限時動態」狀態後，想要有趣又有創意的特效，可以左右滑動挑選自己想要的特效，或是想要自拍，只要將鏡頭進行切換即可，當想要的效果確定後，按下畫面下方的圓形按鈕即可進行拍攝，拍攝完成後，按下「限時動態」就會發布出去，或是按下「摯友」傳送給好朋友分享。

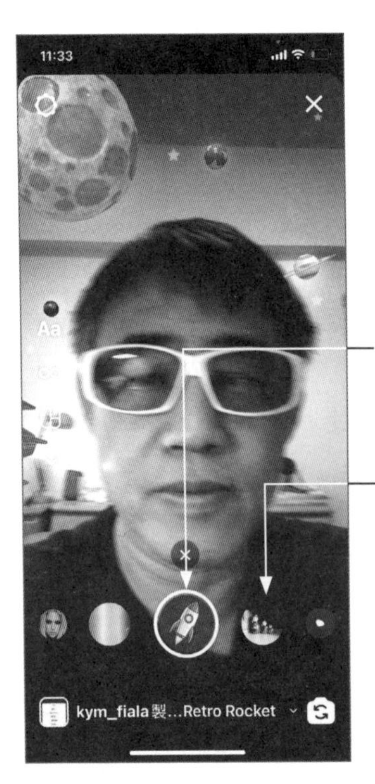

❷ 按此鈕進行影片拍攝

❶ 選取要套用的效果

❸ 選擇分享的方式

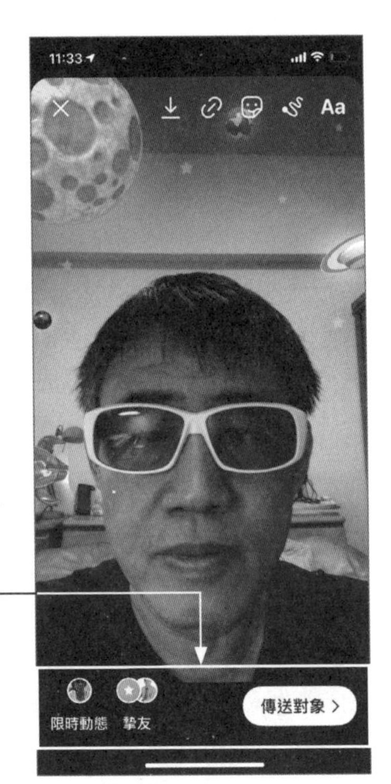

7-2-1 立馬享受限時動態

限時動態最有趣的地方，是讓你可以在靜態圖片上添加很多創意，當你將限時動態的內容編輯完成後，按下頁面左下角的「限時動態」鈕，就會將畫面顯示在首頁的限時動態欄位。這些限時動態的相片 / 影片，會在 24 小時候從你的個人檔案中消失，不過你也能在 24 小時內儲存你所上傳的所有限時動態喔！

編輯完成的畫面，按下「限時動態」鈕就可傳送出去

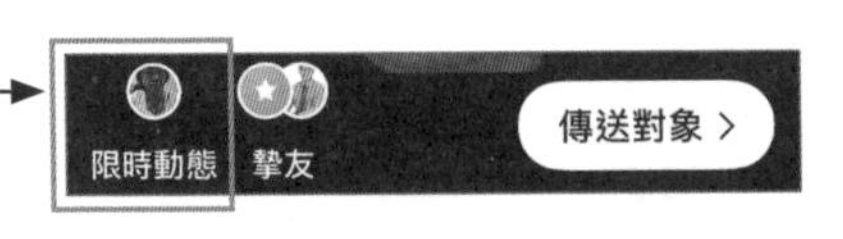

隨時放送的「限時動態」，目的就是讓粉絲看見與自己最相關的內容，店家隨時可以發表貼文、圖片、影片或開啟直播視訊，讓所有的追蹤者得知你的訊息或是想傳達的思想理念。

限時動態可以透過一連串的相片 / 影片串接而成喲

這裡可以看到帳號與倒數的時間

這裡可以直接傳送訊息

店家面對 IG 的高曝光機會，更該善用「限時動態」的功能，為品牌或商品增加宣傳的機會，擬定最佳的行銷方式，在短暫幾秒中內迅速抓住追蹤者的目光。由於拍攝的相片 / 影片都是可以運用的素材，加上 IG 允許用戶在限時動態中加入文字或塗鴉線條，也有提供插圖功能，或者可加入主題標籤、提及用戶名稱、地點、票選活動…等各種物件，甚至還提供導購機制，讓使用者「往上滑」來「了解更多」或「去逛逛」品牌官網，讓商家可以運用各種創意手法來進行商品的行銷。整合以上元素，粉絲對於品牌的忠誠度和相關資訊的參與度自然也會有更多認同感。如下所示，便是各位經常在限時動態中常看到的效果，接下來就是要來和各位探討如何運用限時動態來創造商機，讓你掌握行銷先機，搶先跟上時尚潮流。

使用編排的畫面也沒問題　　相片加入文字說明與塗鴉線條

企業商家可加入導外機制　　影片中提及商家的資訊

7-2-2　限時訊息悄悄傳

Instagram 除了「限時動態」功能廣受大家青睞外，還有一項「Direct」限時訊息悄悄傳的功能，也非常受到大家的注目。各位可以悄悄和特定朋友分享現實中的相片 / 影片，當朋友悄悄傳送相片或影片給你，你就能在「悄悄傳」部分查看內容或回覆對方，不過悄悄傳每次傳送的內容最多只可以觀看 2 次，且超過 24 小時後即自動刪除、無法再被觀看或儲存照片。由於很多人習慣在任何時間與他人分享照片或影片，但同時又希望保有隱私性，「悄悄傳」功能既可滿足用戶的需求，也帶來更有趣且具創意的體驗。

各位想要使用「Direct」功能，請由「首頁」的右上角按下鈕，進入 Direct 頁面後找到想要傳送的對象，按下後方的相機就能啟動拍照的功能，或是透過「文字」或圖庫進行傳送。

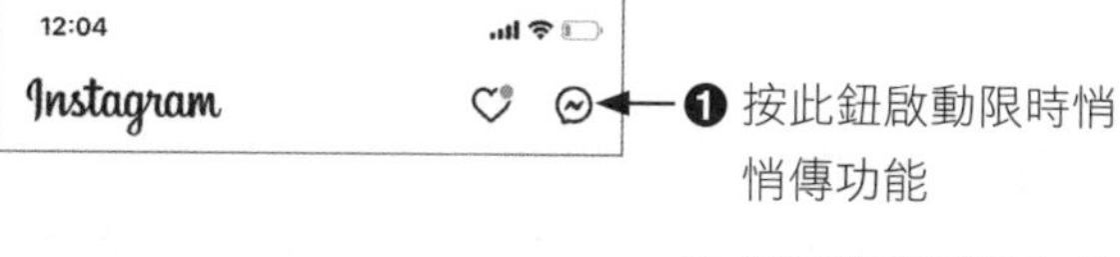

❶ 按此鈕啟動限時悄悄傳功能

❷ 找到要傳送訊息的對象後，在後方按下相機鈕

❹ 找到要傳送的圖片

❺ 完成時按此圓鈕進行傳送

❸ 選擇允許播放或是查看一次

「限時訊息悄悄傳」的功能僅能傳送給部分朋友，而非直接發表在限時動態當中供所有朋友觀看。當對方收到訊息後可以直接進行回覆並回傳訊息給傳送者。

訊息悄悄傳後，可直接點選用戶名稱查看傳送的內容，也可以按點此處進行聊天

7-2-3 插入動態插圖

限時動態其實像是一種介於圖片跟影片之間的內容表現形式，在限時動態的表現上，原本普通的推播廣告也可以做得令人驚艷，例如可以由一連串的相片/影片所組成，利用「插圖」鈕可在相片/影片中添加各種插圖，不管是靜態或動態的插圖都沒問題，而按下「GIF」鈕可到 GIPHY 進行動態貼圖的搜尋，成千上萬的動態貼圖任君挑選使用，不用為了製作素材而大傷腦筋。

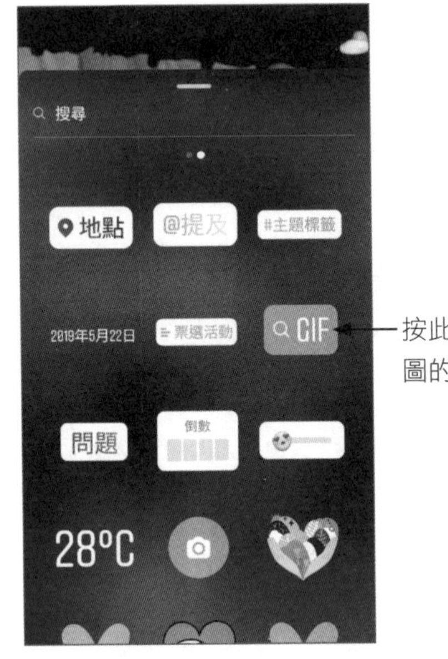

按此鈕進行動態貼圖的搜尋

「插圖」功能除了精緻小巧的貼圖可添加限時動態的趣味性外，運用「主題標籤」和「@ 提及」功能，都能讓觀賞者看到商家的主題名稱與用戶資訊，也能讓整個畫面看起來更有層次感，增添畫面的樂趣，貼文更生動。

▲ 插入動態貼圖讓拍攝的影片增添層次感和豐富度

7-2-4　票選活動或問題搶答

「插圖」功能裡所提供的「票選活動」，商家不妨多多運用在商品的市調上，簡單的提問與兩個選項的答覆，讓商家可以和追蹤者進行互動，同時了解客戶對商品的喜好。當然就如同交朋友一樣，從共同話題開始會是萬無一失的方法，這樣同時可以收集用以規劃未來數位行銷活動的寶貴數據。

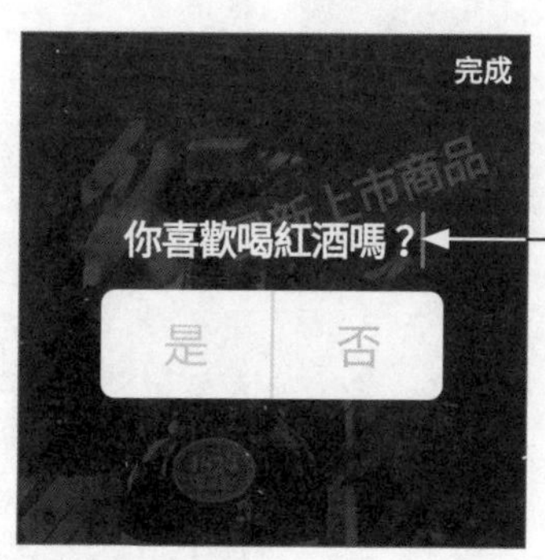

「票選活動」可以讓商家進行「提問」與「答案」的設定

▲ 限時動態中，「票選活動」的實際應用

另外，「問題」功能也是與粉絲互動的管道之一，只要輸入疑問句，下方就可以讓瀏覽者自行回覆內容，設定問題時還可以自訂色彩，以配合整體畫面的效果。

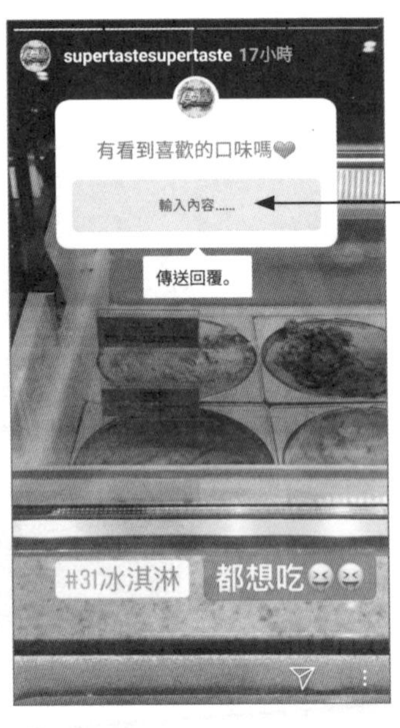

限時動態中，「問題」的實際應用

7-2-5 商家資訊或外部購物商城

在限時動態中，店家可以輕鬆將相關資訊加入，運用「@ 提及」讓瀏覽者可以輕鬆連結至該用戶。加入主題標籤可進行行銷推廣，另外 IG 也開放廣告用戶在限時動態中嵌入網站連結的功能，讓追蹤者在查看你的限時動態的同時，可以輕按頁面下方的「查看更多」鈕，就能進入自訂的網站當中，自然在潛移默化中引導用戶滑入連結，而導入的連結網站可以是購物網站或產品購買連結，以提升該網站的流量，增加商品被購買的機會。不過這種功能只開放給企業帳號，並且需要擁有 10000 名以上的粉絲人數，個人帳號目前還不能使用喔！

加入主題標籤

提及用戶

導入外部連結，讓用戶直接前往購物商城消費

創意就是要打破已建立的框架，並用一個全新的角度去看產品，接著運用創意並適時的導入行銷資訊，讓店家品牌或活動主題增加曝光機會，以限時動態來推廣限時促銷的活動，除了帶動買氣外，「好康」機會不常有，反而會讓追蹤者更不會放過每次商家所推出的限時動態。

7-2-6　抓住 3 秒打動全世界

現代人都喜歡看有趣的影片，影音視覺呈現有效吸引大眾的眼球，比起文字與圖片，影片的傳播更能完整傳遞商品資訊，而好的影片更是經常被網友分享到其他的社群網站，增加品牌或商品的可見度。由於現在是一個講求效率的時代，很多人沒有耐性去看數十分鐘甚至一小時以上的宣傳影片，所以 30-60 秒的影片長度最為合適，不但可以讓他人更快速了解影片所要傳遞的訊息，也能方便網友「轉寄」或「分享」給其他朋友。

各位想要在影音短片中快速且輕鬆抓住觀眾的心，影片開頭或預設畫面就要具有吸引力且主題明確。在這「有圖有真相」的世代，影片畫面須在幾秒內就要吸睛，特別是影片的前三秒，只要標題或影片夠吸引人，就可能讓觀賞者繼續觀賞下去。當然，影片的品質不可太差，同時要能在影片中營造出臨場感與真實性，能夠從觀眾的角度來感同身受，這樣才能吸引觀眾的目光，甚至在短時間裡衝出高點閱率，進而創造新聞話題或造成轟動。如下的限時動態，U 周刊只強調標題 -- 名人的訪問，以刺激粉絲購買的慾望。而右圖中按下「TAP HERE」鈕，還可直接查看貼文的內容。

斗大的標題不動，只有手持的周刊上下移入移出

誘人的紅燒牛肉麵影片，按下中央的「TAP HERE」鈕可直接查看貼文內容

7-2-7 相片 / 影片的攬客巧思

使用「限時動態」的功能進行宣傳時，除了透過 IG 相機裡所提供的各項功能可進行多層次的畫面編排外，你也可以將拍攝好的相片 / 影片先利用「儲存在圖庫」 鈕儲存在圖庫中，以方便後製的處理編排，也可以透過其他軟體編排組合後再上傳到 IG 上來發佈，雖然步驟比較繁複，但是畫面可以更隨心所欲的安排，透過無限的創意發想，把想要傳達訊息淋漓盡致地呈現出來。

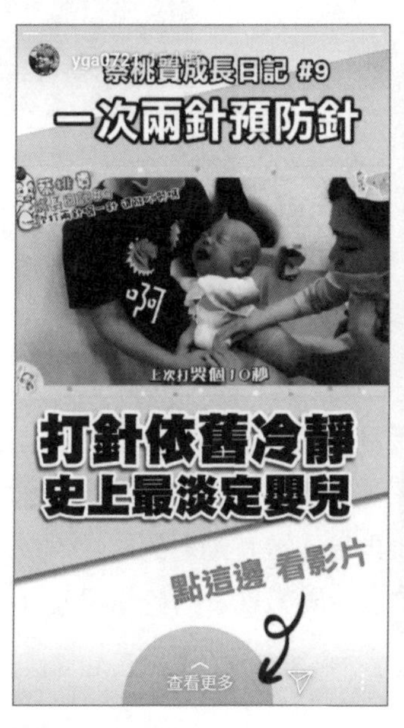

7-2-8 新增精選動態

長期經營限時動態的品牌，每日更新的限時動態眾多，如果不想失去這些瞬間畫面，店家可以將先前分享的限時動態整理為精選動態，而這些精選回顧還能依照主題分門別類，並放在個人檔案上。小編們想要精選限時動態的方式有兩種，一個是當你發佈限時動態後，從瀏覽畫面的右下角按下「精選」鈕，接著會出現「新的精選動態」，請輸入標題文字後按下「新增」鈕，就會將它保留在你「個人」檔案上，除非你進行刪除的動作。

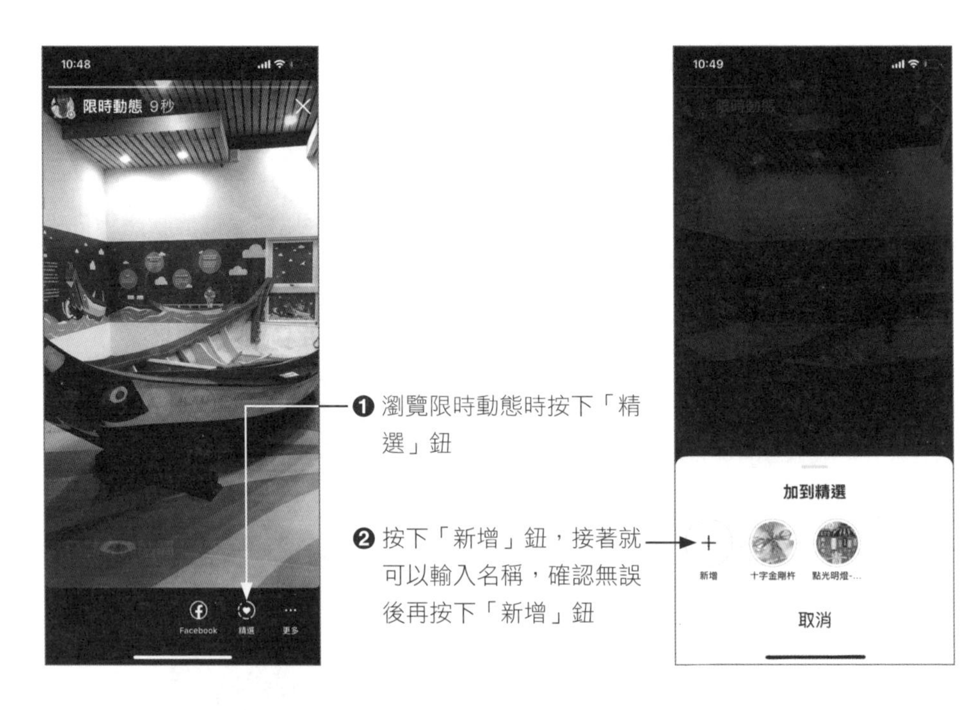

精選動態會在商業檔案上以圓圈顯示，用戶點按後便會以獨立的限時動態形式播放。另外，你也可以在「個人」頁面按下「新增」鈕，如左下圖所示，接著點選你要的限時動態畫面，按「下一步」鈕，再輸入限時動態的標題，按下「完成」鈕就可以完成精選的動作，而所有精選的限時動態就會列於你個人資料的下方。

7-2-9 製作精選動態封面

精選的限時動態顯示在個人資訊下方，當其他用戶透過搜尋或連結方式來到你到你的頁面時，訪客可以透過這些精選的內容來快速了解你，許多店家或網紅喜歡在「精選動態」上有點小巧思，就會特別設計封面。各位不妨做出獨一無二的精選動態的封面圖示，讓封面圖示呈現統一而專業的風格。如下二圖所示，左側以漸層底搭配白色文字呈現，而右側以白色底搭配簡單圖示呈現，看起來簡潔而清爽，你也可以特別設計不同的效果來展現你的精選動態。

▲ 精選動態的封面圖示，顯示統一的風格

想要變更你的精選動態封面並不困難，但必須預先設計好圖案，然後將圖片上傳到手機存放相片的地方備用。如果你習慣使用手機，也可以直接從手機搜尋喜歡的背景材質，利用您的手機所支援的螢幕擷取指令（每一款手機的螢幕擷取指令都會有所不同），再從 IG 圖庫中叫出來加入文字和圖案，最後儲存在圖庫中就搞定了。

備妥圖案後，接下來你可以從 IG 的個人頁面上長按要更換的精選動態封面上，或是在觀看精選動態時按點右下角的「更多」 鈕，就可以在顯示的視窗中點選「編輯精選」指令。

點選「編輯精選」指令後，接著按下圓形圖示編輯封面，按下左下圖中的圖片 鈕，從圖庫中找到要替換的相片，調整好位置最後按下「完成」鈕即可完成變更動作。

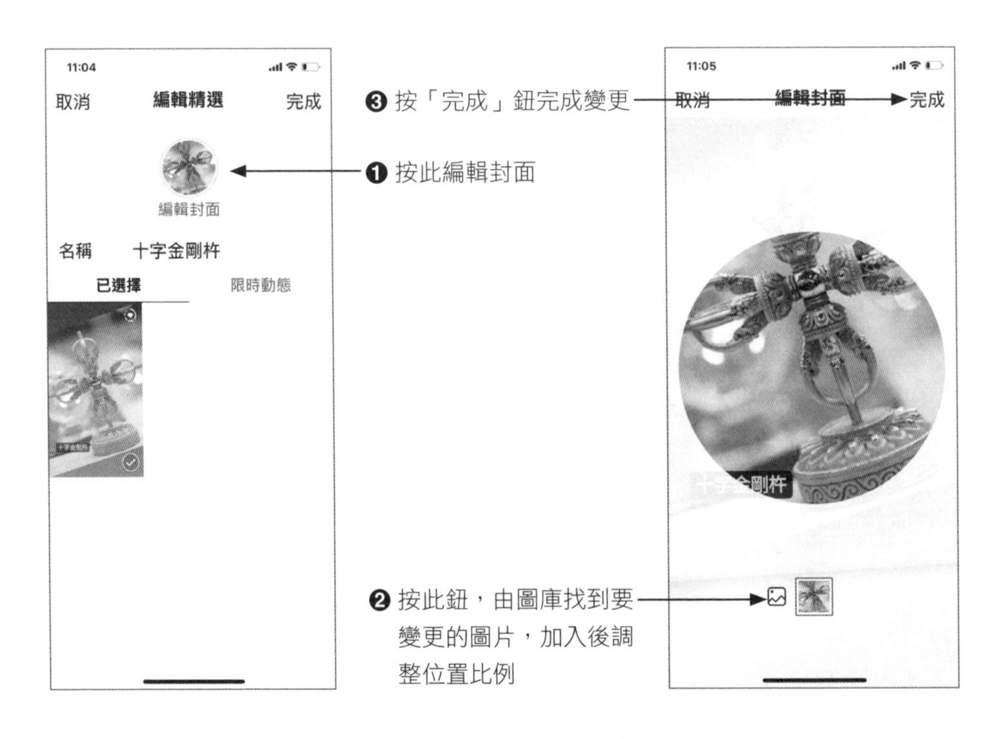

7-2-10 發佈貼文新增到限時動態

許多人都習慣用 IG 限時動態分享生活，經常玩 IG 的人可能看過如下的限時動態畫面，只要點選畫面，就會自動出現「查看貼文」的標籤，觀賞者按下「查看貼圖」鈕就可前往該貼文處進行瀏覽。透過這樣的表現方式，就可以讓用戶將受到大眾喜歡的貼文再度曝光一次。

提示觀賞者可以點選圖片

按點圖片會出現「查看貼文」標籤，點選標籤自動連接至該貼文

想要做出這樣的效果並不困難，請在「個人」頁面中切換到「格狀排序」，並找到想要使用的貼文。

當你按點要發佈到限時動態的貼文時，IG 會出現如左下圖的畫面，此時按下「分享」▽ 鈕會顯示左下圖的畫面，接著請選擇「將貼文新增到你的限時動態」指令。

這時按點畫面可決定讓你的用戶名稱顯示在畫面的上方或下方，你也可以調整畫面的比例大小或加入其他的插圖、文字或塗鴉線條，最後按下左下角的「限時動態」鈕就完成設定動作。

可再加入其他物件

按點畫面可將用戶名稱顯示於下方

也可以讓用戶名稱顯示於上方

可調整畫面比例大小

設定完成後檢視你的限時動態，只要按點畫面就能出現「查看貼文」的標籤囉！

Facebook 與 Instagram 整合行銷與實戰 SEO

本書中所介紹的 Facebook、Instagram，是兩個目前最熱門的社群行銷平台，例如 Facebook 則是以社群功能著稱，用戶多數還是習慣以文字做為主要溝通與傳播媒介，可以撰寫長篇的貼文、上傳影片、評論、針對不同訊息做出不同的回饋，廣泛地連結到每個人生活圈的朋友跟家人，以經營客戶人脈的角度經營社群時，Facebook 上包含老中青三個世代，堪稱每個人都會路過的國民平台，而且也是台灣最大直播戰場。

▲ Facebook 是每個人都會路過的國民平台

IG 則對於人脈拓展的幫助並不大，使用 Instagram 的受眾跟 Facebook 有年齡與內容上的差距與喜好，基本分辨方式是以年齡區分：25 歲以上為 FB 族群；以下則多為 IG 族群，因為 Instagram 是原生的手機應用為主的社群，強調 IG 世代的影音與圖像主要溝通方式，長處是抒發心情與經營個人風格，時下年輕人逐漸將重心轉移至 Instagram，圖像說故事能力會是最大關鍵，使其成為品牌行銷的必備利器。

▲ Instagram 是原生的手機應用為主的社群

我們知道所有行銷的本質都是「連結」，本身就是環環相扣的流程，社群行銷基礎便在於人，因此自然會因為用戶習性改變而產生族群遷移，例如每次文章或影片新上架時，總要到各大平台去宣傳，希望能夠將平台流量化為瀏覽量，最後才能讓潛在用戶使用者產生實際的轉換，成為真正的消費者。社群行銷的過程好比是一系列用戶參與的精彩經驗。對於不同受眾來説，需要以不同平台進行推廣，因此最好能將 Instagram 和 Facebook 整合在一起，兩大主要社群整合之後，網網相連就能擴大行銷範圍，雙效合一才是維持用戶活躍度的致勝關鍵。

8-1 FB 與 IG 串接行銷

在 Facebook 收購 Instagram 以後，兩個平台之間也開始共享用戶的資訊，讓行銷業者雙贏。由於 Facebook 和 Instagram 兩大社群各擁有不同年齡層的用戶，不論是想要導購、帶來流量、增加粉絲人數、建立品牌形象，或者想要用最省時省力的方式雙平台串接 IG& FB，一網打盡兩個平台主要客群與未來的客群，建議店家可以先從 FB 粉絲專頁作為流量開口，流量來自粉絲，粉絲和品牌間會有認同感，帶領潛在客戶一步步走向成交的實質利益，這裡提供幾個方式供各位參考。

8-1-1 FB 簡介加入 IG 社群按鈕

IG& FB 經營時會發現兩者使用族群雖有重疊，但本質上並不互相衝突，讓兩大平台充滿不同商機與機會，在個人的 Facebook 中想要加入自己的 Instagram 社群按鈕並不困難，請在個人臉書上按下「關於」標籤，切換「聯絡和基本資料」類別，接著按下右側欄位中的「新增社交連結」連結，即可輸入個人的 IG 帳號，最後按下「儲存變更」鈕儲存設定。

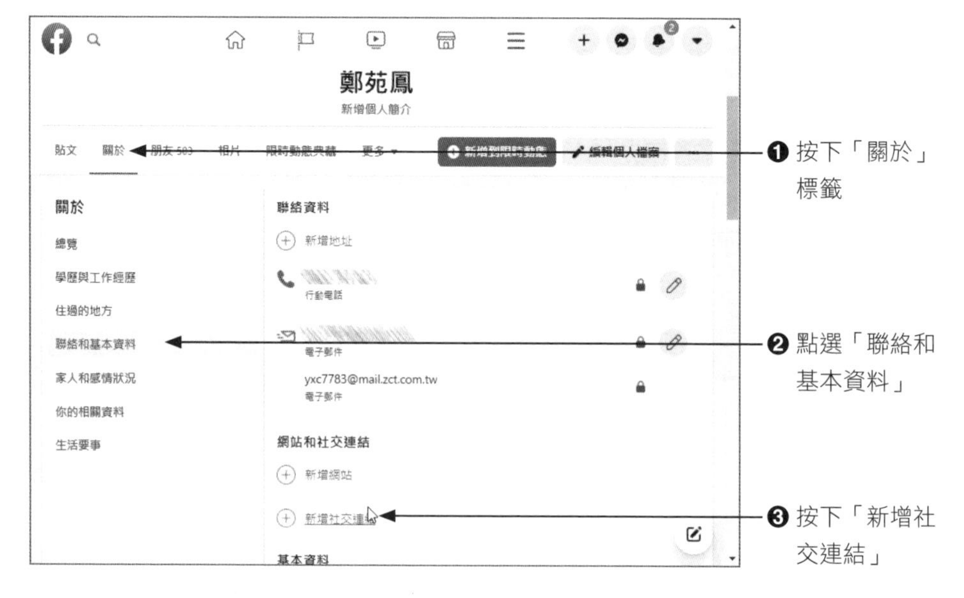

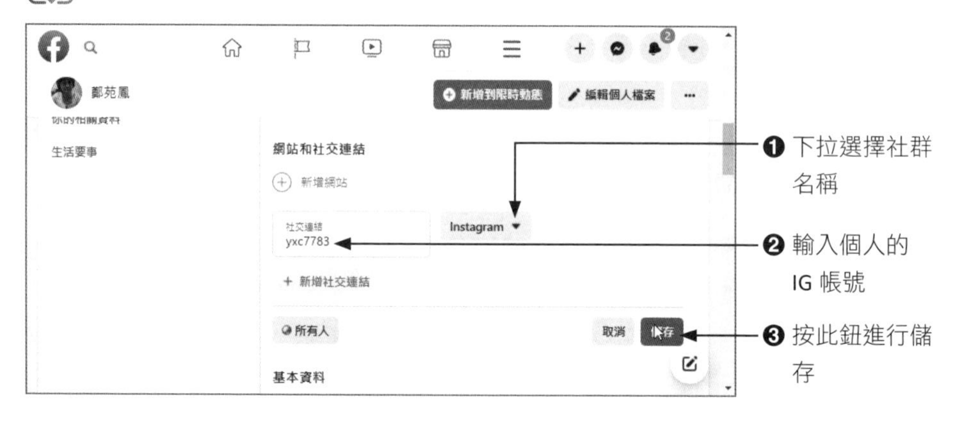

設定完成後，其他人從 FB 上搜尋你的名字時，就可以在左側的「簡介」上看到你的 IG 按鈕，直接按於 IG 按鈕就可連結到你的 Instagram 帳號。

你也可以將多個 IG 帳號連結至你的臉書個人檔案，連結之後系統就會通知你的臉書朋友中有使用 IG 的朋友，讓他們知道妳也有使用。

8-1-2 IG 帳號新增到 FB 粉絲專頁中

想從手機上將 Facebook 的粉絲專頁與 Instagram 帳戶相互連結，以便觸及更多社群成員並取得更多的功能，那麼可以透過專頁小助手來啟動連結。當你將 FB 粉絲專頁與 IG 帳號連結後，能針對貼文內容、廣告、洞察報告、訊息、留言、設定和權限等進行管理，集中管理後的收件匣，不管是粉絲專頁管理員、編輯、版主，都可以在收件匣中管理留言，管理者 / 編輯 / 版主等只要登入已連結粉絲專頁的 IG 帳戶，就能分享 IG 貼文至粉絲專頁上，從 IG 也能新增粉絲專頁的限時動態。如果你想要在 FB 粉絲專頁中，也把 IG 帳號連結進來，首先你必須是該粉絲專頁的管理員才可以。只要是粉絲專頁的管理員，那麼可以透過以下的方式進行連結。

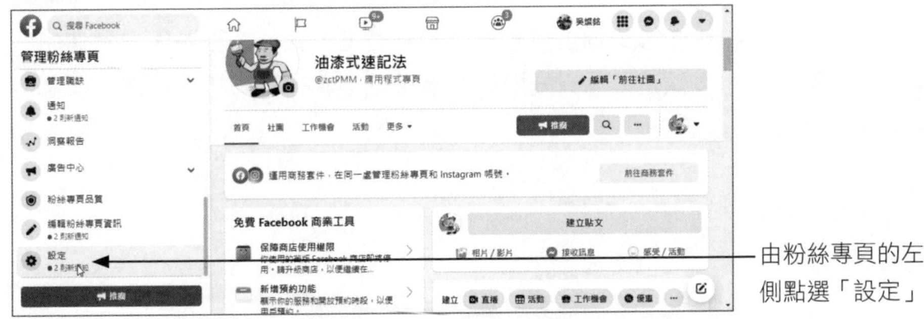

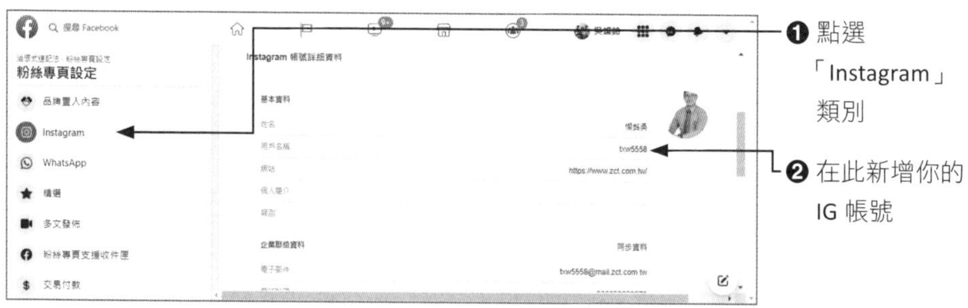

當你輸入 Instagram 帳號並以密碼登入後，你的 IG 帳號就已經連結到你的粉絲專頁。之後只要你使用 FB 粉絲專頁建立廣告時，你的 IG 帳號裡也會顯示相同的廣告。

8-1-3 限時動態 / 貼文分享至 Facebook

如果你是以 Instagram 為主要的行銷管道，最不可或缺的重點就是使用圖像素材來包裝商品或服務來提高質感，那麼也可以將 IG 限時動態和貼文的內容同時分享到臉書上，這樣的社群平台結合，能讓消費者討論熱度延續更長的時間。而且讓這些社群相互連結後，一旦連結的很成功，「轉換」就變成自然而然，如此一來就能增加網站或產品的知名度，大量增加商品的曝光機會。

在 Instagram 發佈的貼文也能同步發佈到 Facebook、Twitter、Tumblr、Amerba、OK.ru 等社群網站，手機上只要在 Instagram 的「設定」頁面中點選「帳號」，接著再選擇「分享到其他應用程式」，就會看到下頁左下圖的頁面，同時顯示你已設定連結或尚未連結的社群網站。

如果尚未連結至 FB 社群，只要點選臉書社群後輸入帳號密碼，就能進行授權與連結的動作，這樣在做行銷推廣時，不但省時省力，也能讓更多人看到你的貼文內容。萬一不想再做連結，只要點選社群網站名稱，即可選取「取消連結」的動作。

顯示已連結至 Facebook，設定連結只要輸入臉書的帳號與密碼就可搞定

當你從 IG 連結到臉書社群後，你還可以針對偏好進行設定。如左上圖所示，點選 Facebook 就會進入「分享限時動態和貼文」的頁面，如果你有多個粉絲專頁，也可以在此選擇要分享的個人檔案或粉絲專頁。開啟「自動分享」的兩個選項，就能自動將你的相片和影片分享到臉書囉！

8-2 搜尋引擎最佳化（SEO）

網站流量一直是網路行銷中相當重視的指標之一，而其中一種能夠相當有效增加流量的方法就是「搜尋引擎最佳化」(Search Engine Optimization, SEO)。根據官方統計調查，Google 搜尋結果第一頁的流量佔據了 90% 以上，第二頁則驟降至 5% 以下。搜尋引擎最佳化（SEO）也稱作搜尋引擎優化，是近年來相當熱門的網路行銷方式，就是一種讓網站在搜尋引擎中取得 SERP 排名優先方式，終極目標就是要讓網站的 SERP 排名能夠到達第一。

簡單來說，做 SEO 就是運用一系列的方法，利用網站結構調整配合內容操作，讓搜尋引擎認同你的網站內容，同時對你的網站有好的評價，就會提高網站在 SERP 內的排名。店家或品牌導入 SEO 不僅僅是為了提高在搜尋引擎的排名，主要是用來調整網站體質與內容，整體優化效果所帶來的流量提高及獲得商機，其重要性要比排名順序高上許多。

在此輸入速記法，會發現榮欽科技出品的油漆式速記法排名在第一位

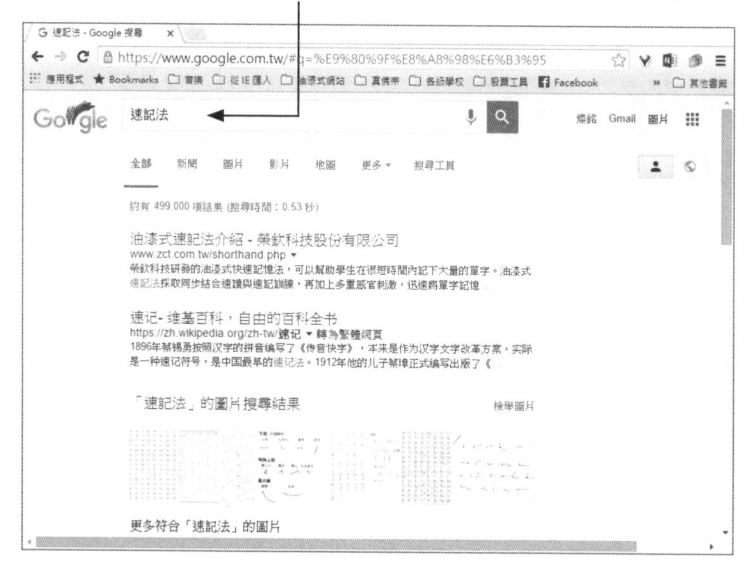

▲ SEO 優化後的搜尋排名

Tips

SERP（Search Engine Results Page, SERP）就是經過搜尋引擎根據內部網頁資料庫查詢後，所呈現給用戶的自然搜尋結果的清單頁面，SERP 的排名當然是越前面越好，終極目標就是要讓網站的 SERP 排名能夠到達第一。

對消費者而言，SEO 是搜尋引擎的自然搜尋結果，SEO 可以自己做，不用花錢去買，與關鍵字廣告不同，使網站排名出現在自然搜尋結果的前面，SEO 操作無法保證可以在短期內提升網站流量，必須持續長期進行，坦白說，SEO 沒有捷徑，只有不斷經營。通常點閱率與信任度也比關鍵字廣告來的高，進而讓網站

的自然搜尋流量增加與增加銷售的機會。社群媒體本身看似跟搜尋引擎無關，其實卻是 SEO 背後相當大的推手，雖然粉絲專頁嚴格來説根本不是一個網站，不過社群媒體的分享數據也是 SEO 排名的影響與評等因素之一。各位經常會發現 Google 或 Yahoo 搜尋結果會出現 FB 粉專或 YouTube 影片的排名，如果能有策略地針對 SEO 與社群媒體的優化，不但幫助排名，更可以幫助你網站的流量引導。

▲ Google 搜尋結果經常會出現 Facebook 粉專

8-2-1 搜尋引擎的演算法

網路上知名的三大搜尋引擎 Google、Yahoo、Bing，每一個搜尋引擎都有各自的演算法（Algorithm）與不同功能，網友只要利用網路來獲得資訊，大家所得到的資訊就會更加平等，搜尋引擎經常進行演算法更新，都是為了讓使用者在進行關鍵字搜尋時，搜尋結果能夠更符合使用者目的。

▲ Bing 微軟推出的新一代搜索引擎

例如 Bing 是一款微軟公司推出的用以取代 Live Search 的搜索引擎，市場目標是與 Google 競爭，最大特色在於將搜尋結果依使用者習慣進行系統化分類，而且在搜尋結果的左側，列出與搜尋結果串連的分類。尤其對於多媒體圖片或視訊的查詢，也有其貼心獨到之處，只要使用者將滑鼠移到圖片上，圖片就會向前凸出並放大，還會顯示類似圖片的相關連結功能，而把滑鼠移到影片的畫面時，立刻會跳出影片的預告，如果喜歡再點選，轉到較大畫面播放。

▲ Google 就像是超級網路圖書館的管理員

Google 搜尋引擎平時最主要的工作就是在 Web 上爬行並且索引數千萬字的網站文件、網頁、檔案、影片、視訊與各式媒體，分別是爬行網站（Crawling）與建立網站索引（Index）兩大工作項目，例如 Google 的 Spider 程式與爬蟲（Web crawler），會主動經由網站上的超連結爬行到另一個網站，並收集該網站上的資訊，最後將這些網頁的資料傳回 Google 伺服器。請注意！當開始搜尋時主要是搜尋之前建立與收集的索引頁面（Index Page），不是真的搜尋網站中所有內容的資料庫，而是根據頁面關鍵字與網站相關性判斷，一般來說會由上而下列出，如果資料筆數過多，則會分數頁擺放。接下來就是網頁內容做關鍵字的分類，再分析網頁的排名權重，所以當我們打入關鍵字時，就會看到針對該關鍵字所做的相關 SERP 頁面的排名。

▲ Search Console 能幫網頁檢查是否符合 Google 的演算法

然而為了避免許多網站 SEO 過度優化，搜尋演算機制一直在不斷改進升級，Google 有非常完整的演算法來偵測作弊行為，千萬不要妄想投機取巧。Google 的目的就是為了全面打擊惡意操弄 SEO 搜尋結果的作弊手法在市場上持續作怪，所以每次搜尋引擎排名規則的改變都會在網站之中引起不小的騷動。

各位想做好 SEO，就必須認識 Google 演算法，並深入了解 Google 搜尋引擎的運作原理。對於網路行銷來說，SEO 就是透過利用搜索引擎的搜索規則與演算法來提高網站在 SERP 的排名順序。

8-3 臉書不能說的 SEO 技巧

由於店家官網屬於單向的傳遞資訊給客戶，主要是用來「呈現商品內容」，FB 的粉專則是可以有互動來往，大部分用來「交朋友」，幫助店家了解更多潛在客戶的訊息甚至潛移默化中轉成顧客，可以視為是公司的第二個官網。店家最好的辦法是同時建置網站與粉絲團，當店家貨品有新產品或促銷時，可以透過 FB 來曝光，進而將流量導回官網。當然如果你的品牌能一併做好官網與粉專的 SEO 優化，更容易在搜尋引擎上展露頭角，獲得更多曝光率和排名，也能讓品牌帳號更有機會接觸到潛在客戶。

近年來相信很多小編都深深感受到 FB 觸及率開始下降了，FB 行銷似乎沒辦法像以往那麼容易帶來業績，因為社群平台並不會佛系般地主動替你帶來各種客源和流量，主要是臉書演算法機制的改變，希望大家可以轉向購買臉書的廣告來增加曝光率，導致小編們用力回了半天的貼文，也沒有得到相對的轉換率。臉書貼文除了透過不同的發文形式而產生不同觸及率，還必須善用搭配 SEO 技巧來推廣。以下我們將要介紹如何透過 FB 進行 SEO 的特殊技巧。

8-3-1 優化貼文才是王道

未來網路行銷的模式與趨勢不管如何變化發展，內容都會是 SEO 最為關鍵的一點，貼文內容不僅是粉絲專頁進行網路行銷的關鍵，而且可以說是最重要的關鍵！我們知道任何 SEO 都會回歸到「內容為王（Content is King）」的天條，切記別為了迎合點擊率而產出對用戶毫無幫助的大內宣內容，因為任何再高明的行銷技巧都無法幫助銷售爛產品一樣，如果粉專內容很差勁，SEO 能起到的作用一定是非常有限。例如果文章寫得不錯，粉絲還會幫忙分享，許多留言都會優化或加強文章內容，或者你的貼文擁有良好的互動表現，還要附上官網連結或者加入行動號召紐（CAT），甚至於把最重要的 FB 貼文進行置頂，更容易引導消費者做出特定的導流行動。千萬記住！任何流量管道的經營，不管是被標籤或打卡都是增加網路聲量的好方法，SEO 上的排名肯定就會跟著上升！

▲ 貼文內容是粉絲專頁進行網路行銷的關鍵

Tips

Call-to-Action, CAT（行動號召）鈕是希望訪客去達到某些目的的行動，就是希望召喚消費者去採取某些有助消費的活動，例如故意將訪客引導至網站策劃的「到達頁面」（Landing Page），會有特別的 CAT，讓訪客參與店家企畫的活動。

8-3-2 關鍵字與粉專命名

網站流量的來源有一部分是來自於搜尋引擎關鍵字（Keyword）搜尋，現代消費者在購物決策流程中，十個有十一個都會利用搜尋引擎搜尋產品相關資訊，因為每一個關鍵字的背後可能都代表一個購買動機。各位想要做好 SEO，最重要的概念就是「關鍵字」，對的關鍵字會因為許多人再搜尋，一直導入正確人潮流量，在搜尋引擎上達到網路行銷的機會。

Tips

所謂關鍵字（Keyword），就是與店家網站內容相關的重要名詞或片語，通常關鍵字可以反應出消費者的搜尋意圖，也是反應人群需求的一種數據，例如企業名稱、網址、商品名稱、專門技術、活動名稱等。關鍵字行銷不但能在搜尋引擎取得免費或付費的曝光機會，還可藉此宣傳企業的產品與品牌，也就是針對使用者的消費習慣而產生的行銷策略。

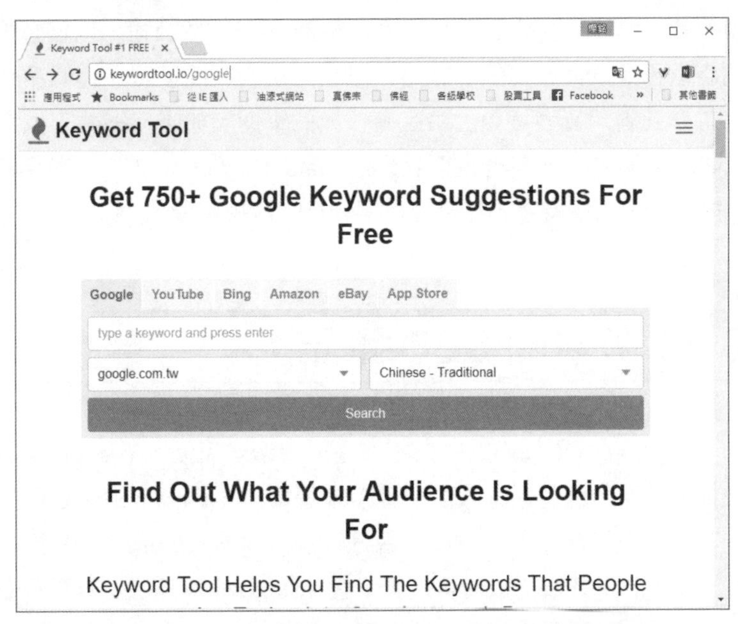

▲ Keyword Tool 工具軟體會替店家找出常用關鍵字

經營粉絲專頁最基本的手段也是 SEO 關鍵字優化，用戶一樣是可以利用關鍵字找到粉專。粉絲專頁基本資料、提供的服務、說明或網址等，並在其中提到地址、聯絡方式，都可以置入與品牌或商品有關的關鍵字，在粉絲專頁中，這些都是對 SEO 非常有幫助的元素。每次發布 FB 貼文內容時也可以使用貼文主題相關的關鍵字或主題標籤（#hashtag）增加曝光度，讓粉絲 / 消費者更容易透過搜尋功能找到你的內容，貼文的開頭最好提到關鍵字，因為這些正是粉絲專頁能執行 SEO 的元素。

命名更是一門大學問！各位想要提高品牌粉專被搜尋到的機會，首先就要幫你的粉專取個響亮好記的用戶名稱，也能把冗長的網址變得較為精簡，方便用戶記憶和分享，這點不但影響品牌形象，對搜索量也相當有幫助，是 FB 的關鍵字優化的最關鍵的一步。粉絲專頁的用戶名稱就是臉書專頁的短網址。當客戶搜尋不到您的粉絲頁時，輸入短網址是非常好用的方法，所以盡量簡單好輸入。

由於 FB 粉專代表著品牌形象，名稱不要太多底線、不容易辨識的字體、莫名奇妙的數字等等，尤其不要落落長取一個什麼 XX 股份有限公司，也務必要花時間好好地寫店家粉專的完整資訊，讓用戶可在最短的時間了解你這個品牌，基本資料填寫越詳細對消費者搜尋上肯定有很大的幫助，如果以網站來做對比，粉專名稱就如同 Title 標題，其他說明就好比 Meta description 描述，粉專名稱的最前方，最好適當塞入關鍵字，且符合目標受眾的搜尋直覺。

8-4 IG 吸粉的 SEO 筆記

我們知道 Instagram 本質核心上雖然不算是一種搜尋引擎，不過 Instagram 有內建的搜尋欄位，可依照用戶輸入的關鍵字來選擇，Instagram SEO 是用於站內優化，而非其他搜尋引擎，由於 SEO 也偏好社群活躍度高的用戶，想要自己的 IG 觸及更好，SEO 的某些技巧依舊可以套用在 Instagram 演算法，輕鬆獲取免費的自然流量和追蹤。以下我們將要介紹如何透過 IG 進行 SEO 的特殊技巧。

8-4-1 用戶名稱的 SEO 眉角

Instagram 用戶名稱，等於是其中一個關鍵字（Keyword）管理的重心，店家首先務必要花時間好好地寫 IG 帳號的完整資訊。因為 IG 帳號已經被視為是品牌官網的代表，IG 所使用的帳戶名稱，名稱與簡介也最好能夠讓人耳熟能詳，所以當你使用 IG 來行銷自家商品時，那麼帳號名稱最好取一個與商品相關的好名字，並添加「商店」或「Shop」的關鍵字，如果有主要行業別或產品也可加上，讓用戶在最短的時間了解你這個品牌，因為這不只攸關品牌意識，更關乎到 SEO。

有機會被其他 IG 用戶搜尋到，第一眼被吸引的絕對會是個人頁面上的大頭貼照，圓形的大頭貼照可以是個人相片，或是足以代表店家特色的圖像，以便從一開始就緊抓粉絲的眼球動線。此外，個人檔案也是用戶點擊進入你的 Instagram 帳號後，下方會出現的資訊列，完善的個人檔案也是 SEO 重點，我們建議這個地方也可以用來塞入長尾關鍵字，以增加帳號曝光率。不過請留意！雖然沒有適當的關鍵字就帶不出你的貼文，貼文中重複過多無意義的關鍵字，可能會被演算法認為是作弊行為，反而會讓 SEO 排名更下降。

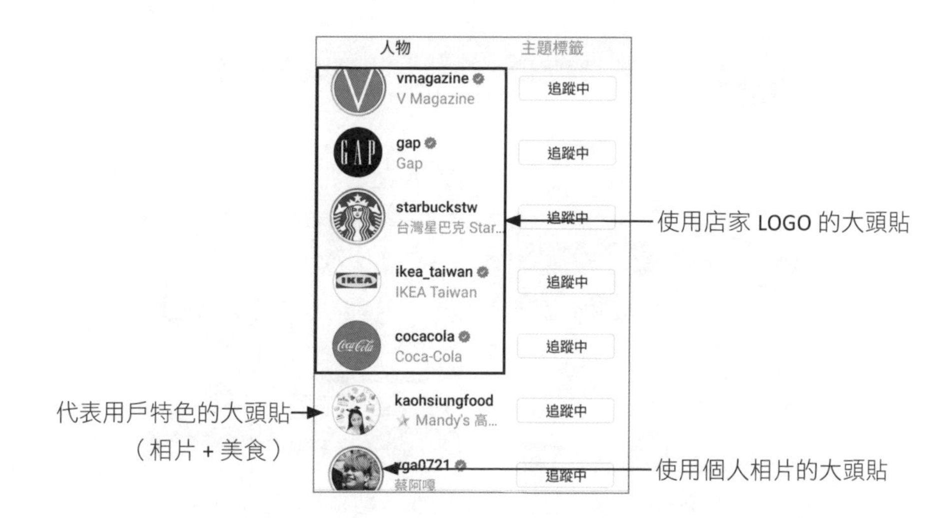

8-4-2 主題標籤的 SEO 魔力

多 SEO 的老手都知道關鍵字的重要性，關鍵字可以說是反應人群需求的一種集合數據，關鍵字搜尋量越高，通常代表越多人會做的相關主題，貼文內容要常提及目標關鍵字，例如文章第一行強烈建議打出標題、店名、品名、活動等各種關鍵字，可以更有效提升 SEO 排名，或者利用 ALT TEXT 功能，為相片加入清楚地自定義替代文字。這個 2019 年剛出爐的新功能會讓你的貼文有更多露臉機會，也能供用戶有更多的方式獲取 IG 的內容。因為 Google 並不會直接讀取圖片，它們會讀取 ALT TEXT 中的敘述文字，可以輕易讓貼文獲取更多觸及率，演算法也會針對有使用替代文字的貼文給予較好的排名，最後在文章當中，利用關鍵字連結到圖片，也是對 SEO 有不少加分的作用。

IG 的主題標籤（Hashtag）和網站 SEO 的關鍵字概念非常類似，Instagram SEO 就是使用 Hashtags 輕鬆帶出各位的貼文。店家可以把 Hashtag 想成文章的關鍵字，Hashtag 用的好，可有效增加互動及提升貼文能見度，一篇貼文內最多可以使用 30 個 Hashtags，越多的 Hashtags 表示可以觸及的用戶更多。很多時候在 IG 上的用戶都是直接搜尋主題標籤找到店家，各位只要限時動態、圖片、文字中善加選擇熱門的 Hashtags，不僅貼文能被判定為有效貼文，在搜尋引擎中較容易被找到，或者標註你所在的城市與著名地標。

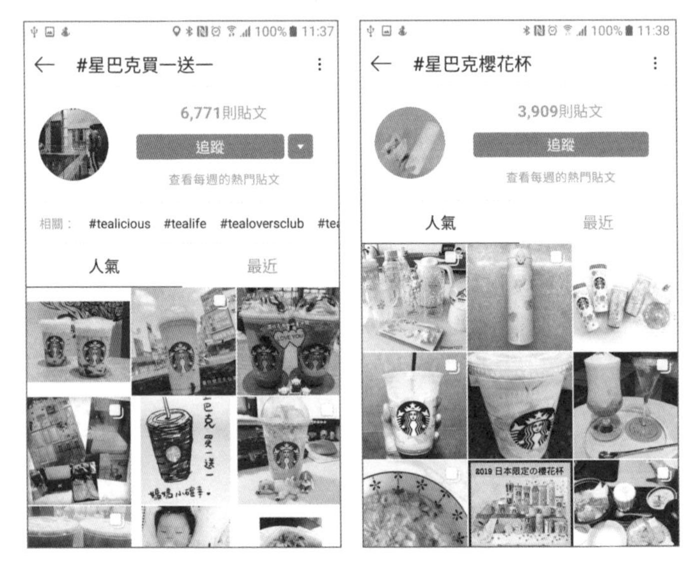

▲ 搜尋該主題可以看到數千則的貼文，貼文數量越多就表示使用這個關鍵字的人數越多

店家在決定使用什麼 Hashtags 之前，不妨先進入 IG 的搜尋欄中，看看使用這個 hashtags 的貼文數，相關程度較高的標籤都有助於你的貼文有更多曝光機會，貼文內也必須包含自己品牌或店家名稱的 Hashtags，IG 也會主動將貼文推薦給會喜歡你 Hashtag 的用戶。當然你最好每天固定多花一些時間和粉絲互動，無論是留言、按讚或追蹤等，特別是在限時動態的觀看及留言都會被 SEO 判定為值得散播的內容。

8-4-3 視覺化內容的加持

視覺化內容在 IG 的世界中是非常重要，由於 IG 的用戶多半天生就是視覺系動物，內文要夠精簡扼要，配合高品質的影片或圖片，主題鮮明最好分門別類，頁面視覺風格一致，讓主題內的圖文有高度的關聯性，不但讓粉絲直覺聯想到品牌，更迅速了解商品內容。檔案名稱也同樣可以給予搜尋引擎一些關於圖片內容的提示，建議使用具有相關意義的名稱，例如與關鍵字或是品牌相關的檔名，這也是 SEO 的技巧之一。

▲ 視覺化內容的優化對 SEO 排名也有幫助

只有 80% 以上的內容跟用戶有關，而且是他們想看的貼文，才有辦法創造真正有效的流量，不要忘記讓粉絲願意主動留言永遠是社群平台上唯二不敗的經營方式，許多留言更會優化或加強文章內容，或者你的貼文擁有良好的互動表現，還要附上官網連結，將 IG 變成嵌入到官網的一部分，讓粉絲點擊官網追蹤，進而粉絲還會幫忙分享。分享數與留言目前依然是提升貼文 SEO 排名的關鍵指標。如果文章寫得不錯，粉絲可能還會想跟品牌私底下互動，這個動作甚至比按愛心、留言及觀看還要被 SEO 看重。

LINE 行銷的必修生手體驗營

隨著智慧型手機的普及，不少個人和企業藉行動通訊軟體增進工作效率與降低通訊成本，甚至還能作為企業對外宣傳發聲的管道，行動通訊軟體已經迅速取代傳統手機簡訊。在台灣，國人最常用的前十名 APP 中，即時通訊類佔了四個，而第一名便是 LINE。隨著 LINE 社群的熱門而蓬勃興起的行動行銷，也能做為一種創新的行銷與服務通道。雖然在資訊傳播上不如 FB 與 IG，但是著重於品牌與人之間的交流，讓加入的用戶能夠在與 LINE 的接觸中感受出品牌與眾不同的特殊魅力！

LINE 更提供了多元服務與應用內容，不但創造足夠的眼球與目光，更讓行銷可以不僅限於社群媒體的內容創作，而是屬於共同連結思考的客製化行銷模式，只要一個人、一部手機與朋友圈就可以準備在行動社群網路開賣賺錢了，才是 LINE 社群的真正行銷價值所在。

9-1 LINE 行銷簡介

LINE 主要是由韓國最大網路集團 NHN 的日本分公司開發設計完成，是一種可在行動裝置上使用的免費通訊 App。它能讓各位在一天 24 小時中，隨時隨地盡情享受免費通訊的樂趣，甚至透過免費的視訊通話和遠地的親朋好友聊天，就好像 Skype 即時通軟體一樣可以利用網路打電話或留訊息。LINE 自從推出以來，快速縮短了人與人之間的距離，讓溝通變得無障礙，不過 LINE 除了一般的通訊功能之外，有別於 FB、IG 等社群媒體的溝通模式，Line 是由一對一的使用情境而出發延伸，許多店家與品牌都想藉由 LINE 精準行銷與消費者建立深度的互動關係。

9-1-1 LINE 行銷的集客風情

LINE 是亞洲最大的通訊軟體，全世界有接近三億人口是 LINE 的用戶，而在台灣就有二千多萬的人口在使用 LINE 手機通訊軟體來傳遞訊息及圖片。Line 在台灣就相當積極推動行動行銷策略，LINE 公司推出最新的 LINE@ 生活圈 2.0 版 -LINE 官方帳號，類似 FB 的粉絲團，讓 LINE 以「智慧入口」為遠景，打造虛席整合的 Online to Offline（O2O）生態圈，一方面鼓勵商家開設官方帳號，另一方面自己也企圖將社群力轉化為行銷力，形成新的社群行銷平台。

▲ LINE 與 LINE 官方帳號圖示並不相同

Tips

Online to Offline（O2O）模式就是整合「線上（Online）」與「線下（Offline）」兩種不同平台所進行的一種行銷模式，也就是將網路上的購買或行銷活動帶到實體店面的模式。

LINE 的功能不再只是在朋友圈發發照片，反而快速發展成為了一種新時代下的經營與行銷方式，核心價值在於快速傳遞信息，包括照片分享、位置服務即時線上傳訊、影片上傳下載、打卡等功能變得更能隨處使用，然後再藉由社群媒體廣泛的擴散效果，透過朋友間的串連、分享、社團、粉絲頁的高速傳遞，使品牌與行銷資訊有機會直接觸及更多的顧客。

店家與品牌要做好 LINE 行銷，一定要先善用行動社群媒體的特性，除了抓緊現在行動消費者的「四怕一沒有」：怕被騙、怕等待、怕麻煩、怕買貴以及沒時間這五大特點，避免服務失敗帶來的負面效應，還要控制好發送的頻率與內容，不要讓粉絲因為加入後收到疲勞轟炸般的訊息，造成閱讀意願低甚至封鎖。

LINE 的貼文不但沒有字數限制，還可以在中間插入許多圖片相片、視頻等多媒體素材，例如標題是否能讓粉絲有想點擊的興趣，最關鍵的是圖文是否能引起粉絲共鳴，避免落落長純文字內容，讓大多數潛在消費者主動關注，並有可能轉化成忠誠的客戶，跟臉書不同之處是不著重在追求粉絲數量，而是強調一對一的互動交流，所以不像臉書或其他社交平台可以創造熱門話題後引起迴響。從社群行銷的特色來說，臉書與 IG 的傳播廣度雖然驚人，但是朋友間互動與彼此信任的深度卻是遠遠不及 LINE。

9-1-2 下載 LINE 與加好友

各位要在手機上下載 Line 軟體十分簡單，各位可以直接在安卓手機的「Play 商店」或蘋果手機「App Store」中輸入 Line 關鍵字，即可安裝或更新 LINE App。

蘋果手機「App Store」中輸入 line 關鍵字就可以安裝或更新 LINE 程式

在 LINE 程式中必須彼此是好友才可以開始互通訊息與通話，當雙方都已經有 LINE 帳號了，要怎麼互相加為好友呢？請各位啟動 LINE 程式後，由左下角切換到「主頁」 頁面，接著點選右上角的「加入好友」 鈕，就會看到如下幾種方式讓你加入好友：

◈ 以 ID/ 電話號碼進行搜尋

在上圖點選中「搜尋」 鈕，可以透過輸入 ID 或電話號碼來加入好友。進入「搜尋好友」畫面後，可先點選「ID」或「電話號碼」的選項，只要各位知道對方的 ID 或電話號碼，就可以快速將其為好友。

為了避免一些銷售人員任意將他人電話加為好友而造成困擾，在使用電話號碼進行好友搜尋時，如果超過 LINE 允許搜尋次數的上限時，LINE 就會顯示如下的視窗，告知你暫時無法搜尋電話號碼。

暫時無法搜尋電話號碼。您已超過允許的搜尋次數上限。

確定

如果你不想讓對方有你的電話就能隨便亂加的話，也可以按下「設定」⚙鈕，自行在「好友」畫面中取消勾選「允許被加入好友」的選項，這樣就不會被亂加入了。

以行動條碼加入好友

好友雙方正巧在一起時，也可以透過手機鏡頭直接掃描對方的 QRcode 來加入好友。點選「行動條碼」鈕後會進入左下圖的「行動條碼掃描器」畫面，當對方或你按下下方的「顯示行動條碼」鈕時，手機上就會顯示該用戶的行動條碼（如中圖所示），此時只要將方框對準好友的條碼，馬上就可以找到對方的大頭貼，按下「加入」鈕就可以將對方加為好友。

◈ 以簡訊 / 電子郵件 /Facebook 傳送邀請

除了上述幾種方式與朋友互加為好友外，對於公務上往來的客戶可以考慮使用簡訊來傳送邀請函。在「加入好友」畫面中點選「邀請」＋鈕後會出現下圖畫面，提供以「簡訊」、「電子郵件」、「Facebook」三種方式邀請好友：

就以「簡訊」的選項，選擇之後將列出手機中的所有聯絡人姓名與電話，勾選邀請者之後按下「邀請」鈕，就可以透過「訊息」等應用程式來進行邀請。

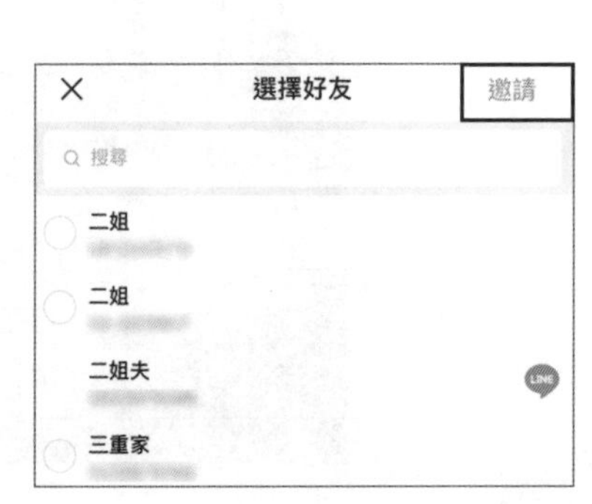

▲ Line 的好友畫面

如果想打電話給對方，只要開啟對方的視窗，並按下電話圖示即可透過網路免費來電給其他 LINE 用即可開始撥打。

▲ Line 打國際電話不但免費，音質也相當清晰

如果要傳訊息或圖片給對方，只要開啟對方的視窗輸入文字訊息，或按下左下角 + 號進入選擇相片即可。例如逢年過節時，各位如果想將相同祝賀的吉祥話傳訊息給許多人，這時可以先將傳訊息給一個人，然後長按訊息等到出現功能表時選擇「轉傳」指令，再勾選所要傳送的好友即可。

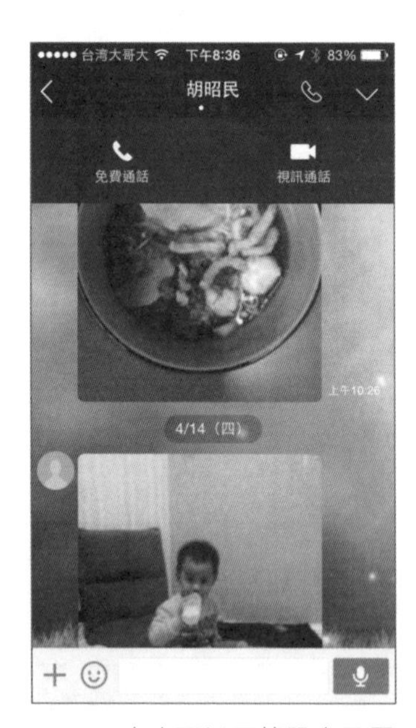

▲ Line 中也可以互傳訊息及圖片

9-2 我們都愛 LINE 貼圖

LINE 設計團隊真的很會抓住東方消費者含蓄的個性，例如用貼圖來取代文字，活潑的表情貼圖是 LINE 的很大特色，不僅比文字簡訊更為方便快速，還可以表達出內在情緒的多元性，不但十分療癒人心，還能馬上拉近人與人之間的距離，非常受到亞洲手機族群的喜愛。LINE 貼圖可以讓各位盡情表達內心悲傷與快樂，趣味十足的主題人物如熊大、兔兔、饅頭人與詹姆士等，更是 Line 的超人氣偶像。

▲ 可愛貼圖行銷對於保守的亞洲人有一圖勝萬語的功用

9-2-1 企業貼圖療癒行銷

由於手機文字輸入沒有像桌上型電腦那麼便捷快速，對於聊天時無法用文字表達心情與感受時，圖案式的表情符號就成了最佳的幫手，只要選定圖案後按下「傳送」▶鈕，對方就可以馬上收到，讓聊天更精彩有趣。

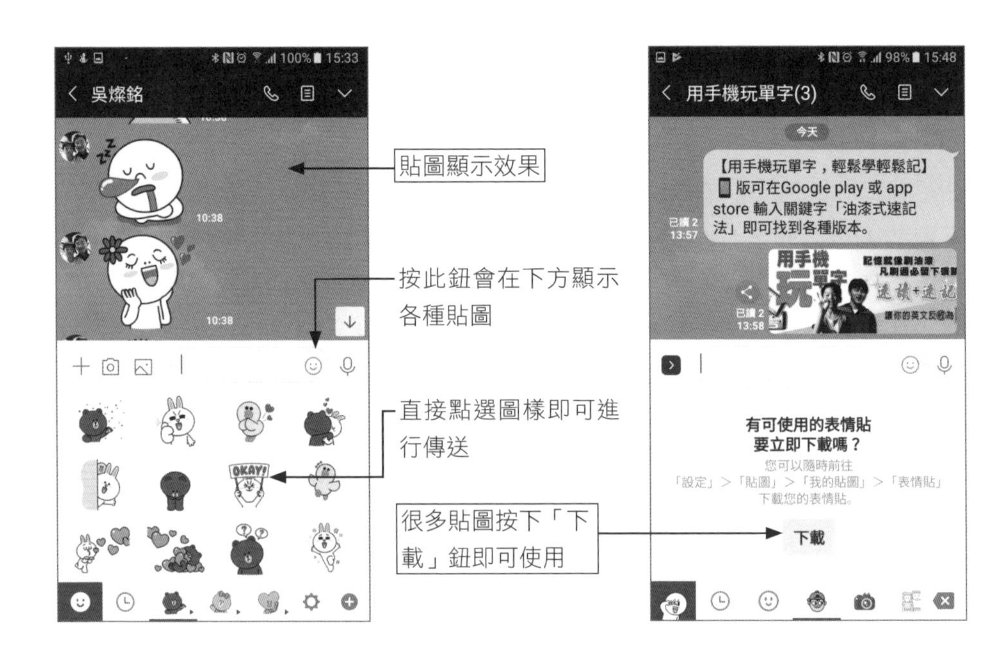

LINE 的免費貼圖，不但使用者喜愛，也早已成了企業的行銷工具，特別是一般的行動行銷工具並不容易接觸到掌握經濟實力的銀髮族，而使用 LINE 幾乎是全民運動，能夠真正將行銷觸角伸入中大齡族群。通常企業為了做推廣，會推出好看、實用的免費貼圖，打開手機裡的 Line，裡會不定期推出免費的貼圖，吸引不想花錢買貼圖的使用者下載，下載的條件－加入好友就成為企業推廣帳號、產品及促銷的一種重要管道。

越來越多店家和品牌開始在 Line 上架專屬企業貼圖，為了龐大的潛在傳播者，許多知名企業無不爭相設計形象貼圖，除了可依照自己需求製作，還可以讓企業利用融入品牌效果的貼圖，短時間就能匯集大量粉絲，將有助於品牌形象的提升。例如立榮航空企業貼圖第一天的下載量就達到 233 萬次，千山淨水 LINE 貼圖兩周貼就破 350 萬次下載。根據 LINE 官方資料，企業貼圖的下載率約九成，使用率約八成，而且有三成用戶會記得贊助貼圖的企業。

9-2-2 有話直說的訊息貼圖

傳統上我們常使用的 LINE 貼圖並不是一種訊息貼圖，只能給好友「意會」你想表達的意思，無法允許使用者單刀直入寫出真正的想法。所謂訊息貼圖是一種可供用戶自由輸入文字內容的貼圖，允許每張貼圖最多可輸入 100 個字，而且還可以針對單張訊息貼圖編輯儲存，會讓這些訊息貼圖的傳送，更能符合當下的情境及心情點滴，而且不僅 LINE 手機 APP 支援訊息貼圖，現在連 LINE 電腦版也支援訊息貼圖功能。

如果要使用這項新功能，首先要確認手機中已經購買過訊息貼圖。各位如果要購買「訊息貼圖」，首先請到 LINE App 的「主頁」，接著進入「貼圖小舖」，並於搜尋框輸入「訊息貼圖」關鍵字進行搜尋，就可以看到多款訊息貼圖可供選擇。操作的步驟參考如下：

以往傳送訊息貼圖都是必須先選貼圖再輸入文字，最後再送出，但是現在用戶可以選擇在送出聊天訊息時，事先編輯訊息貼圖的文字內容，覺得滿意再將貼圖送出。實際的操作過程是先於訊息輸入框內輸入文字，接著點選輸入框旁邊的「貼圖圖示」，下一個動作則在 LINE 貼圖的橫向選單中點選「鉛筆圖示」，此

時所輸入的文字內容將會套用到用戶擁有的所有訊息貼圖內，當確認文字內容後，再看哪一張最適合，最後點選希望送出的貼圖。參考的操作步驟如下：

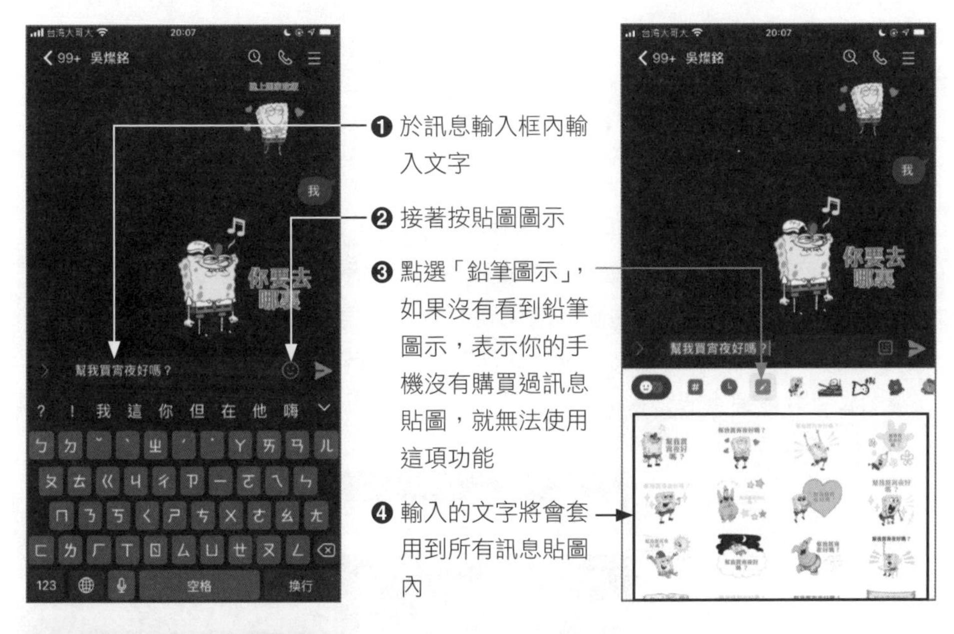

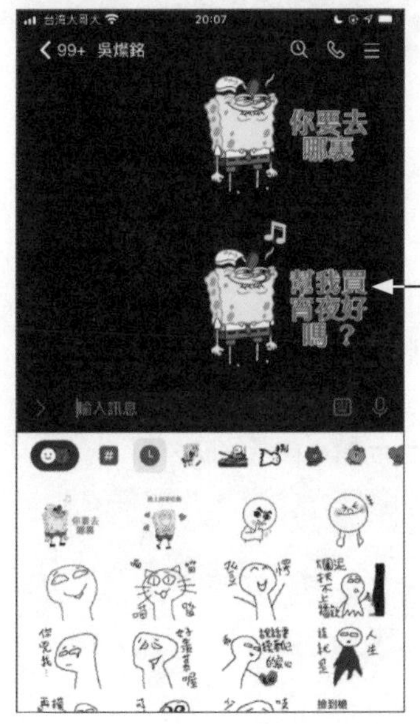

❺ 最後點選希望送出的貼圖

9-3 個人檔案的貼心設定

經營 LINE 朋友圈沒有捷徑，必須要有做足事前的準備，不夠完整或過時的資訊會顯得品牌不夠專業，店家想要在 LINE 上給大家一個特別的印象，那麼個人檔案的設定就絕對不可輕忽。尤其是當你擁有經營的事業或店面時，只要好友們點選你的大頭貼照時，就可以一窺你的個人檔案或狀態消息，如果沒有加入個人的相片作為憑證，為了預防詐騙集團安全起見，多數人是不會願意把你加為好友。接下來我們針對個人檔案的設定做說明，讓別人看到你特別有印象。LINE 裡面設定或變更個人大頭貼照，請先切換到「主頁」 頁面，點選「設定」 鈕。接著點選「個人檔案設定」鈕即可進入「個人檔案」來進行大頭貼照、背景相片、狀態消息的設定。

9-3-1 設定大頭貼照

經常聽到許多資深小編們提到：「讓消費者建立第一印象的時間只有短短的 3 秒鐘」，因此大頭貼的整體風格所傳達的訊息就至關重要。大頭貼照主要用來吸引好友的注意，對方也可以確認你是否是他所認識的人。按下大頭貼照可以選擇透過「相機」進行拍照，或是從媒體庫中選取相片或影片，另外也可以選擇虛擬人像。

LINE 提供的「相機」功能相當強大，除了一般正常的拍照外，你還能在拍照前加入各種的貼圖效果，或是套用各種濾鏡變化處理變成美美的藝術相片，一開始就要緊抓好友的視覺動線，加上運用創意且吸睛的配色，讓你的特色被一眼被認出。如下圖所示是各種類型的貼圖效果，點選之後可以看到套用後的畫面效果，調整好你的位置與姿勢就可進行拍照。

你也可以直接選擇照片或影片，你可以勾選「分享至限時動態」的選項，這樣按下「完成」鈕就會將你變更的相片自動張貼到「貼文串」的頁面中，接著各位就可以在個人檔案處看到大頭貼照片已更改。

狀態消息

好友清單上所顯示的圓形大頭貼照

9-3-2　變更背景相片

在背景照片部分，如果你有經營事業或店面，那麼不妨將你的商品或相關的意念圖像加入進來，因為擁有一個具有亮眼設計感的背景相片，一定能為你的品牌大大加分，按下背景相片可以從手機中的「所有照片」來找尋你要使用的相片。

你可以進行位置的調整或是旋轉畫面，按「下一步」鈕後還可在背景相片上加入塗鴉線條、輸入文字、可愛插圖、或濾鏡效果，讓你的底圖相片更具有特色。

按「完成」鈕完成背景圖片的設定

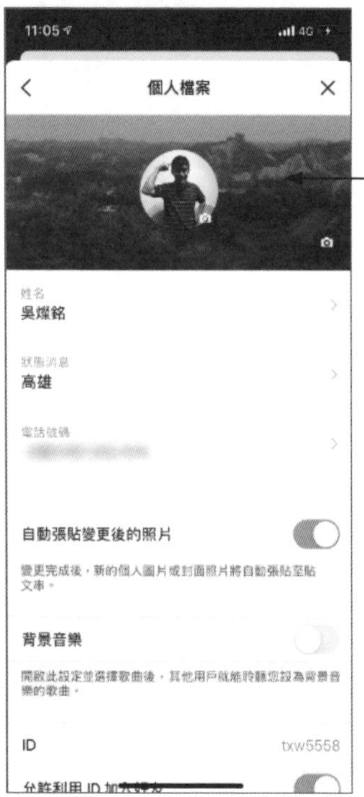

個人封面已變更成功

9-3-3 設定狀態消息

各位要加入狀態消息，請從「個人檔案」的頁面中點選「狀態消息」，試著用 20 字以內的文字敘述品牌特點或想要傳遞的訊息，或加入想被搜尋到的關鍵字（Keyword），立刻能增加搜尋熱度，接著在「狀態消息」的畫面中開始輸入你要表述的內容，進行「儲存」後，你的名字下方就可以顯示剛剛設定的狀態消息。一旦變更後，一小時內將不得再次變更。如果要從手機上做變更，也可以在「管理」標籤的「基本資料」功能區中進行修正。

9-3-4 選用背景音樂

當其他人在瀏覽你的個人資料時，也可加入背景音樂。「背景音樂」的功能並非是預設功能，從「個人檔案」中勾選「背景音樂」後，必須手機中有安裝「LINE MUSIC」才可以選擇和設定歌曲，如果你尚未安裝，LINE 會指引你到 App store（或 Google Play）去下載安裝。

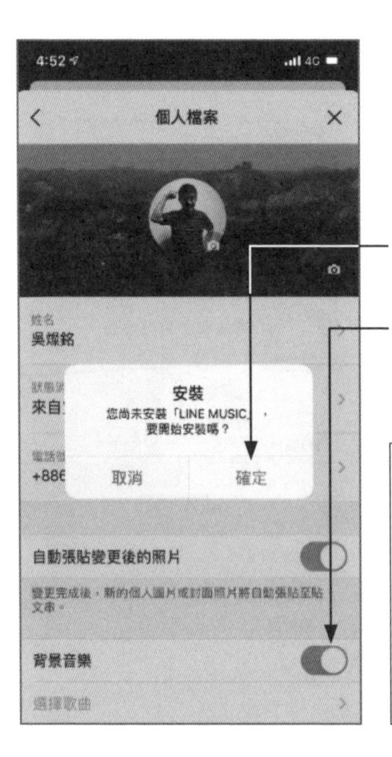

❷ 按下「確定」鈕

❶ 從「個人檔案」中勾選「背景音樂」

LINE MISIC 是線上音樂串流，可設定鈴聲、答鈴和背景音樂，擁有時尚的播放介面，還有各種的精選音樂推薦，不過必須使用信用卡付費才能使用

秒殺拉客的 LINE 行銷營家攻略

LINE 不僅是一個單純的社交平台，主要是以人與人的溝通為基準，反而不知不覺中成為一種生活方式的綜合平台，而且延伸出了許多不同的商業功能。LINE 的封閉性和資訊接收的精準度，帶來了一種創新的商業方式，只要一部手機與朋友圈就可以準備開始在 LINE 社群網路賣貨，通過提供使用者需要的資訊，推廣自己的品牌與產品，實現點對點的個人化行銷。如果各位懂得利用 LINE 的龐大行動社群網路系統，藉由社群的人氣，增加粉絲們對於企業品牌的印象，更有利於聚集目標客群，並帶動業績成長，必定可以用最小的成本，達到最大的行銷效益。

▲ 透過 LINE 玩行銷，快速培養忠實粉絲

10-1 建立你的 LINE 群組

LINE 行銷的起手式，無疑就是想方設法加入好友，有了一堆好友後，接下來就是創建群組，然後想發設法邀請好友們加入群組。如果你是小店家，想要利用小成本來推廣你的商品，那麼「建立 LINE 群組」的功能不失為簡便的管道，好的群組行銷技巧，絕對不只把品牌當廣告，除了可和自己的親朋好友聯繫感情外，很多的公司行號或商品銷售，也都是透過這樣的方式來傳送優惠訊息給消費者知道。只要將你的親朋好友依序加入群組中，當有新產品或特惠方案時，就可以透過群組方式放送訊息，讓群組中的所有成員都看得到。有需要的人直接在群組中發聲，進而開啟彼此之間的對話就顯得非常重要。

利用群組功能把親朋友群聚在一起，一次貼文公告大家都看得到

LINE 群組最多可以邀請 500 位好友加入，大多數都是以親友、同事、同學等等在生活上有交集的人所組成，好友加入群組可以進行聊天，群組成員也可以使用相簿和記事本功能來相互分享資訊，即使刪除聊天室仍然可以查看已建立的相簿和記事本喔！

10-1-1 建立新群組

店家要在 LINE 裡面建立新群組是件簡單的事，請切換到「主頁」 頁面，由「群組」類別中點選「建立群組」即可開始建立：

接下來開始在已加入的好友清單中進行成員的勾選，你可以一次就把相關的好友名單通通勾選，按「下一步」鈕再輸入群組名稱，最後按下「建立」鈕完成群組的建立。作法如下：

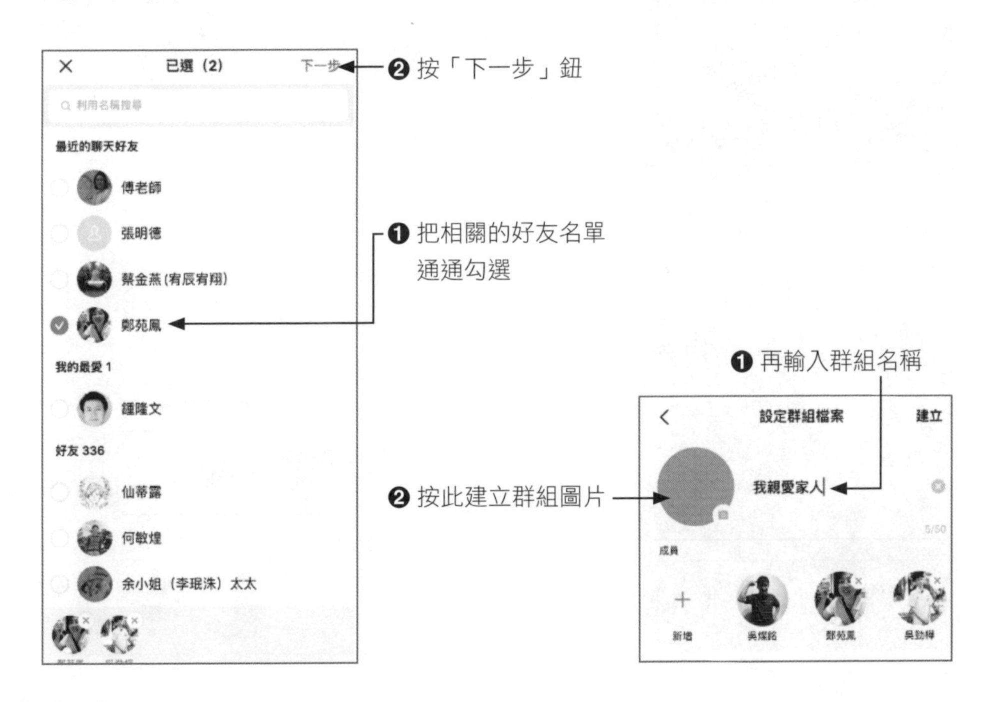

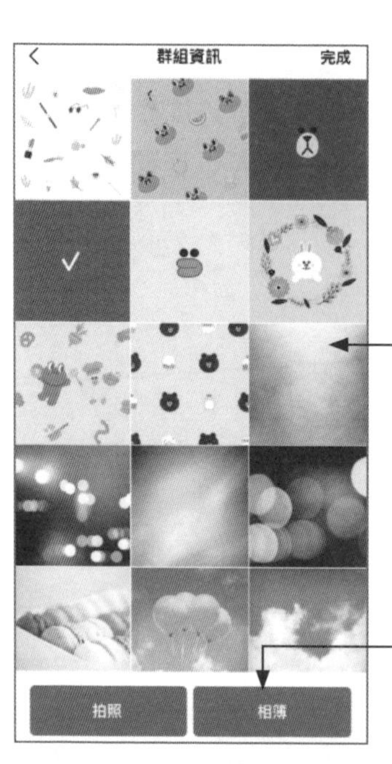

❶ LINE 內建的圖案樣式

❷ 你可以從手機的相簿中進行挑選，也可以進行拍照，此處示範由「相簿」加入現有的群組圖案

由此可為群組相片加入貼圖、文字、塗鴉、濾鏡等效果

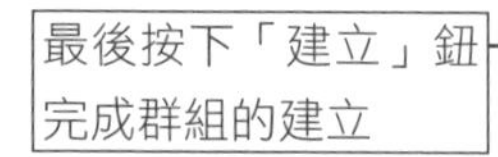

最後按下「建立」鈕完成群組的建立

10-1-2　聊天設定

當群組建立成功後，「主頁」的群組列表中就可以看到你的群組名稱，點選名稱即可顯示群組頁面。頁面上除了群組圖片、群組名稱外，還會列出所有群組成員的大頭貼，方便你跟特定的成員進行聊天。

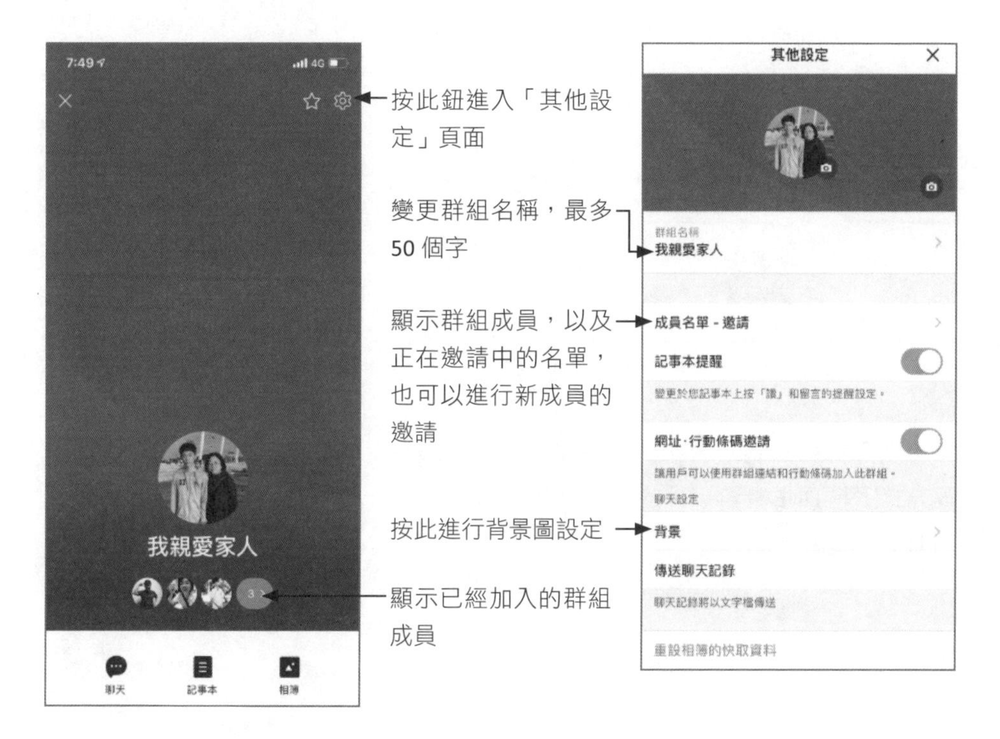

10-1-3　邀請新成員

在前面建立新群組時，各位已經順道從 LINE 裡面將已加入的好友中選取要加入群組的成員，這些成員會同時收到邀請，並顯示如左下圖的畫面，被邀請者可以選擇參加或拒絕，也能看到已加入的人數，願意「參加」群組的人就會依序顯示加入的時間，如下圖所示：

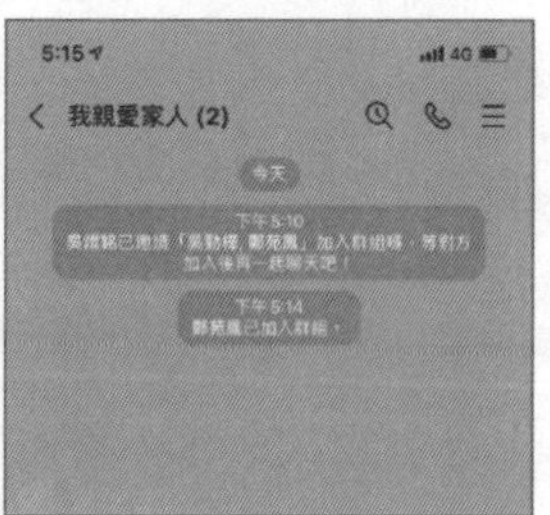

各位也可以在進入群組畫面後，點選右上角的 ☰ 鈕，就會顯示如下的的選單，讓你進行邀請、聊天設定、編輯訊息…等各項設定工作，其中的「邀請」指令可以來邀請更多成員的加入。

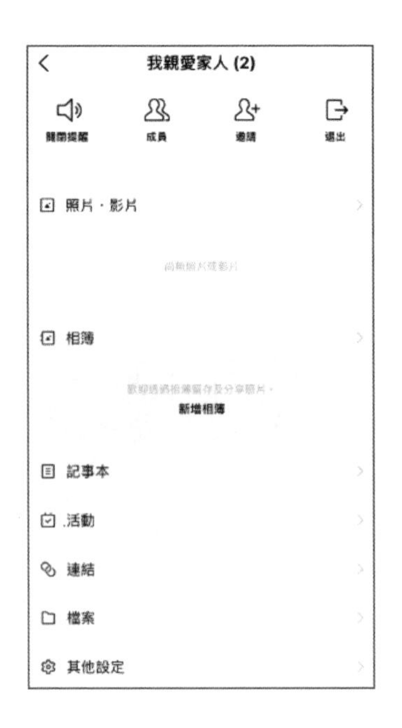

你可選擇行動條碼、邀請網址、電子郵件、SMS 等方式，將 LINE 社群以外的朋友也邀請加入至你的 LINE 群組中。

◈ 行動條碼

點選「行動條碼」會出現如左下圖的行動條碼，你可以將它儲存在你的手機相簿中，屆時再傳給對方讓對方進行掃描。

◈ 邀請網址

點選「複製邀請網址」鈕，就可以將邀請網址轉貼到布告欄，或其他的通訊軟體上進行傳送。

◈ 電子郵件

提供電子郵件方式來傳送邀請，也可以使用連結分享方式，以選定的應用程式來共享檔案。如下所示是透過電子郵件來傳送群組邀請。

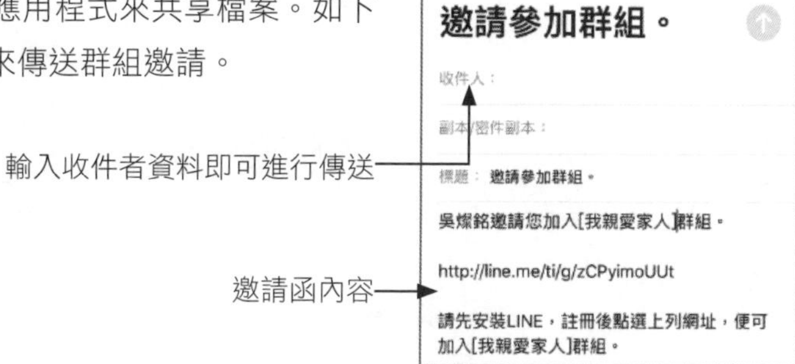

◈ SMS

會出現「新增訊息」的視窗，只要輸入收件人的電話後，按下訊息內容右側的「發送」鈕就可以邀請對方加入群組。

如果因為某些因素或言論較不遵守群組成員的共同規範，為避免因為該成員言論而破壞群組成員聊天的心情，如果想要刪除群組特定成員，是可以輕易辦到，作法如下：

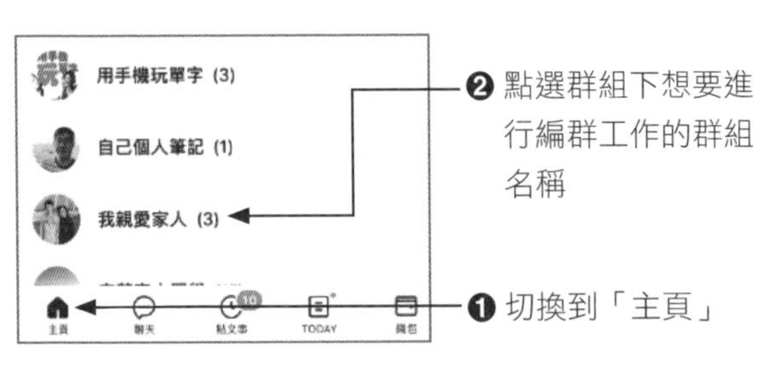

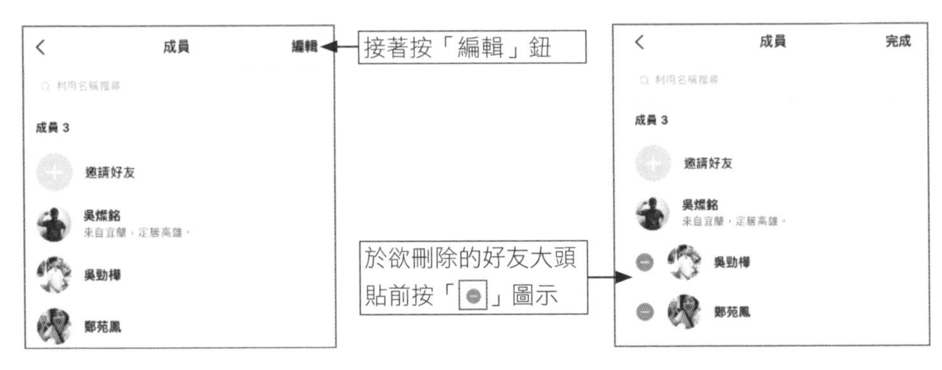

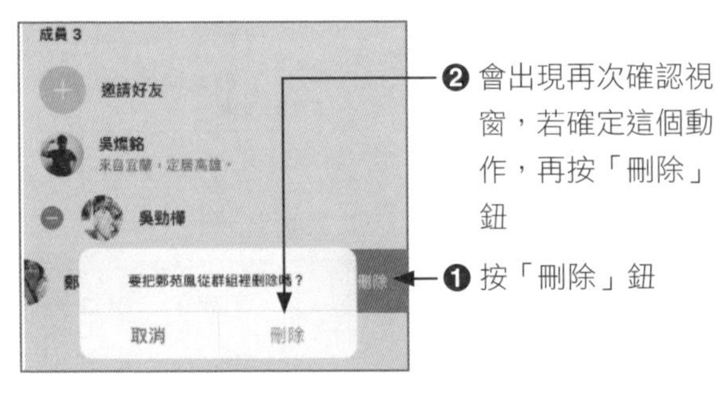

最後按「完成」鈕就完成將群組某一位成員刪除的工作

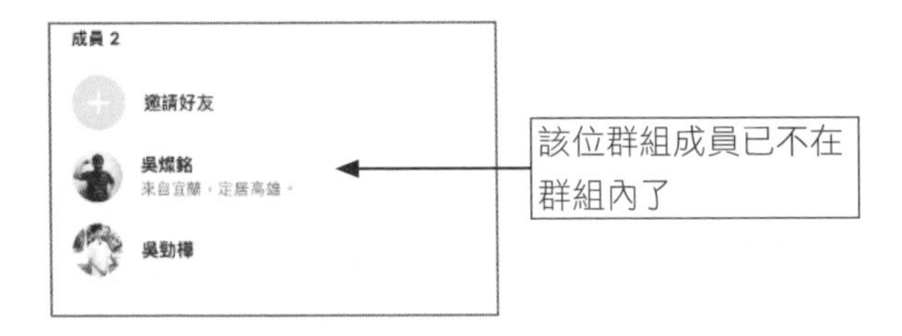

萬一群組內的成員想主動退出群組，和上述作法類似，先切換到「主頁」，再找到想要退出編群的群組名稱。由該群組名稱最右側向左滑動，會出現「退出群組」鈕，再按下該鈕，並於再次出現的確認視窗中按「確定」鈕就可以退出群組。不過有一點要特別提醒，當您退出群組後，群組成員名單及群組聊天記錄將會被刪除，所以進行這項動作前，請務必考慮清楚後再進行較好。

❷ 如果確定要退出群組，再按下「確定」鈕即可

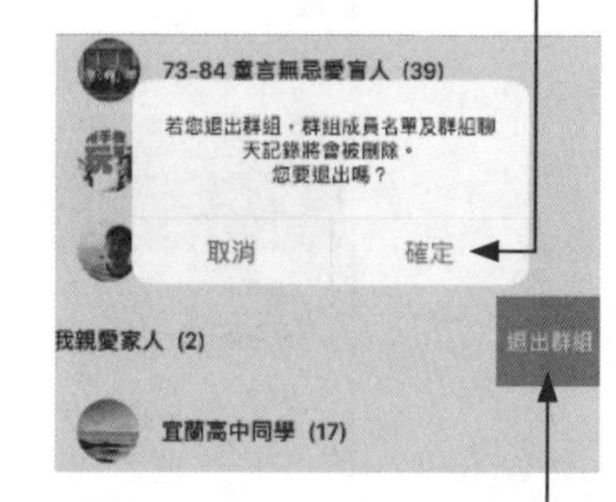

❶ 由最右側向左滑動，會出現「退出群組」鈕

10-2 百變穿搭的虛擬人像

「虛擬人像」是 LINE 推出的新功能，從臉型、髮型、眼睛、眉毛、上妝、眼鏡、動作等，都能依照自己的喜好，輕鬆建立百變造型，任意組合搭配，除了可以選擇是否上妝、戴帽子、眼鏡等，還可以創造專屬於用戶的 Q 版替身，是一種非常有趣且新鮮的功能。目前你可以新增至 5 個虛擬人像，而這些虛擬人像分身都可以在個人檔案中找到。

可以新增至 5 個虛擬人像

接著就來示範如何變換虛擬人像的造型，首先請用戶切換到 LINE 主頁，接著點選個人檔案帳號名稱的地方，就可以打開個人大頭貼的頁面，最後按「虛擬人像」。

第一次按下「虛擬人像」會出現是否要建立虛擬人像的詢問視窗，請直接按「建立」鈕，調整好要拍照的角度，按下「拍照」鈕 。

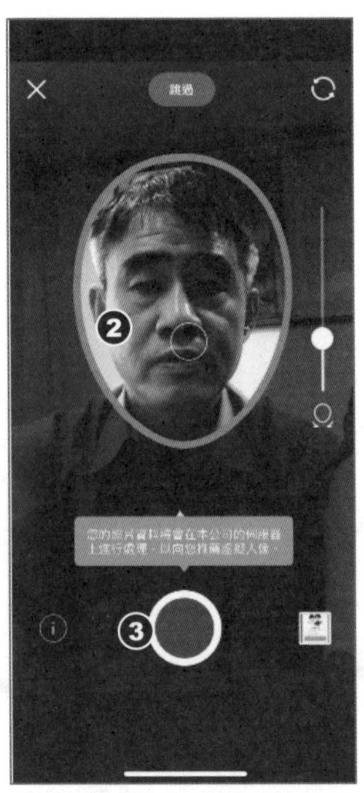

接著可以選擇推薦的虛擬人像，有了基本的虛擬人像還可以按下「編輯」鈕進行造型大改造，例如眼睛、眼鏡、下身的造型…等。

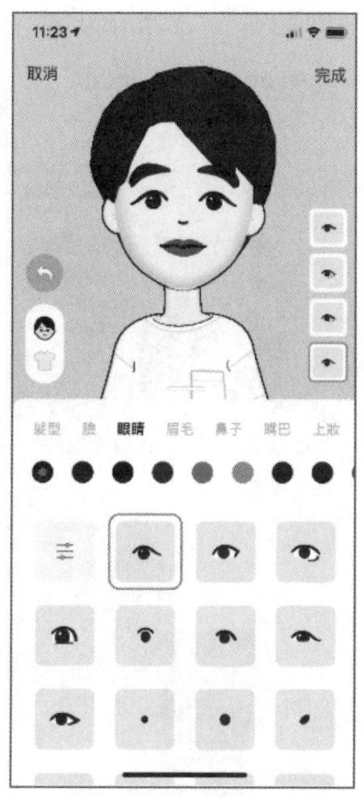

各位也可以挑選一副帥氣的眼鏡，若如想要改變下身的造型，則可以切換到「下身」進行變裝，確定造型後記得按下「完成」鈕。

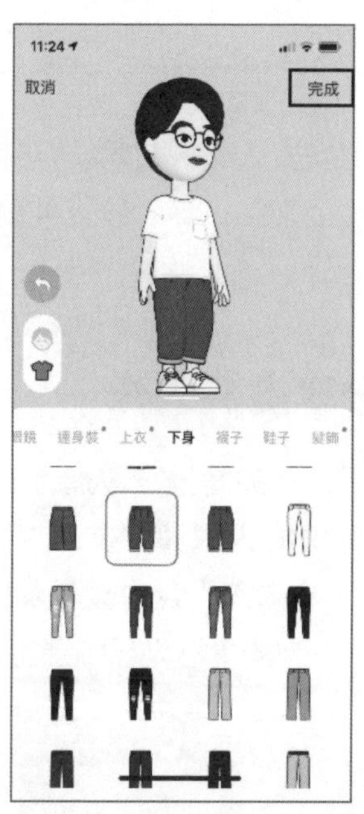

10-2-1　虛擬大頭貼

如果你想要更換個人檔案照片，又覺得自拍了無新意；那麼不妨嘗試將虛擬人像設為個人大頭貼照片，作法也很簡單可以參考下列的步驟就可以輕易將大頭貼照更換為造型多變的虛擬人像。

接著就可以看到虛擬人像，拍照後照片旁有許多實用工具也可以為虛擬人像進行改造色彩、加上文字…等，最後再按下「完成」就可以將個人照片變更為虛擬人像。

10-2-2　分享虛擬人像

除了直接根據所推薦的虛擬人像進行大頭貼的更換外，我們也可以更換虛擬人像，並還可以將虛擬人像與好友們在聊天室進行分享。首先請在上圖中按下「虛擬人像」鈕，會進入「我的虛擬人像」畫面，接著按「虛擬快拍」鈕，並用手左右滑動不同造型的虛擬人像，選定後請按此「更新虛擬人像」鈕。

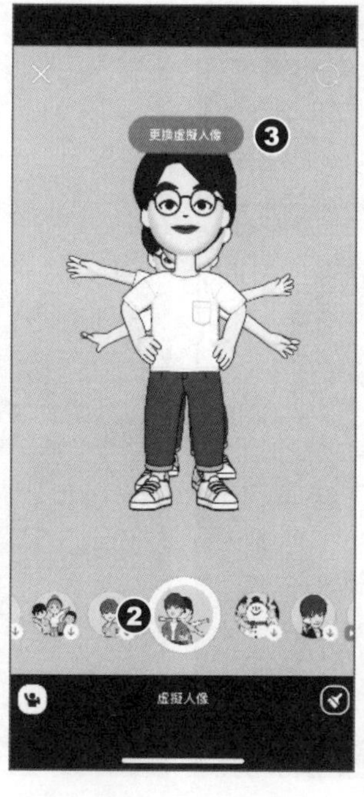

各位可以看出虛擬人像已變更不同造型，最後按「分享」鈕，就可以從目前的好友選單中選擇好友，再按「分享」就可以將此虛擬人像以貼文方式傳送給 LINE 好友，我們就可以在 LINE 的好友聊天室就可以看到所分享的虛擬人像。

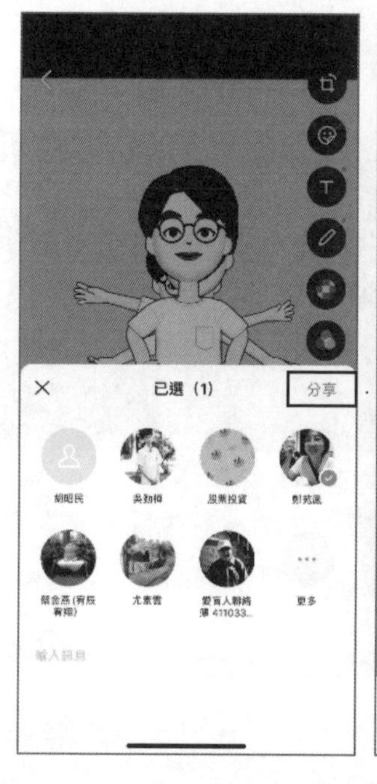

10-2-3　變裝個人檔案版面

我們也可以利用現有的虛擬人像在個人檔案的版面加上裝飾。目前提供的裝飾有「單人」、「團體」、「寵物」三種，而且這些裝飾都具備動態的效果，如下列三圖所示：

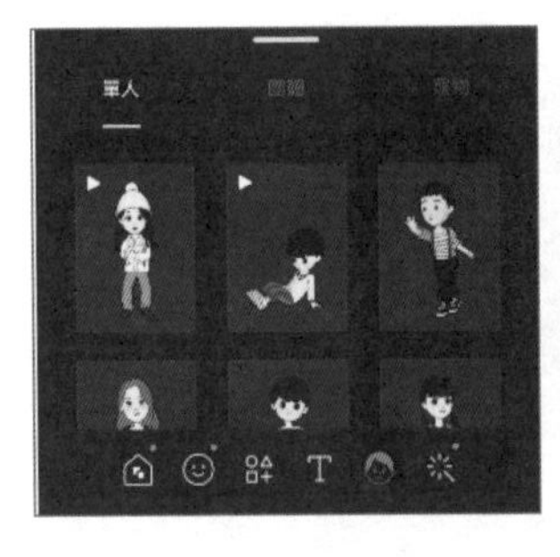

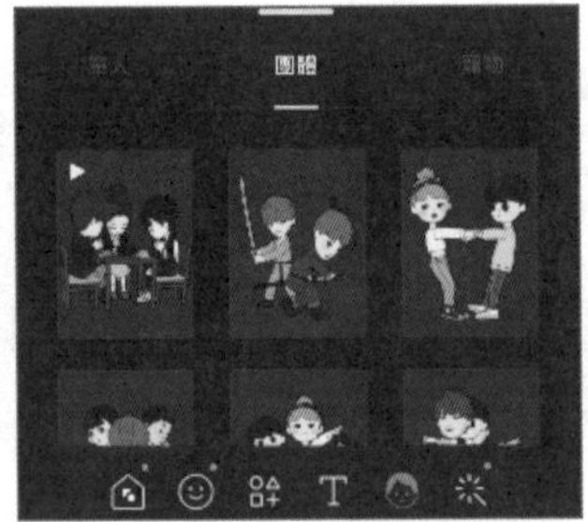

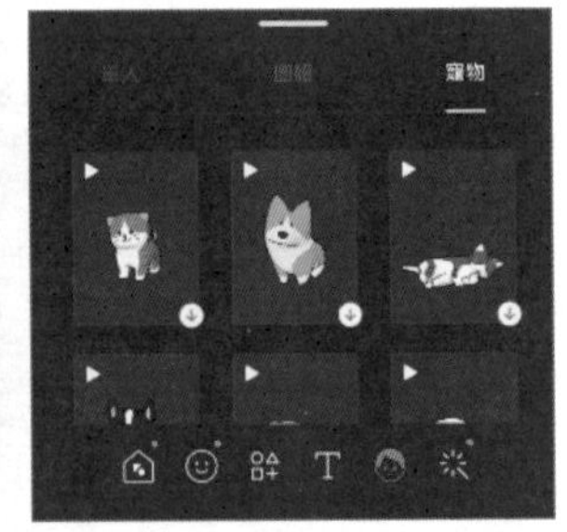

接著就來示範如何在個人檔案的版面加上裝飾，首先請先進入個人檔案的頁面，接著按下「裝飾」鈕，並挑選要加入「裝飾」的類型，參考步驟如下：

從「單人」、「團體」、「寵物」三種類別中挑選要加入的裝飾，決定好要加入的裝飾記得按「儲存」鈕，就可以在個人檔案的版面中會看到活蹦亂跳、活靈活現虛擬人像及小寵物。

10-3 聊天室的私房功能

聊天室新增了許多蠻不錯的貼心功能，例如分類功能可以幫你把訊息區分為好友、群組、官方帳號及社團四個頁籤，讓你的聊天列表不會過多而不容易找到好友或特定官方帳號。但是如果要查看所有的聊天訊息，也可以切換到「全部」的頁籤，就會列出所有聊天列表。底下二圖左邊是沒有分類的聊天室外觀，右邊則是有分類的聊天室外觀。

如何開啟聊天室分類的功能，以 iOS 為例，請先到「主頁」右上角選齒輪圖示的「設定」功能，接著進到選項「LINE Labs」裡，開啟「聊天室分類」功能。

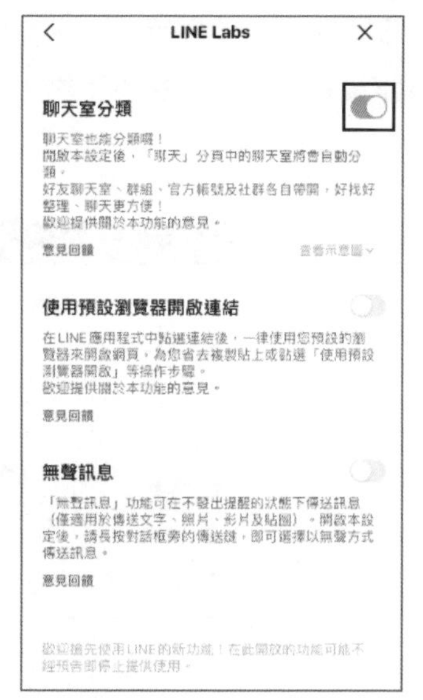

完成設定工作後，接著再打開後回到聊天列表，就會發現聊天室被分類為全部、好友、群組、官方帳號及社團等類別，下圖為「好友」頁籤的聊天列表。

10-3-1　聊天記錄備份

我們只要打開「自動備份」功能，就可以為 LINE 聊天記錄備份到雲端 iCloud，而且還可以自行決定備份頻率，當將這些聊天記錄備份後，即使是你換了新的 iPhone 手機或是丟了手機，只要重新安裝 LINE，就可以透過這些備份在雲端的資料來復原使用者的聊天記錄。要設定多久的時間頻率自動備份聊天記錄，其作法就是先到「主頁」右上角選齒輪圖示進入「設定」的頁面，其它操作流程的畫面請參考如下：

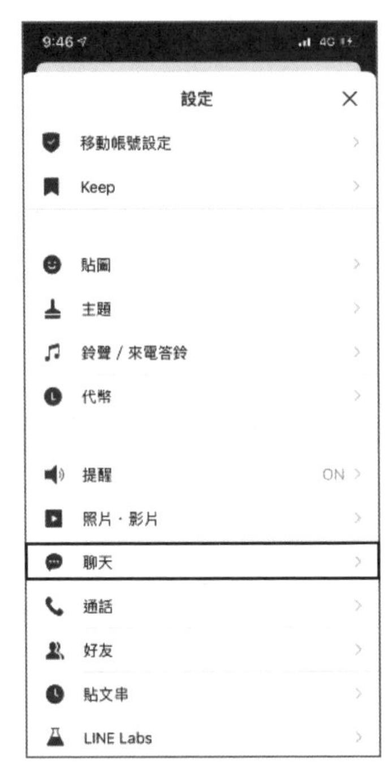

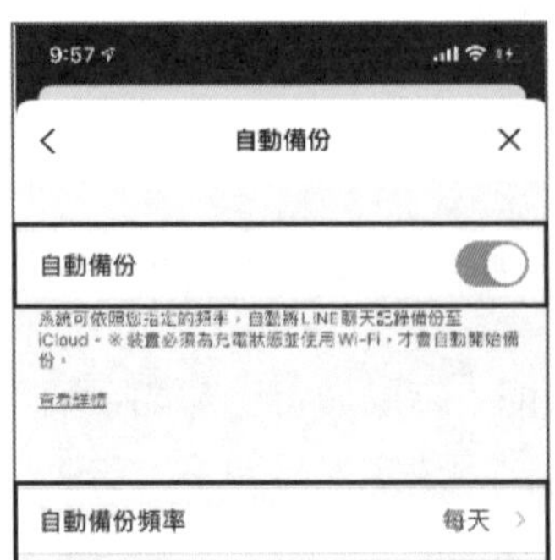

10-3-2　傳送聊天記錄與統計分析

我們可以將傳送聊天記錄到指定的檔案，並上傳 LINE 聊天記錄到具備 LINE 統計分析的網站進行分析，如此一來就可以分析個人或群組的聊天記錄的相關細節，包括聊天天數、訊息數、通話數、通話時間、最多訊息數、最多單日通話時間…等，更棒的是 LINE 的統計分析還能將「每日訊息數」、「各自訊息數」、「每日通話秒數」以圖表的方式來加以呈現。這些對話內容的各種資訊分析都能一目了然。

不過這裡介紹的 LINE 統計分析的網站並不是 LINE 的官方建構，如果你的對話內容有考慮到個人的隱私或私密對話，建議要上傳進行對話分析前要考慮清楚、三思而後行，此處僅提供這項功能的操作示範，首先請開啟要傳送聊天記錄的聊天室對話內容，並點擊右上角的功能表單，並進入「其他設定」的頁面：

接著按下「傳送聊天記錄」，並選要「儲存到檔案」指令，決定好儲存位置後，最後記得按下「儲存」鈕。

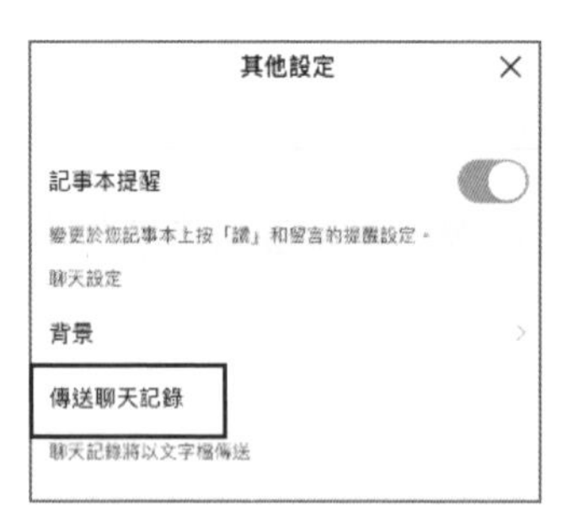

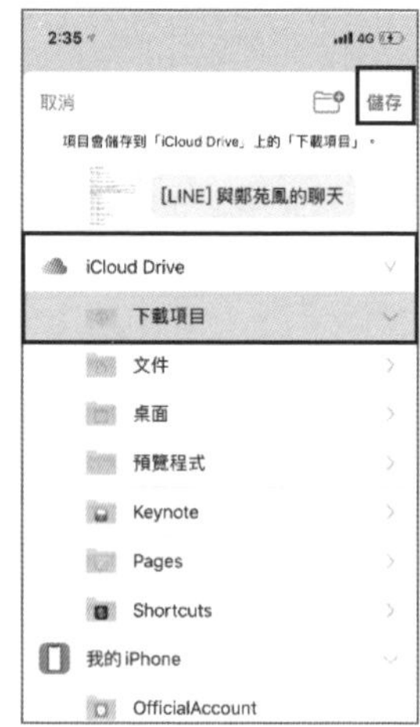

聊天記錄的對話內容儲存成文字檔之後，接著就可以開啟「LINE Message Analyzer」（LINE 統計分析）https://line-message-analyzer.netlify.app/ 的網頁，按下「載入聊天」鈕將剛才所下儲存到「iCloud Drive」雲端硬碟的聊天記錄文字檔載入：

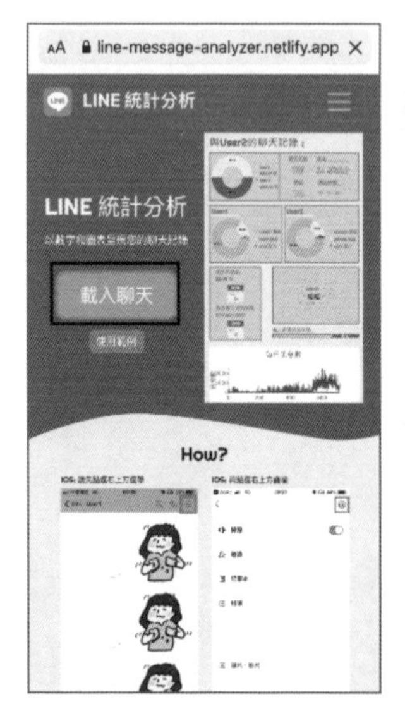

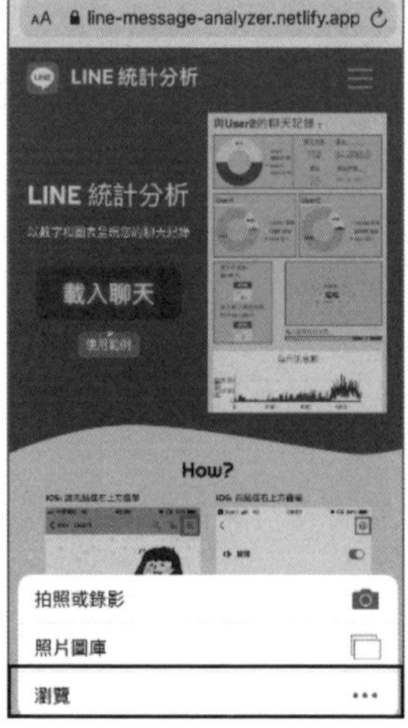

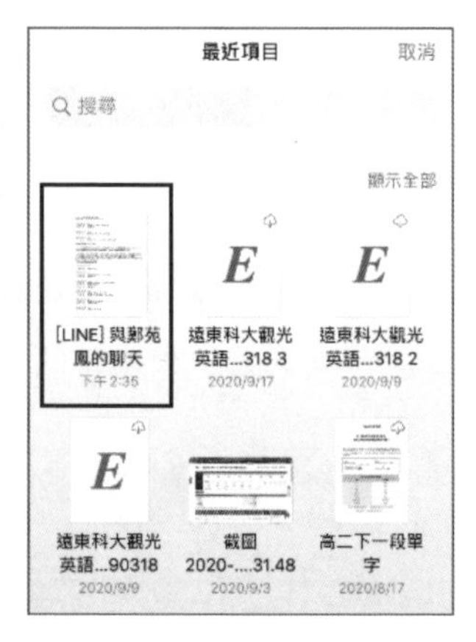

接著就可以在網頁中看到聊天記錄的 LINE 統計分析，如下列二圖所示：

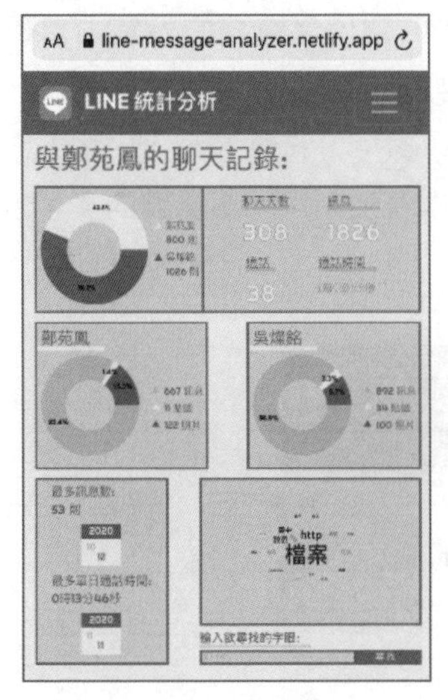

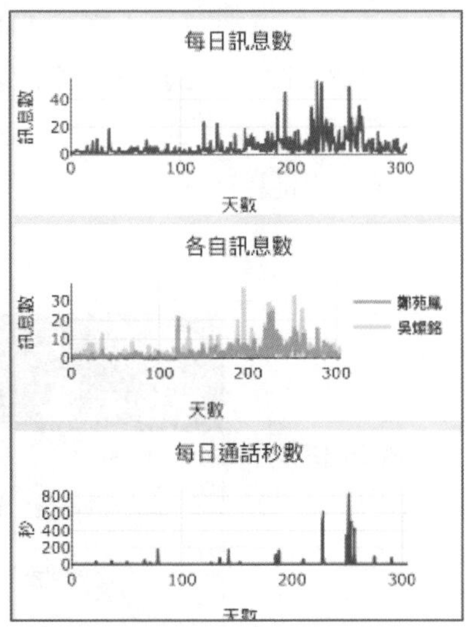

10-4 群組商品行銷策略

群組並不是一個可以直接販賣的場所，就算許多人成為你的粉絲，不代表他們就一定想要被你推銷。群組行銷的一個痛點，就是要不斷創造分享與討論．例如「分享」絕對是經營品牌的必要成本，還要能與好友引發「品牌對話」的效果。要做 LINE 行銷，首先就必須要用經營朋友圈的態度，而不是從廣告推銷的商業角度，這樣反而容易造成用戶操作上的認知落差而導致客訴。因此必須定期的發文撰稿、上傳相片 / 影片做宣傳、注意群組留言並與好友互動。

接下來各位可以利用 LINE 群組來傳送訊息文字、圖片、影片、語音、貼圖，這幾項功能都很簡單，只要進入群組畫面後透過底端的按鈕就可以傳送各類型的商品資訊。

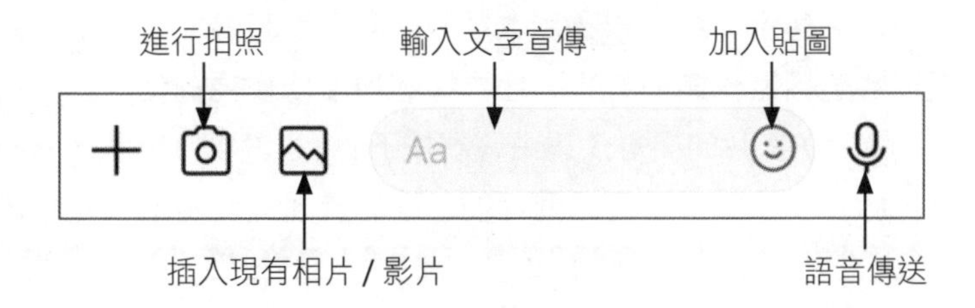

10-4-1 文字宣傳效果

文字輸入點所在的位置即可輸入文字，LINE 時代最重要的行銷力道仍在「文字」本身，應該是利用越少的字數來抓住好友的眼球，點選該區塊時，手機下方自動會顯示鍵盤，方便各位進行中、英、數字、符號等輸入。輸入常用的名詞也會出現一些小插圖可以選用，各位可以善加利用，讓單調的文字也能變得活潑生動些。

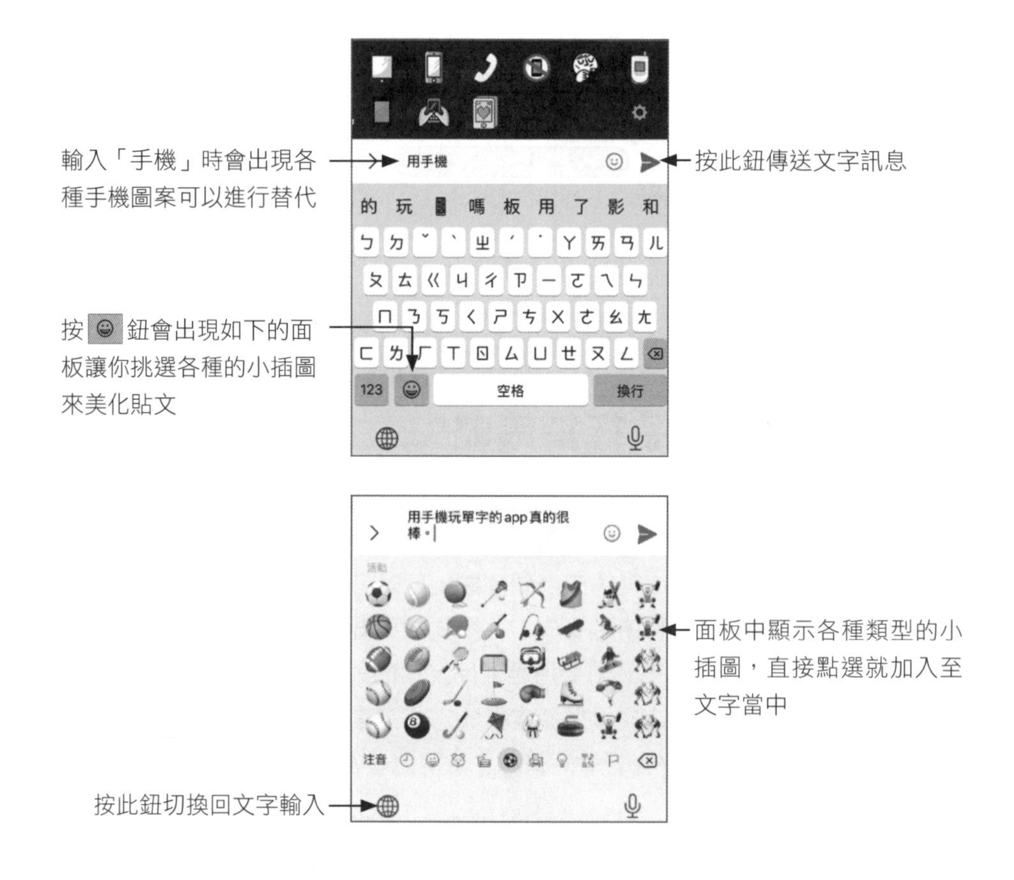

10-4-2 插入相片 / 影片

根據國外機構研究顯示，相片和影片本身的內容深度和傳播效果絕對大於平面模式，也更符合這個世代溝通方式，社群媒體極度依賴視覺化內容，我們可以在群組中加入圖片 / 影片的訊息，請由底端按下 鈕會以方格狀的縮圖顯示手機中的相片、影片，找到要使用的圖片後，確認畫面是要貼出的資料後，按下 鈕就公告出去了，而右下圖則是文字、圖片貼出的效果。

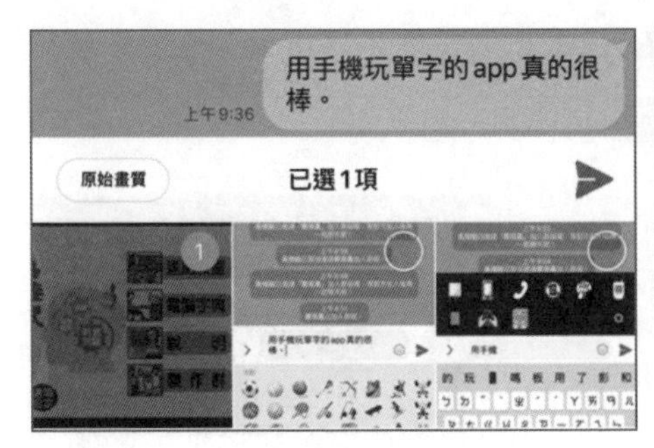

如果要張貼的相片或圖片不在手機中，那麼你也可以使用電腦版的 LINE 程式來進行張貼，如下圖所示。LINE 電腦版支援 Windows、Win8、WIN10、Mac 繁體中文版。

10-4-3 語音傳送資訊

如果想要將好消息透過語音方式放送給群組成員，按下 🎙 將顯示如左下圖的面板，點選按鈕不放即可對著手機開始講話，當各位說完後放開按鈕，語音內容立即放送至群組中。

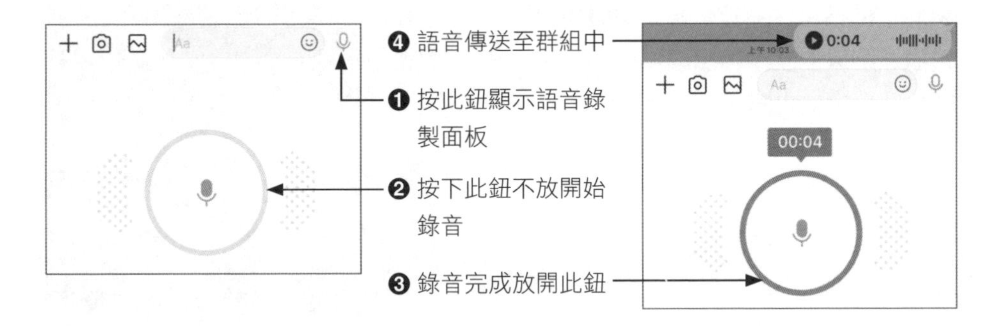

10-4-4 群組通話功能

要對群組成進行通話，可在群組畫面上方按下 📞 鈕則可進行語音通話、視訊通話，或是 LIVE 直播。

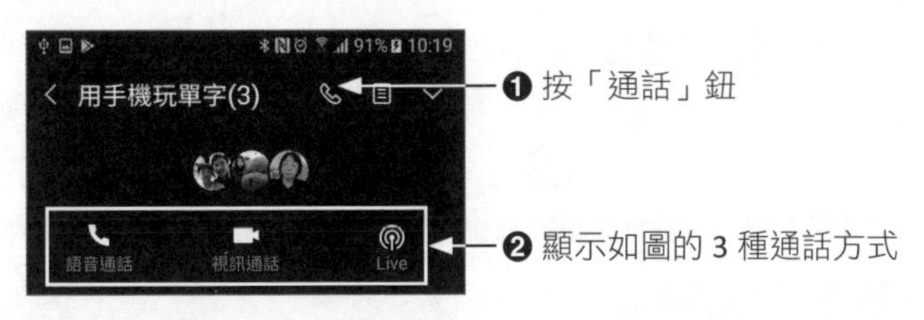

「語音通話」是透過行動手機進行免費聊天，群組語音通話過程中，任何成員都可以加入，而那些成員已加入群組通話都可在畫面上看到。

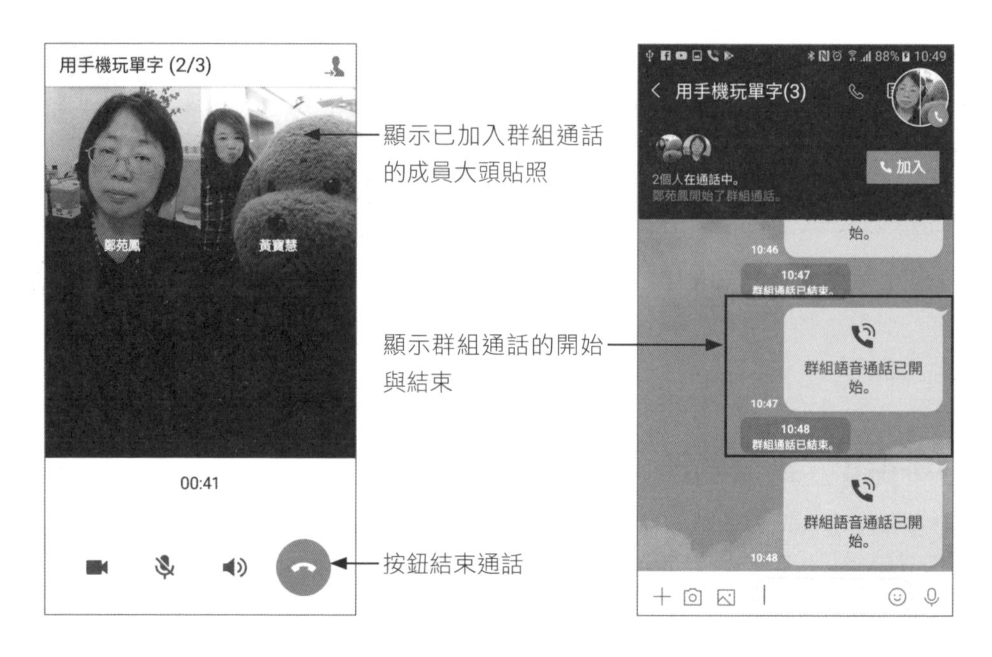

至於「視訊通話」是透過手機鏡頭直接捕捉現場畫面，所以能立即顯示成員所在環境、表情與當時的裝扮，就如同與對方面對面溝通一般。

10-4-5 Line 的直播秀

當你由群組中按下 鈕和「Live」 鈕後，會先看到左下圖的畫面，此畫面可以切換鏡頭面向自己或對外，也可以旋轉拍攝方向或套用濾鏡效果。各位只要按下圓形的「拍照」 鈕，就會立即在群組上方顯示你所直播的內容讓群組成員觀看，群組上也會顯示 LIVE 直播已開始，如右下圖所示。如果要結束直播畫面，按下右上角的 鈕，就會顯示對話框確定你是否要結束 LINE 直播。特別注意的是，Live 直播內容只有直播當時群組成員才能觀看得到，直播結束後未看過的成員也無法再看到！

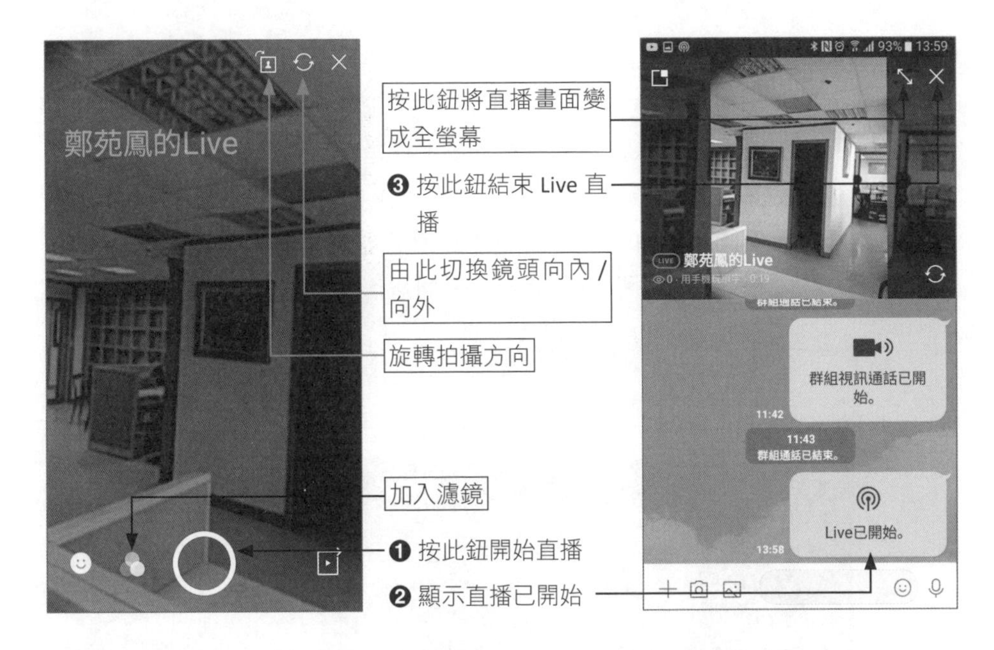

在全螢幕直播過程中，你也暫時關閉相機或是選擇分享螢幕畫面，只要按下 ，就能跳出如右下圖的視窗讓你選擇。

10-5 LINE 社群的行銷筆記

「LINE 社群」(LINE OpenChat) 是一種全新公開「網路聊天室」，可以讓社群成員針對大家共同感興趣的主題進行討論，它可以說是比較大型的 LINE 群組 (Groups)，不過 LINE 社群和 LINE 群組在功能上還是有所差異，特別是可以讓使用者直接從尋找自已想加入的主題來加入，跟以往 LINE 群組上的使用者無法主動找尋群組很大不同。在 LINE 官方部落格中就已整理了針對 LINE 社群與 LINE 群組之間的差異，透過底下網頁中的比較表就可以清楚理解他們兩者之間異同。

主要差異	LINE群組	LINE社群
人數上限	500	5,000
管理員	沒有	有
加入方式	成員邀請	提供3種不同的加入方式
加入後可看到前面的訊息	不行	可以 文字 180 天內、圖片 30 天內、其他(影片/錄音) 14 天內
不同聊天室 可設定的不同暱稱與大頭貼	不行	可以
點對點加密	有 (預設開啟)	沒有 (因為是公開網路聊天室)
溝通內容限制	訊息加密 最高隱私	(1) 須遵守LINE社群守則 (2) 透過人工智慧過濾違規內容 (3) 管理員可設定要過濾的關鍵字
文字訊息備份	有	沒有 (但可匯出文字聊天記錄)
檔案期限	有期限	不能傳送檔案

▲ 資料來源：http://official-blog.line.me/tw/archives/82874924.html

在上述的表格中我們整理出幾個重大的特點，包括人數上限的不同、加入方式有所不同、是否有管理員、訊息內容是否加密…等，如果想清楚比較社群與群組兩者間的各種差異，建議各位可以連至上述網頁，就可以清楚掌握兩者間的異同。

10-5-1　建立社群與傳送邀請

要使用 LINE 社群功能，首先建議各位更新到最新版，LINE 官方是希望社群新功能可以陸續開放給所有使用者使用，但不是每個人都能馬上建立社群，如果在「主頁 / 群組 / 社群」沒有看到「建立社群」按鈕，可能還要再等上一些時間再來試看看。接下來建立社群的操作步驟是假設你已是 LINE 社群功能開放的對象。

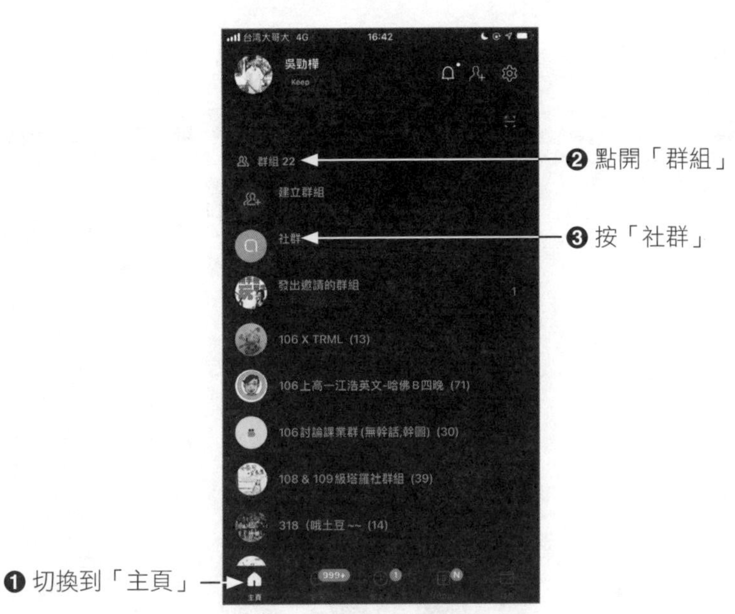

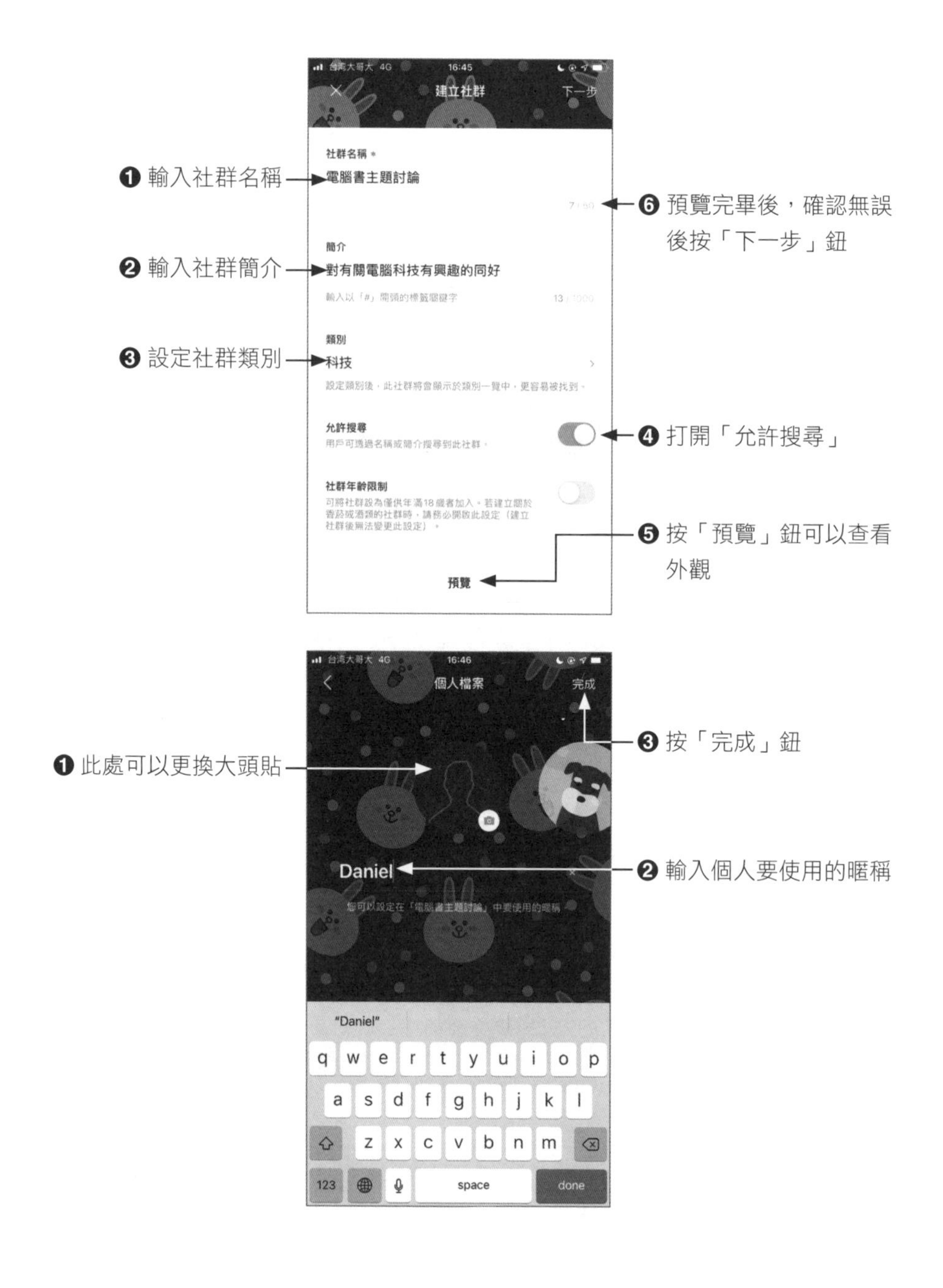

建立社群
下一步
社群名稱
電腦書主題討論
簡介
對有關電腦科技有興趣的同好
類別
科技
允許搜尋
社群年齡限制
預覽
❶ 輸入社群名稱
❷ 輸入社群簡介
❸ 設定社群類別
❹ 打開「允許搜尋」
❺ 按「預覽」鈕可以查看外觀
❻ 預覽完畢後，確認無誤後按「下一步」鈕
個人檔案
完成
Daniel
❶ 此處可以更換大頭貼
❷ 輸入個人要使用的暱稱
❸ 按「完成」鈕

出現社群使用小提醒，再按「確定」鈕

社群討論的外觀，接著此功能選單鈕

按下「邀請」鈕，可以有四種傳送社群邀請的方式，分別為複製連結、分享連結、邀請好友及分享行動條碼

10-5-2　新增共同管理員

社群成員身分有三種分類，一種是建立社群的「管理員」，第二種是加入社群的「一般成員」，第三種則是分擔部分管理角色的「共同管理員」。在社群中如果要刪除訊息、將訊息置頂、強制退出成員…等工作預設情況下只有「管理員」有這樣的權限，不過「管理員」可以授權部分工作給「共同管理員」。

管理者可以新增共同管理員，並設定每一位共同管理員的工作權限，如此社群的管理幹部就可以視工作屬性分工合作共同管理社團。要新增共同管理員，首先請於社群聊天室的功能選單鈕執行「其他設定」指定，就可以進入如下圖的「社群設定」頁面，接著就來示範如何新增一位共同管理員：

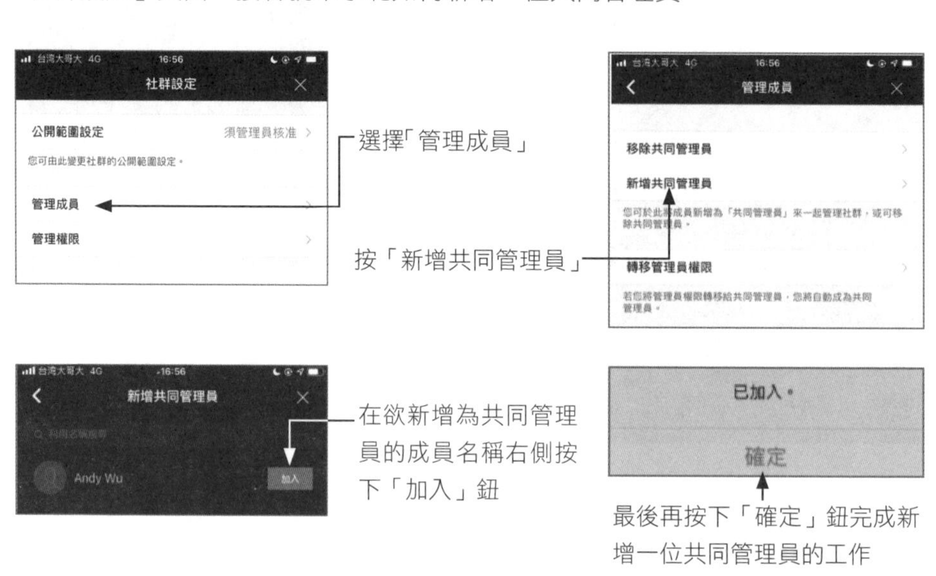

10-5-3　社群設定常用技巧

本單元還要介紹幾個社群的重要設定，例如：修改參與人數上限、開啟社群提醒、社群成員強制退出…等。

設定參與人數上限

首先請於社群聊天室功能選單中執行「其他設定」進入「社群設定」頁面：

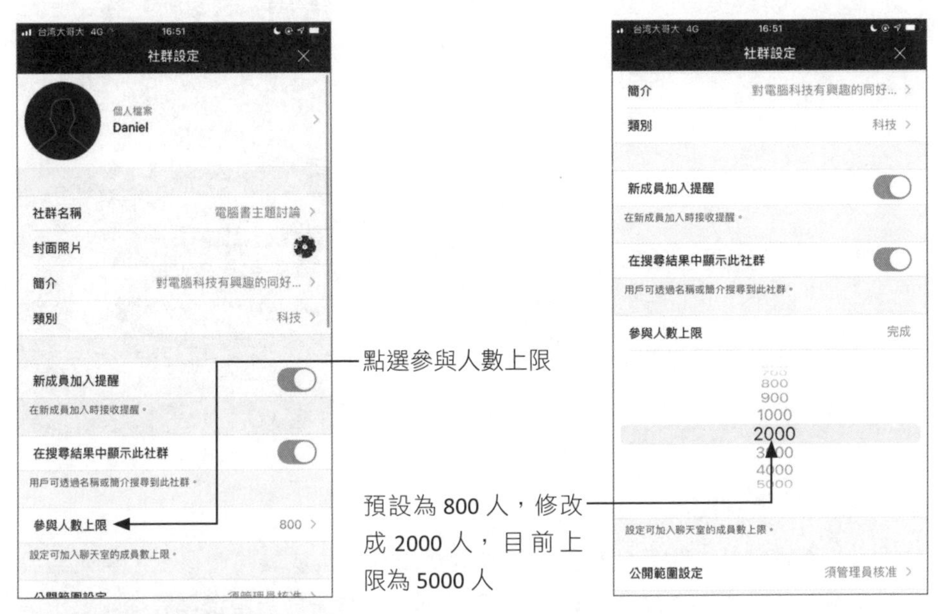

◈ 開啟社群提醒

請於社群聊天室功能選單中點一下「開啟提醒」圖示就可以開啟提醒功能，如果要再次關閉提醒，只要再按一下「關閉提醒」圖示鈕就可以關閉。

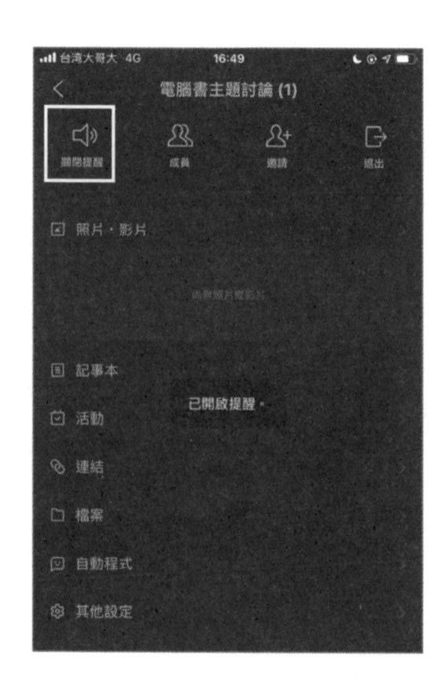

◈ 社群成員強制退出

對於一些不遵守社群規範的成員，管理者可以將此位成員強制退出，首先請於社群聊天室從功能表中選擇「成員」，再於列出的聊天成員中選擇要強制退出的成員，點選「強制退出」鈕後，接著再於另外出現的確認視窗中，按下「強制退出」鈕，就可以將該用戶強制退出，並禁止該成員重新加入。

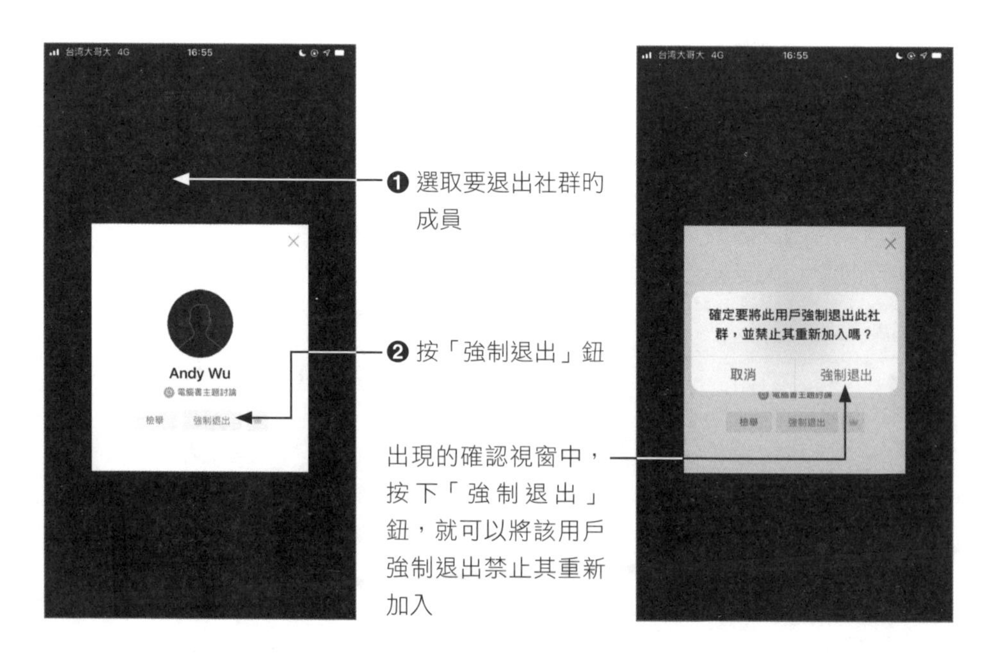

10-5-4 自動程式一垃圾訊息過濾器

LINE 的社群自動程式主要有兩種功能，一種是垃圾訊息過濾器，另一種則可以自動翻譯聊天訊息。在「垃圾訊息過濾器」的過濾設定中，必須先新增限制用語，之前就可以根據這些限制用語，去決定要以何種方式進行過濾，目前有兩種過濾方式：「1. 刪除只有限制用語的訊息」及「2. 刪除包含限制用語的訊息」。舉例來說，如果限制用語為「垃圾」二字，在第一種設定下，當有人在社群中輸入「垃圾」二字，就會自動被過濾掉這個訊息，而不會出現在社群的聊天討論內容，但如果輸入「他是垃圾」，因為「他是垃圾」和限制語「垃圾」不完全相同，因此就不會被過濾掉，除非他的過濾方式是設定第二種設定「刪除包含限制用語的訊息」。接著我們就來示範如何使用垃圾訊息過濾器，來過濾訊息中不當的用語。作法如下：

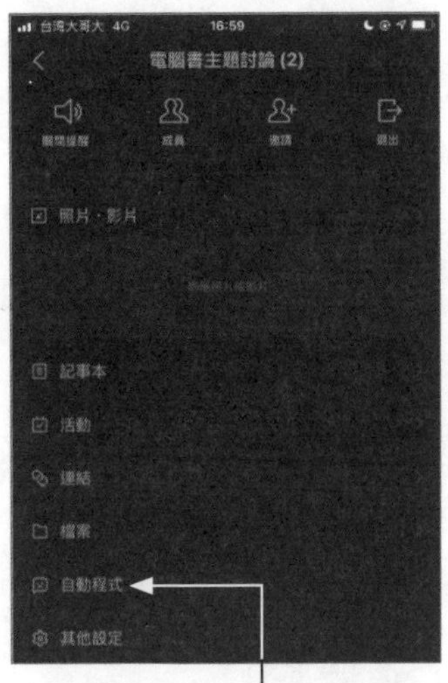

首先請於社群聊天室的功能選單鈕執行「自動程式」指令

點擊「垃圾訊息過濾器」右側的 OFF 鈕

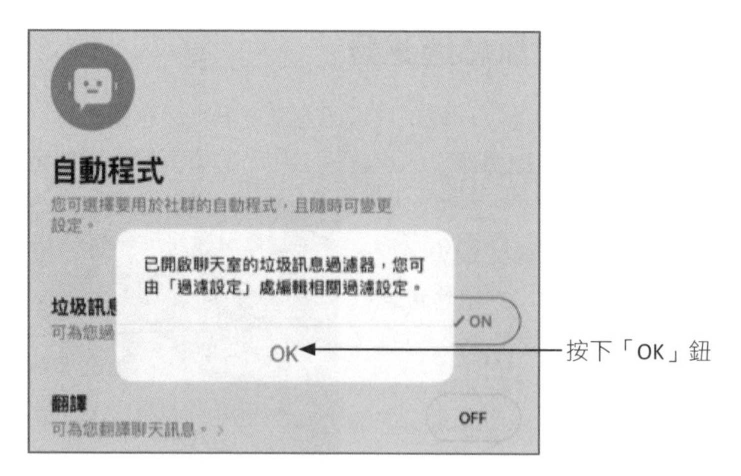
自動程式
您可選擇要用於社群的自動程式，且隨時可變更設定。
已開啟聊天室的垃圾訊息過濾器，您可由「過濾設定」處編輯相關過濾設定。
OK
ON
翻譯
可為您翻譯聊天訊息。
OFF
按下「OK」鈕

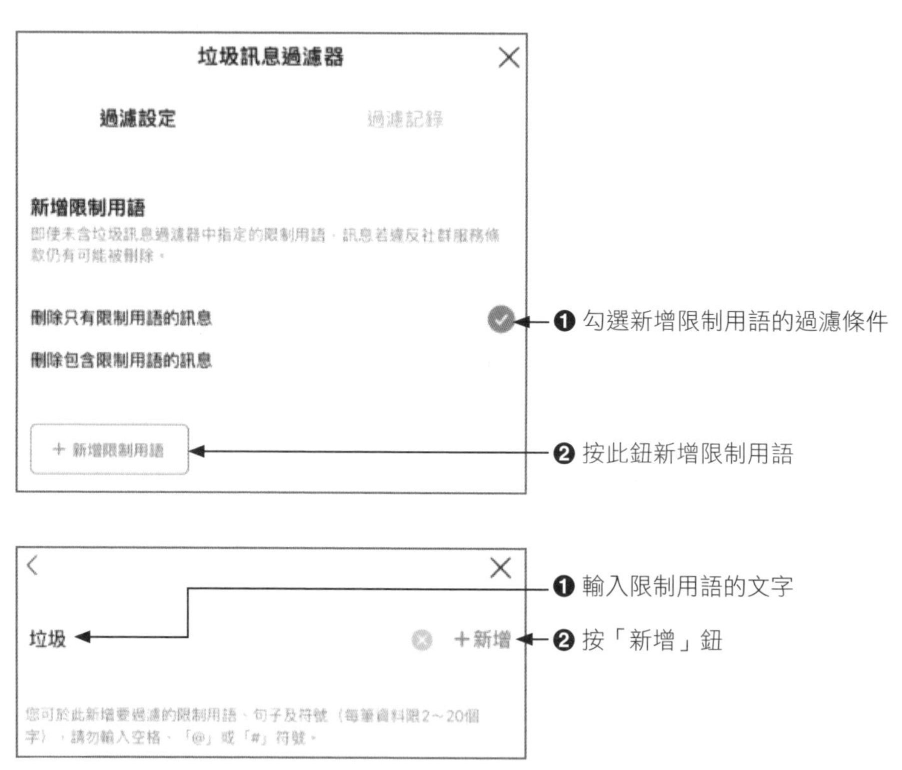
垃圾訊息過濾器
過濾設定
過濾記錄
新增限制用語
即使未含垃圾訊息過濾器中指定的限制用語，訊息若違反社群服務條款仍有可能被刪除。
刪除只有限制用語的訊息
刪除包含限制用語的訊息
＋ 新增限制用語
❶ 勾選新增限制用語的過濾條件
❷ 按此鈕新增限制用語
垃圾
＋新增
您可於此新增要過濾的限制用語、句子及符號（每筆資料限2～20個字），請勿輸入空格、「@」或「#」符號。
❶ 輸入限制用語的文字
❷ 按「新增」鈕

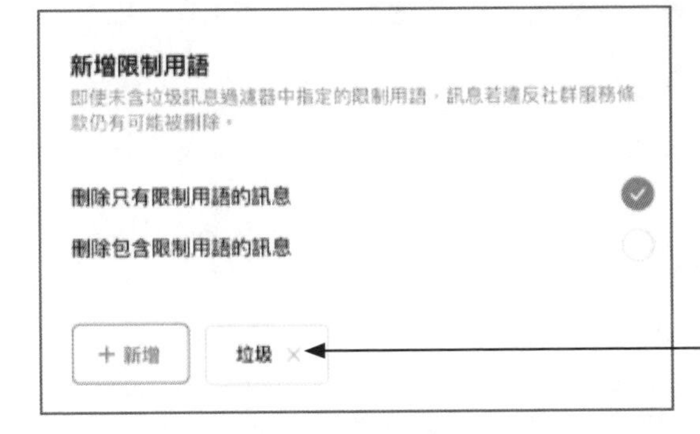

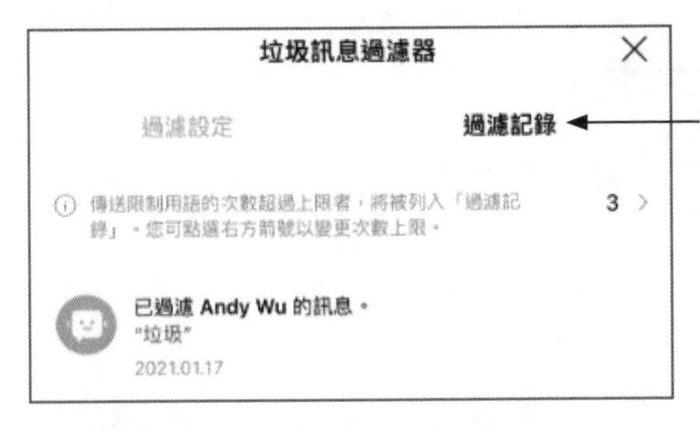

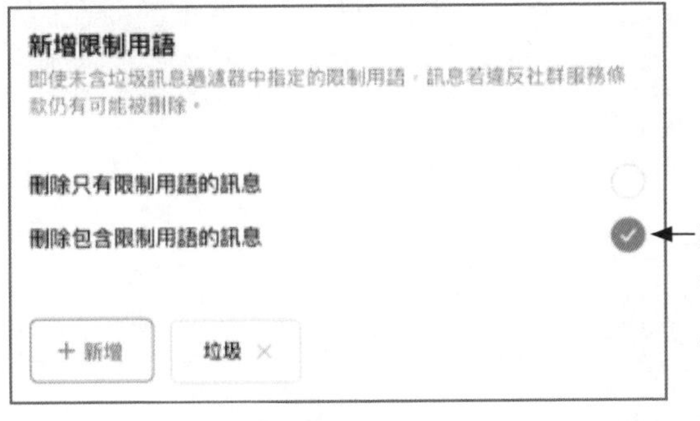

10-5-5 自動程式一翻譯機器人

首先請於社群聊天室的功能選單鈕執行「自動程式」指令進入「自動程式」設定畫面：

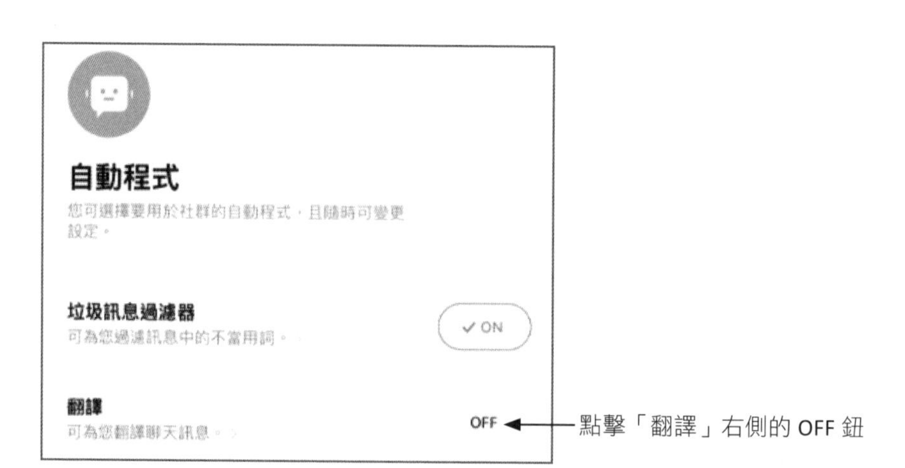
自動程式
您可選擇要用於社群的自動程式，且隨時可變更設定。
垃圾訊息過濾器
可為您過濾訊息中的不當用詞。
✓ ON
翻譯
可為您翻譯聊天訊息。
OFF
點擊「翻譯」右側的 OFF 鈕

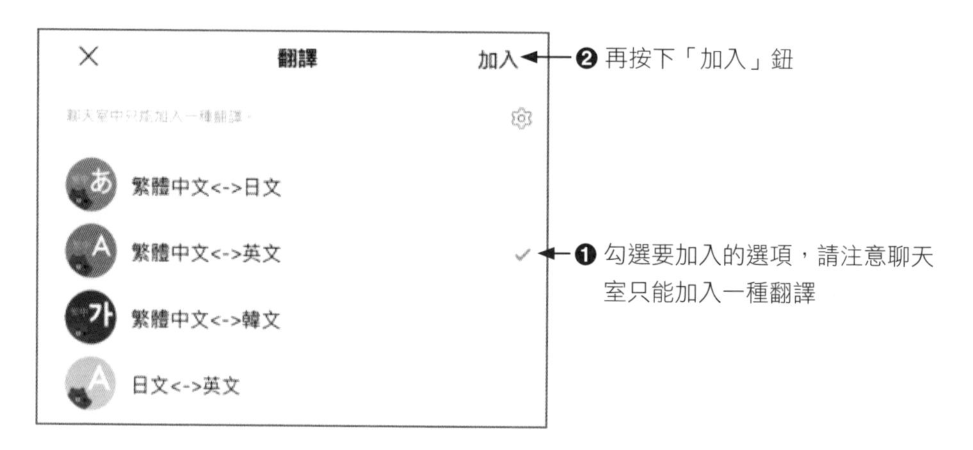
翻譯
加入
❷ 再按下「加入」鈕
繁體中文<->日文
繁體中文<->英文
❶ 勾選要加入的選項，請注意聊天室只能加入一種翻譯
繁體中文<->韓文
日文<->英文

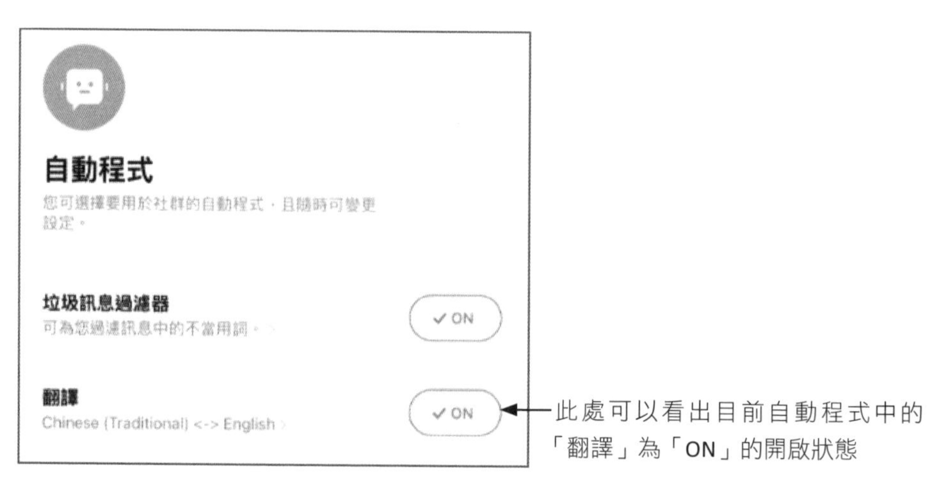
自動程式
您可選擇要用於社群的自動程式，且隨時可變更設定。
垃圾訊息過濾器
可為您過濾訊息中的不當用詞。
✓ ON
翻譯
Chinese (Traditional) <-> English
✓ ON
此處可以看出目前自動程式中的「翻譯」為「ON」的開啟狀態

完成上述的設定後，之後在社群的留言訊息就會依照剛才所設定的翻譯選項自動翻譯

LINE 官方帳號的最猛掏金術

在分秒必爭，講求資訊行動化的環境下，當行動裝置全面融入消費者生活，開始全面影響媒體使用邏輯，更為網路行銷領域增加了更多的新媒體通道，伴隨著這一趨勢，行動行銷迅速發展，所帶來的正是快速到位、互動分享後所產生產品銷售的無限商機。由於 Line 一直是一對一的行動通訊溝通軟體，對於網路行銷推廣上，還是有擴散力不足的疑慮，幾年前 LINE 官方開始鎖定全國實體店家，為了服務中小企業，LINE 開發出了更親民的行銷方案，導入日本的創新行銷工具「LINE@ 生活圈」的核心精神，企圖在廣大用戶使用行動社群平台上，創造出新的行銷缺口。

▲ LINE 官方帳號是台灣商家提供行動服務的最佳首選

後來 Line 官方始終認為行動商務還有很多創新的空間，行動商務會加速原來實體零售業進化的速度，真正和顧客建立起長期的溝通管道。LINE@ 在 2019 年 4 月 18 日開始，更將「LINE@ 生活圈」、「LINE 官方帳號」、「LINE Business Connect」、「LINE Customer Connect」等產品進行服務和功能的整合，LINE 官方帳號的最大特色是用戶使用邏輯變得更加清晰，功能也豐富許多，並將名稱取名為「LINE 官方帳號」，所以只要是 LINE 會員想要創建新的帳號，就必須申請全新的「LINE 官方帳號」，不論是店家或個人都可以免費申請與註冊。

11-1 認識 LINE 官方帳號

各位剛開始接觸 LINE 官方帳號時，一定有許多困惑，到底 LINE 官方帳號和平常我們所用 LINE 個人帳號有何不同：例如 LINE「群組」可以將潛在客戶集結在一起，然後發送商品相關訊息，不過店家不斷丟廣告給消費者已經不是好的行銷手法，現在消費者根本不會買單，加上群組中的任何成員都可以發送訊息，往往會很多有心人士加入群組，然後隨意發送廣告或垃圾訊息。因此所發出的訊息很容易被洗版，每天都要花費心力在封鎖、刪除廣告帳號，成員彼此之間的對話內容也比較不具有隱私性，有些私密問題不適合在群組中公開發問，且 LINE 無法做多人同時管理，造成無法有效管理顧客，而且使用群組也有人數限制，這樣也會造成商家行銷的觸及率也會受限。

▲ LINE 個人帳號的群組訊息很容易被洗版

▲ 加入商家為好友，可不定期看到好康訊息

全新 LINE 官方帳號擁有「無好友上限」的優點，以往 LINE@ 生活圈好友數量八萬的限制，在官方帳號沒有人數限制，還包括許多 LINE 個人帳號沒有的功能，例如：群發訊息、分眾行銷、自動訊息回覆、多元的訊息格式、集點卡、優惠券、問卷調查、數據分析、多人管理…等功能，不僅如此，LINE 官方帳號也允許多人管理，店家也可以針對顧客群發訊息，而顧客的回應訊息只有商家可以看到。

▲ 透過 LINE 官方帳號玩行動行銷，可培養忠實粉絲

此外，我們可以在後台設定多位管理者，來為商家管理階層分層負責各項行銷工作，有效改善店家的管理效率，以利提高的商業利益。這樣的整合無非是企圖將社群力轉化為行銷力，形成新的行動行銷平台，以便協助企業主達成「增加好友」、「分眾行銷」、「品牌互動溝通」等目的，讓實體零售商家能靈活運用官方帳號和其延伸的周邊服務，真正和顧客建立長期的溝通管道。因應行動行銷的時代來臨，LINE 官方帳號的後台管理除了電腦版外，也提供行動裝置版的「LINE Offical Account」的 APP，可以讓店家以行動裝置進行後台管理與商家行銷，更加提高行動行銷的執行效益與方便性。

11-2 LINE 官方帳號功能總覽

LINE 官方帳號是一種全新的溝通方式，類似於 FB 的粉絲團，讓店家可以透過 LINE 帳號推播即時活動訊息給其他企業、店家、甚至是個人，還可以同步打造「行動官網」，任何 LINE 用戶只要搜尋 ID、掃描 QR Code 或是搖一搖手機，就可以加入喜愛店家的官方帳號，在顧客還沒有到店前傳達訊息，並直接回應客戶的需求。商家只要簡單的操作，就可以輕鬆傳送訊息給所有客戶。由於朋友圈中的人們彼此會分享資訊，相互交流間接產生了依賴與歸屬感，除了可以透過聊天方式就可以輕鬆做生意外，甚至包括各種回應顧客訊息的方式及各種商業行銷的曝光管道及機制可以幫忙店家提高業績，還可以結合多種圖文影音的多元訊息推播方式，來提升商家與顧客間的互動行為。

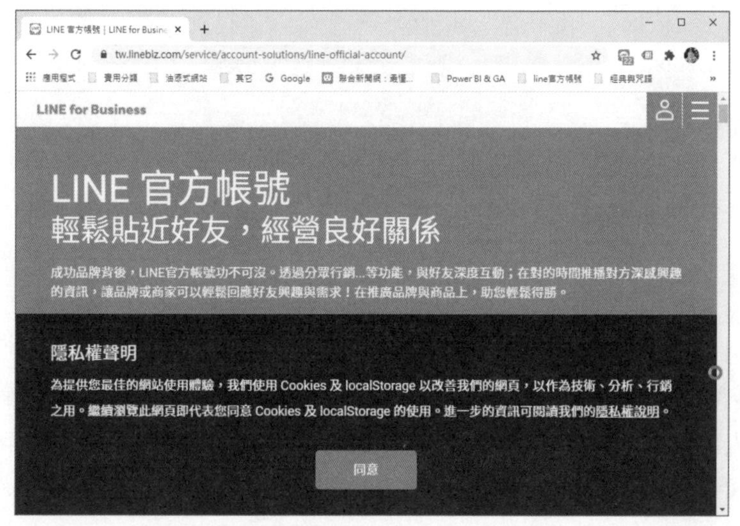

▲ https://tw.linebiz.com/service/account-solutions/line-official-account/

11-2-1　聊天也能蹭出好業績

現代人已經無時無刻都藉由行動裝置緊密連結在一起，LINE 官方帳號的主要特性就是允許各位以最熟悉的聊天方式透過 LINE 輕鬆做行銷，以更簡單及熟悉的方式來管理您的生意。透過官方帳號 APP 可以將私人朋友與顧客的聯絡資料區隔出來，可以讓您以最方便、輕鬆的方式管理顧客的資料，重點是與顧客的關係聯繫可以完全藉助各位最熟悉的聊天方式，LINE 官方帳號也可以私密的一對一對話方式即時回應顧客的需求，可用來拉近消費者距離，其他群組中的好友是不會看到發出的訊息，可以提高顧客與商家交易資訊的隱私性。

說實話，沒有人喜歡不被回應、已讀不回，優質的 LINE 行銷一定要掌握雙向溝通的原則，在非營業時間內，也可以將真人聊天切換為自動回應訊息，只要在自動回應中，將常見問題設定為關鍵字，自動回應功能就如同客服機器人可以幫忙真人回答顧客特定的資訊，不但能降低客服回覆成本，同時也讓用戶能更輕易的找到相關資訊，24 小時不中斷提供最即時的服務。

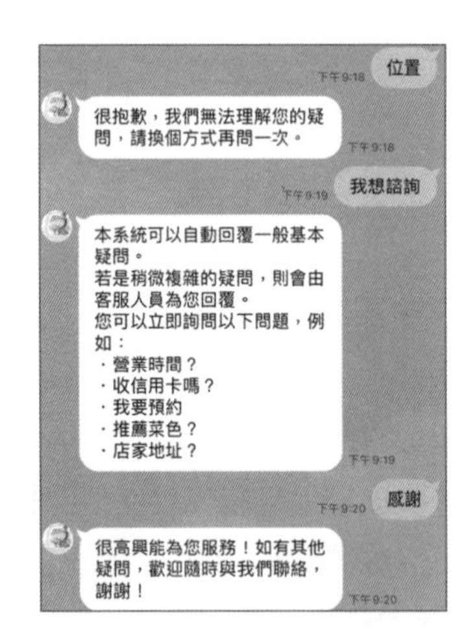

▲ LINE 官方帳號方便商家行動管理

11-2-2 業績翻倍的行銷工具

正所謂「顧客在哪、行銷工具就在哪」，對於 LINE 官方帳號來說，行銷工具的工具相當多，例如商家可以隨意無限制的發送貼文串（類似 FB 的動態消息），不定期地分享商家最新動態及商品最新資訊或活動訊息給客戶，好友們可以在你的投稿內容底下進行留言、按讚或分享。如果投稿的內容被好友按讚，就會將該貼文分享至好友的貼文串上，那麼好友的朋友圈也有機會看到，增加商家的曝光機會。

更具吸引力的地方，除了訊息的回應方式外，LINE 官方帳號提供更多元的互動方式，這其中包括了：電子優惠券、集點卡、分眾群發訊息、圖文選單…等。其中電子優惠經常可以吸引廣大客戶的注意力，尤其是折扣越大買氣也越盛，對業績的提升有相當大的助益。

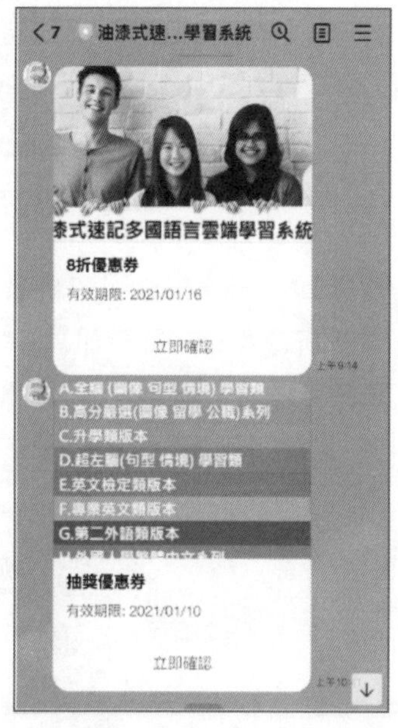

▲ 電子優惠券對業績提升很有幫助

「LINE 集點卡」也是 LINE 官方帳號提供的一項免費服務，除了可以利用 QR Code 或另外產生網址在線上操作集點卡，透過此功能商家可以輕鬆延攬新的客戶或好友，運用集點卡創造更多的顧客回頭率，還能快速累積你的官方帳號好友，增加銷售業績。集點卡提供的設定項目除了款式外，還包括所需收集的點數、集滿點數優惠、有效期限、取卡回饋點數、防止不當使用設定、使用說明、點數贈送畫面設定…等。

▲ Line 集點卡創造更多的顧客回頭率

使用 LINE 官方帳號可以群發訊息給好友，讓店家迅速累積粉絲，也能直接銷售或服務顧客，在群發訊息中，可以透過性別、年齡、地區進行篩選，精準地將訊息發送給一群屬性相似的顧客，這樣好康的行銷工具當然不容錯過。

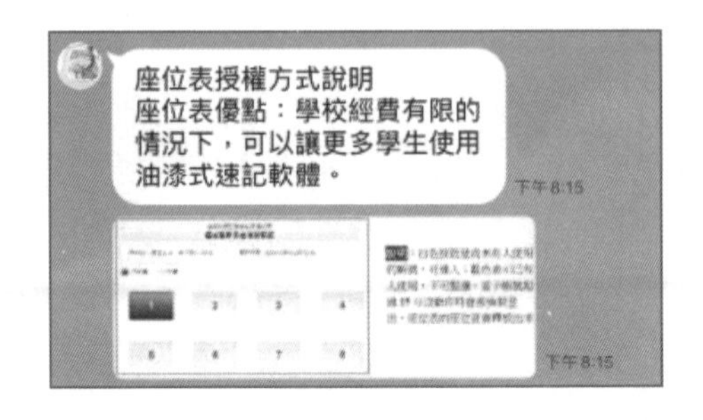

為了大力行銷企業品牌或店家的優惠行銷活動，使用 LINE 官方帳號也可以設計圖文選單內容，引導顧客進行各項功能的選擇，更讓人稱羨的是我們可以將所設計的圖文選單行銷內容以永久置底的方式，將其放在最佳的曝光版位。

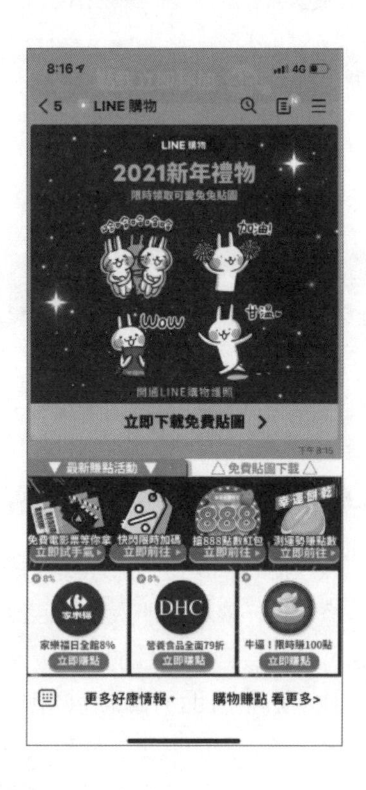

11-2-3　多元商家曝光方式

經營 LINE 官方帳號沒有捷徑，當然必須要有做足事前的準備，不夠完整或過時的資訊會顯得品牌不夠專業，在商家資訊的提供方面，盡可能在行動官網刊載店家的營業時間、地址、商品等相關資訊，假設你開設的是實體商店，並希望增加在地化搜尋機會，那麼填寫地址、當地營業時間是非常重要的。讓這些資訊得以在網路上公開搜尋得到，增加商店曝光的機會。

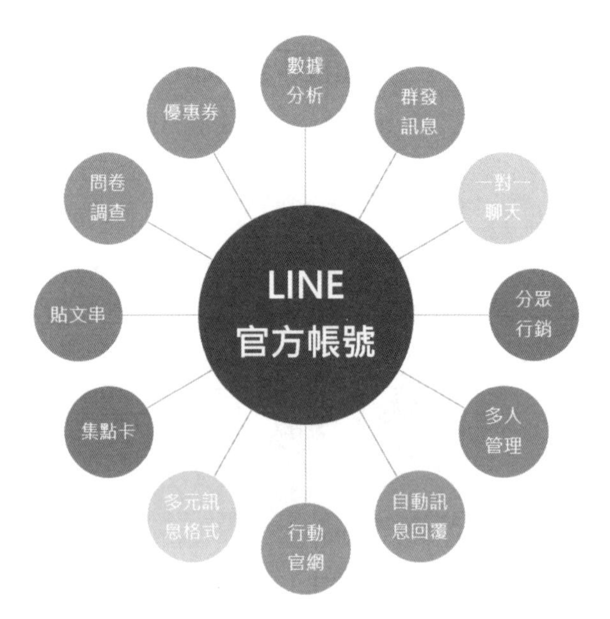

▲ LINE 官方帳號擁有許多的優點

任何 LINE 用戶只要搜尋「官方帳號 ID」、「官方帳號網址」、「官方帳號行動條碼」、「官方帳號連結鈕」等方式，就可以加入喜愛店家的 LINE 官方帳號，在顧客還沒有到店前傳達訊息，並直接回應客戶的需求，像是預約訂位或活動諮詢等，實體店家也可以利用定位服務（LBS）鎖定生活圈 5 公里的潛在顧客進行廣告行銷，顧客只要加入指定活動店家的帳號，即可收到店家推播的專屬優惠。所以如果你擁有實體的店面的商家，更適合申請 LINE 官方帳號，讓商家免費為自己的商品做行銷。

11-3 帳號類型與管理方式

LINE 官方帳號 2.0 區分為「一般帳號」、「認證帳號」、「企業帳號」三種類型，分別以灰盾、藍盾、綠盾不同的盾牌顏色來加以識別，不同類型的官方帳號所擁有的功能也有些微不同，接下來就來介紹這三種帳號類型在申請身分、曝光機會與審核條件的不同。

11-3-1 一般帳號

一般帳號是任何人都可以申請和擁有的帳號，而且不需要經過審核，也不需要付年費，小商家或店面都可以使用此類型帳號來進行行銷，這類型的帳號會顯示灰色盾牌，只提供 1 對 1 聊天、群發訊息、「自動回應訊息」、「加入好友的歡迎訊息」等基本功能，同時也具備了跨平台、多人同步操作的特性，如果想要有更多功能的使用，不妨考慮付費方式或申請專屬 ID。一般帳號的 ID 會在 @ 後方加上 3 位數英文字母、4 位阿拉伯數字、1 位數英字母，如：「@rxe2351k」，這是系統自動產生的 LINE@ ID，通常較不容易記憶。購買專屬獨一無二的專屬 ID 最大的好處是可以提高商家或公司行號品牌的識別度，不僅顧客好記又易於搜尋，官方聲稱好友人數平均較一般帳號多 10 倍，而且只要是符合 LINE 官方審核條件的合法公司行號、組織或商家店面，如果有購買專屬 ID 可以免費申請認證帳號。目前 LINE@ 一般帳號，只能透過手機 APP 申請。

11-3-2 認證帳號

認證帳號會在帳號名稱前顯示有藍色星形盾牌的圖示，新版認證帳號規定必須購買專屬 ID，而且是通過審核的合法企業、商家或組織才行。擁有好記的 ID 名稱可以讓你的帳號更容易被搜尋到，也可以快速擴展好友數目，特別是以品牌作為專屬 ID 時，不但可以統一對外的名稱，也讓消費者更好辨識，提升品牌的形象。

專屬 ID 必須購買加值服務或支付專屬 ID 費用後才能取得，購買專屬 ID 並不昂貴，安卓用戶或是電腦版用戶只需繳交 720 元的年費，而 IOS 用戶則是 1038 元。專屬 ID 讓用戶在 @ 之後指定特定的名稱，但最多 18 個字，且系統僅能使用半形英數及「.」、「_」、「-」的符號，若要選用的 ID 已被其他帳戶所使用，則必須重新設定。認證帳號可以在官方列表、好友列表中搜尋得到，而且還可以在電腦版管理後台製作海報，另外，還可在 LINE SPOT、Google 地圖中都能找到您的店家資訊。其中 LINE SPOT 這項功能，可以讓消費者輕鬆搜尋所在地鄰近的店家資訊及各店家的特惠活動。

11-3-3 企業帳號

早期官方帳號是顯示綠色盾牌，必須是特定業種才可申請，而且須通過 LINE 公司的審核作業才能取得。這些認證帳號可以出現在官方帳號列表中，可讓其他用戶搜尋得到，並且擁有製作海報功能。而在新方案中，這些認證帳號已定義為「企業帳號」，這些帳號須符合積極經營好友關係之認定，且由 LINE 官方主動提供此認證。

一般帳號擁有基本功能，至於認證帳號則除了基本功能外，還有一些基本審核功能，其中部分功能需要額外計費，而企業帳號則更多了進階審核，例如自訂廣告受眾（Custom Audience Message）、通知訊息（Notification Message），和認證帳號類似，部分功能需要額外計費。下圖說明了這三種 LINE 官方帳號功能摘要，從圖中各位可以看出，一般官方帳號功能最少，其次認證官方帳號，功能最多則是企業官方帳號：

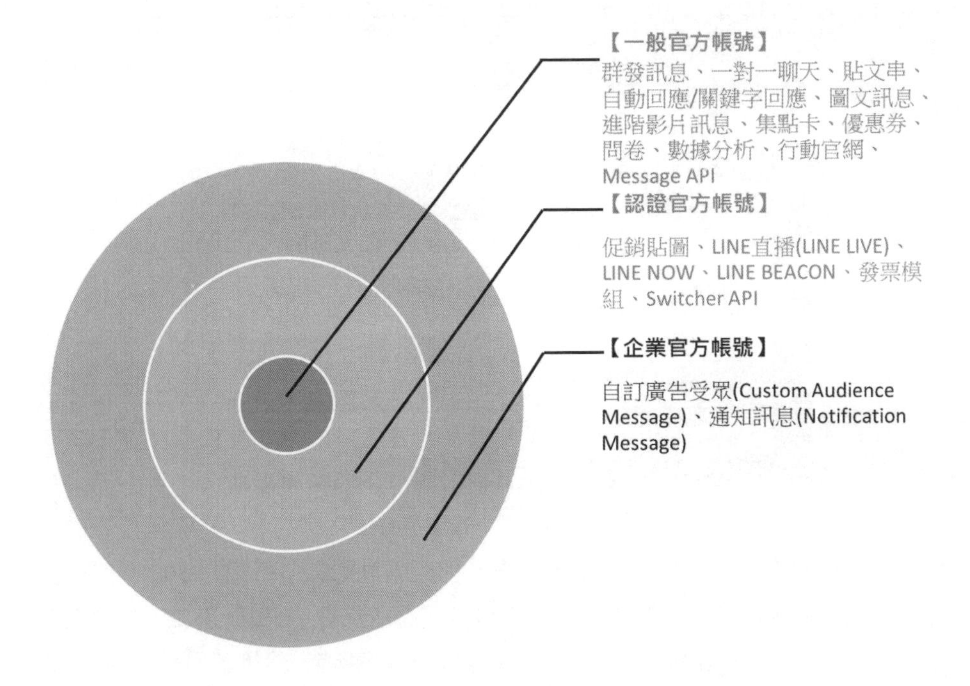

11-3-4 LINE 官方帳號等級說明

隨著越來越多的流量移轉到行動裝置上，你會發現行銷人員如今一切都以手機為優先考量，LINE 官方帳號是一種非常實用的行動社群行銷工具，更重要的後台基礎功能通通都是一律 0 元啟用。當各位升級或申請 LINE 官方帳號 2.0 後，「LINE 官方帳號」雖然擁有許多收費方案，店家貨品牌可以在行銷設計中體現行動端優先、並主動抓住消費者的注意力，不過建議不妨先使用「輕用量」的免費專案，等待熟悉各種 LINE 官方帳號所提供的行銷利器後，再可以視商家本身的需求及官方帳號好友數的規模，再來選擇適宜的費用方案。目前 LINE 官方帳號是以訊息的發送量的三個等級來設定費用的方案，分別區分為「輕用量」、「中用量」、「高用量」，如果各位想進一步了解這三種方案的費用說明，可以參考底下的網址：

https://tw.linebiz.com/service/account-solutions/line-official-account/

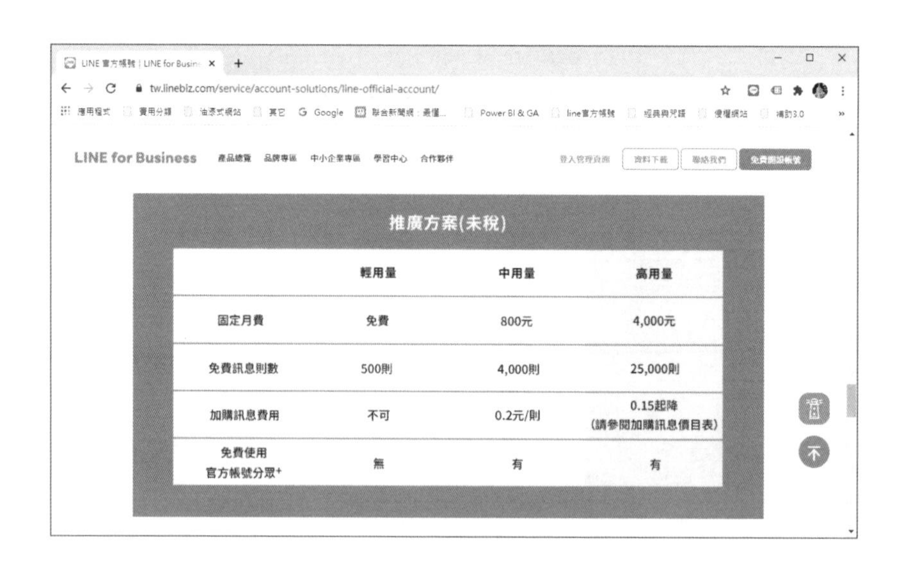

	輕用量	中用量	高用量
固定月費	免費	800元	4,000元
免費訊息則數	500則	4,000則	25,000則
加購訊息費用	不可	0.2元/則	0.15起降 (請參閱加購訊息價目表)
免費使用 官方帳號分眾+	無	有	有

例如上面網頁中的「輕用量」方案中的「免費訊息則數」每個月 500 則的計算方式，是以群發訊息「好友數」乘上「發送訊息的次數」。舉例來說，如果商家目前有 50 位好友，當你透過官方帳號群發一則訊息時，就代表用掉了 50 則訊息則數的用量，如果每次發送訊息都一次傳給 50 位好友，那一個月最多只能發送 10 次行銷訊息。

又例如當你的好友數超過 500 人，假設 700 人，這種情況下如果是在「輕用量」的免費方案，就無法發送訊息給所有的朋友，除非是透過「分眾」篩選過濾出精準的目標客群，並且目標客群人數是小於 500 人以下，假設 250 人，則一個月頂多發送 2 次訊息，超過 2 次就會超出「輕用量」的免費訊息則數，因此當好友數越來越多，就有必要視每個月發送訊息則數的需求，調高到「中用量」或「高用量」的方案，才可以讓商家行銷工作不會綁手綁腳。

11-3-5　LINE 官方帳號管理後台

為了方便各店家小編們可以分工合作，官方帳號的管理後台還支援多人同時管理，這樣就可以大幅提高你的帳號管理的效率。另外，不論是使用 LINE 官方帳號電腦管理後台或是官方帳號 App 版，都可以幫助商家來使用 LINE 官方帳號進行管理或行銷商家訊息。

▲ LINE 官方帳號電腦版管理後台

▲ LINE 官方帳號 APP 版管理後台

11-4 申請一般帳號

前面提到過一般官方帳號是任何人都可以申請和擁有的帳號，不但步驟簡單，更無須進行繁複的審核流程，唯一的限制只有「申請者必須具備 LINE 帳號」這個條件而已，只要拿到帳號，立馬就可給每一位有使用 LINE 的好友。接下來就來示範如何以建立新帳號的方式申請 LINE 官方帳號。首先如果您要在網頁上申請 LINE 官方帳號，請開啟瀏覽器連上「LINE for Business」官網的首頁（https://tw.linebiz.com/），操作步驟如下：

於此按「免費開設帳號」鈕

於此按「免費開設帳號」鈕

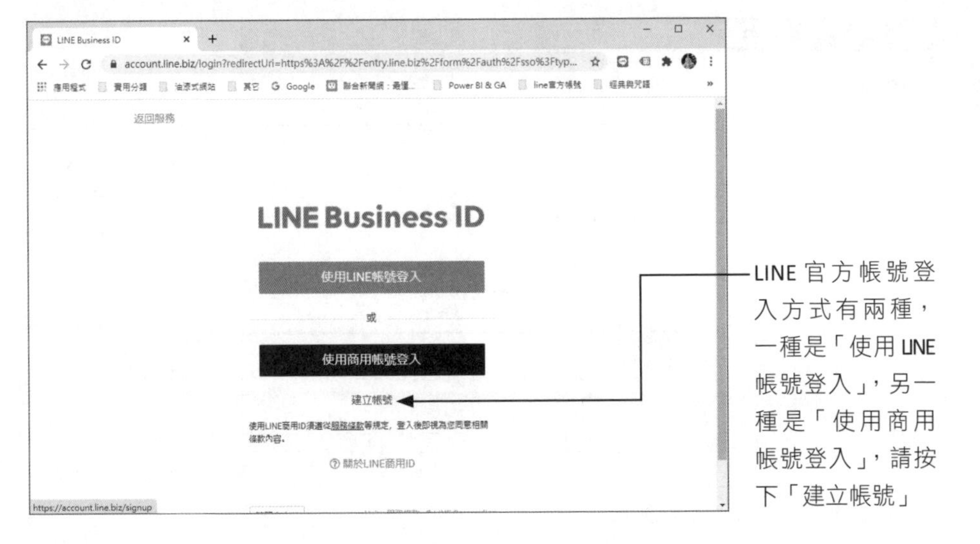

LINE 官方帳號登入方式有兩種，一種是「使用 LINE 帳號登入」，另一種是「使用商用帳號登入」，請按下「建立帳號」

為了可以和 LINE 個人帳號有所區別，建議準備另一組電子郵件與密碼，再選按「使用電子郵件帳號註冊」

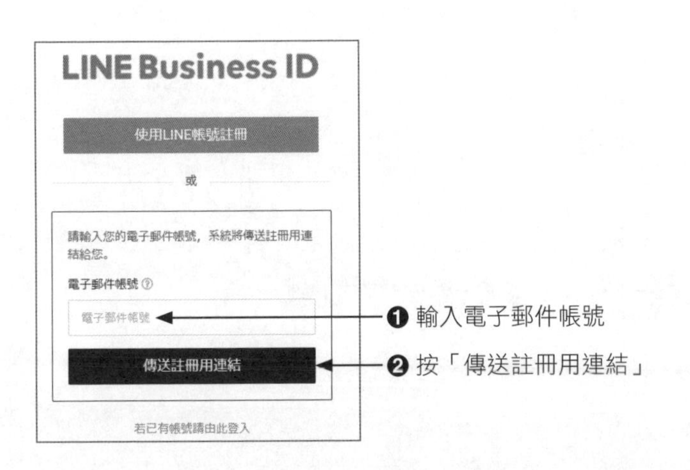

❶ 輸入電子郵件帳號

❷ 按「傳送註冊用連結」

[LINE商用ID] 註冊用連結
LINE <noreply@linecorp.com>
LINE Business ID
在此傳送LINE商用ID的註冊用連結給您。
請點選「前往註冊畫面」以進行註冊。此按鍵中的連結24小時內有效。
前往註冊畫面
❶ 開啟各位的電子郵件信箱收信，會看到主旨為 [LINE 商用 ID] 註冊用連結
❷ 請按「前往註冊畫面」鈕

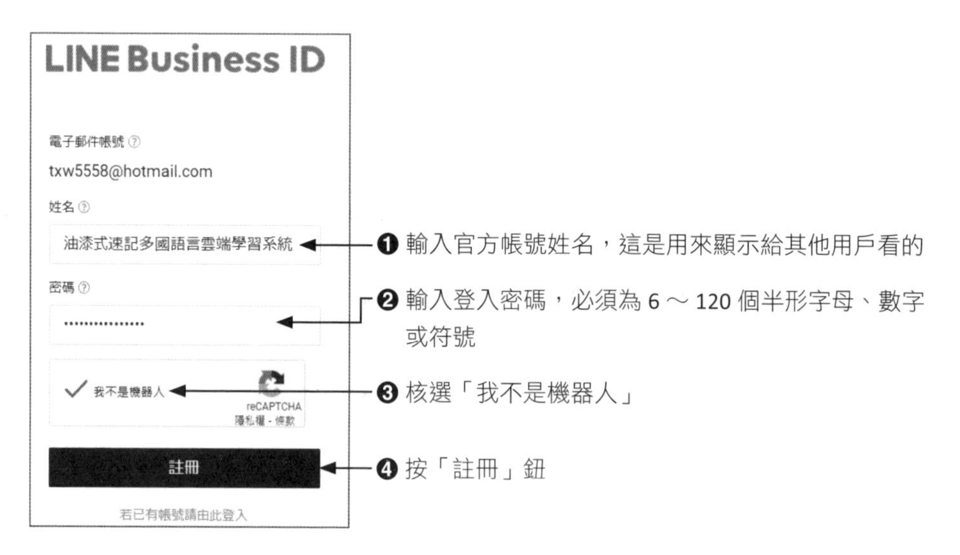

LINE Business ID
電子郵件帳號
txw5558@hotmail.com
姓名
油漆式速記多國語言雲端學習系統
密碼
我不是機器人
reCAPTCHA
註冊
若已有帳號請由此登入
❶ 輸入官方帳號姓名，這是用來顯示給其他用戶看的
❷ 輸入登入密碼，必須為 6 ～ 120 個半形字母、數字或符號
❸ 核選「我不是機器人」
❹ 按「註冊」鈕

LINE Business ID
姓名
油漆式速記多國語言雲端學習系統
電子郵件帳號
txw5558@hotmail.com
密碼
****
編輯
完成
出現此畫面，再按「完成」鈕

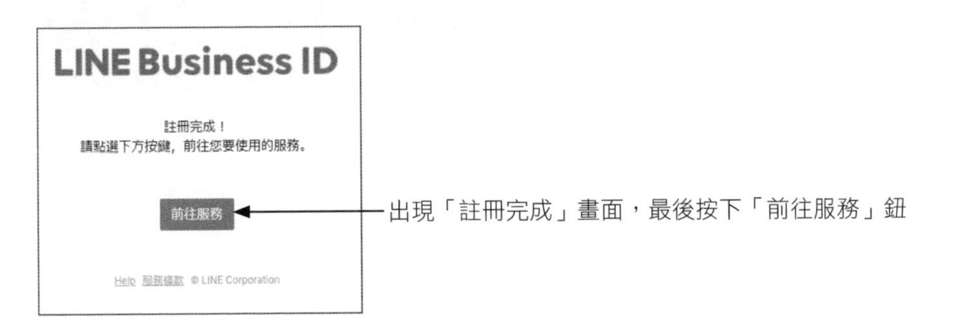
LINE Business ID
註冊完成！
請點選下方按鍵，前往您要使用的服務。
前往服務
Help 服務條款 © LINE Corporation
出現「註冊完成」畫面，最後按下「前往服務」鈕

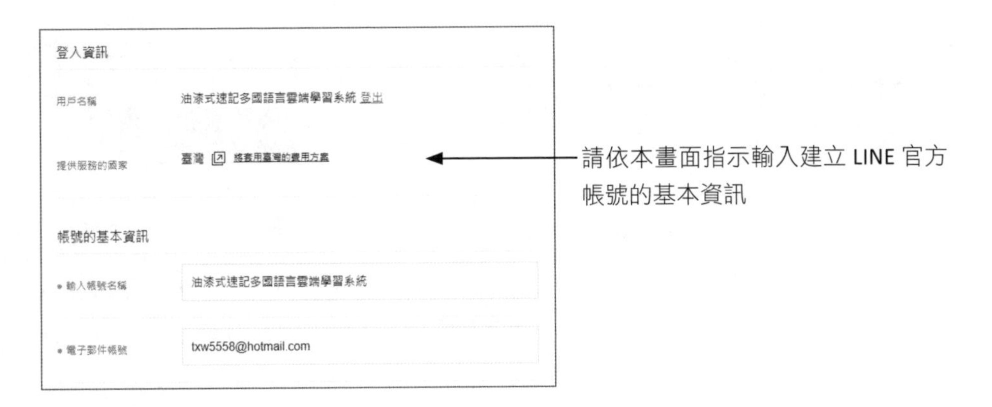
登入資訊
用戶名稱
油漆式速記多國語言雲端學習系統 登出
提供服務的國家
臺灣
帳號的基本資訊
輸入帳號名稱
油漆式速記多國語言雲端學習系統
電子郵件帳號
txw5558@hotmail.com
請依本畫面指示輸入建立 LINE 官方帳號的基本資訊

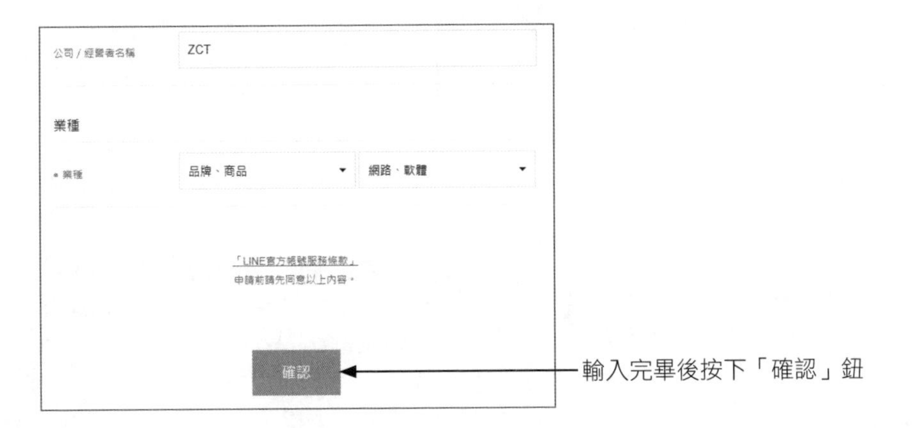
公司 / 經營者名稱
ZCT
業種
業種
品牌、商品
網路、軟體
「LINE官方帳號服務條款」
申請前請先同意以上內容。
確認
輸入完畢後按下「確認」鈕

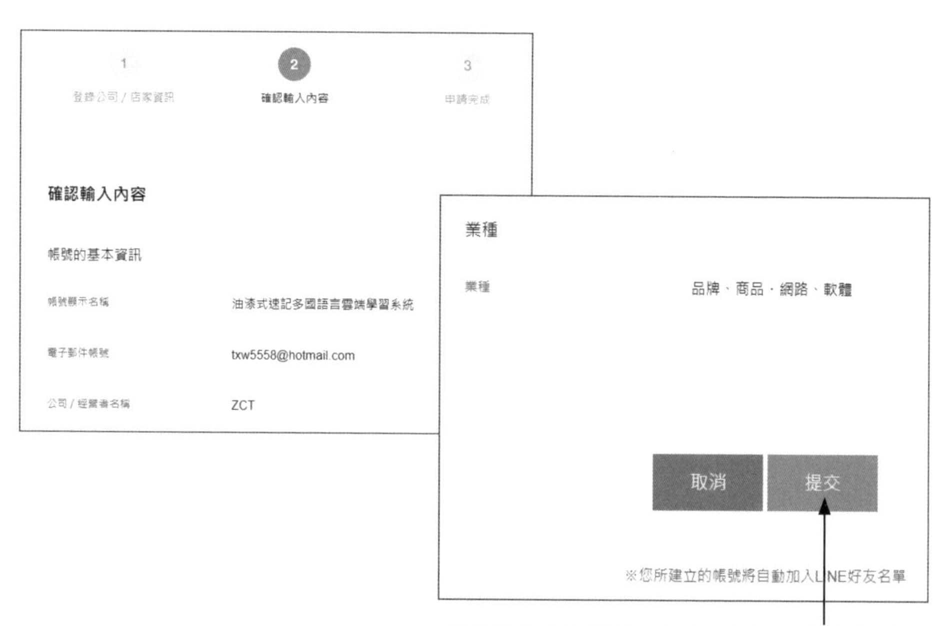

接著進入「確認輸入內容」頁面，如果帳號的基本資訊沒問題，最後按「提交」鈕

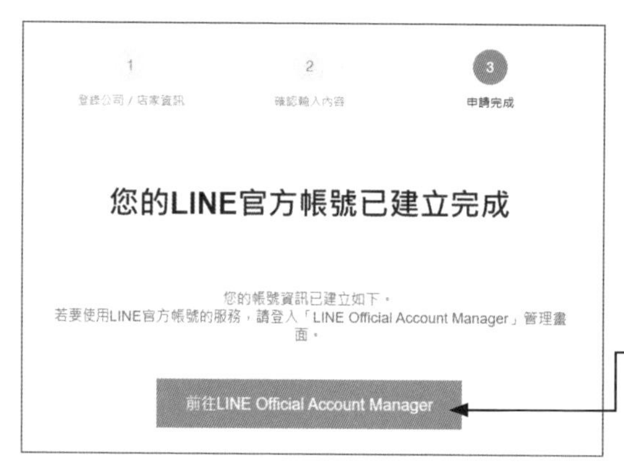

出現此畫面表示官方帳號已建立完成，請點按「前往 LINE Official Account Manager」鈕

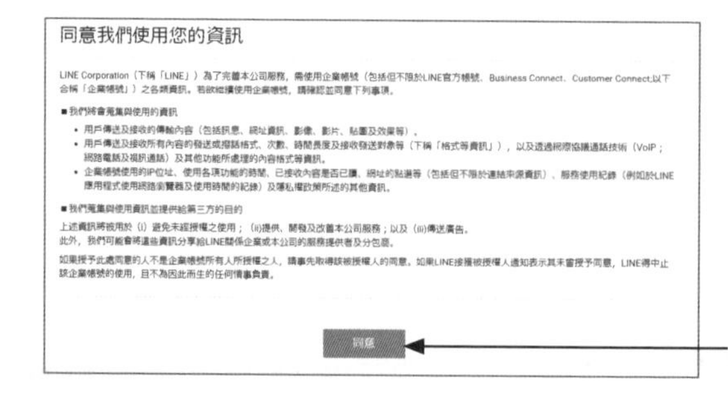

看完相關條文後按下「同意」鈕

接著會進入官方帳號管理畫面，並會在畫面中間出現如圖的歡迎畫面，請直接按下「略過」鈕

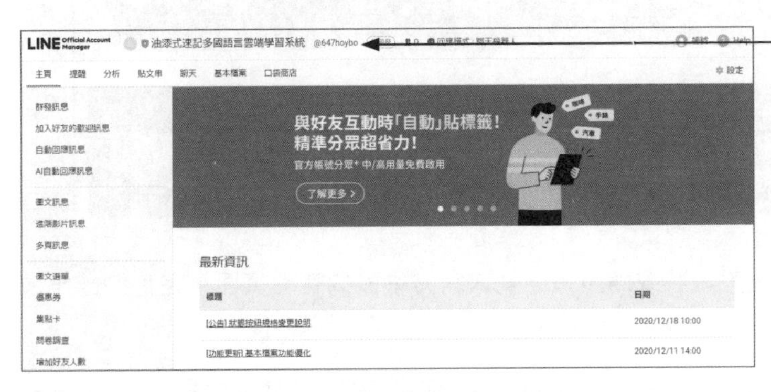

在官方帳號管理畫面的上方就可以看到各位所申請的官方帳號的名稱與系統隨機產生的一組 ID

在官方帳號管理畫面的上方就可以看到各位所申請的官方帳號的名稱與系統隨機產生的一組 ID

11-4-1 登入電腦版管理介面

之前跟各位提過除了使用手機管理外，也可以使用官方帳號電腦版管理後台來管理帳號。官方帳號電腦版後台可以做宣傳頁面、製作海報、調查頁面、新增操作人員或權限變更等，這些都是手機板所沒有的功能。如果想要進行較完整功能的設定與管理，建議使用電腦版管理後台登入。首先請在電腦上開啟瀏覽器，並進入 LINE 官方帳號登入管理頁面，網址如下：

https://tw.linebiz.com/login/

接著再透過 LINE 個人帳號或商用帳號登入官方帳號的管理頁面，完整的操作過程示範如下：

1. 於瀏覽器輸入網址 https://tw.linebiz.com/login/ 連上「登入管理頁面」，接著往下滑動網頁，找到「登入管理頁面」鈕：

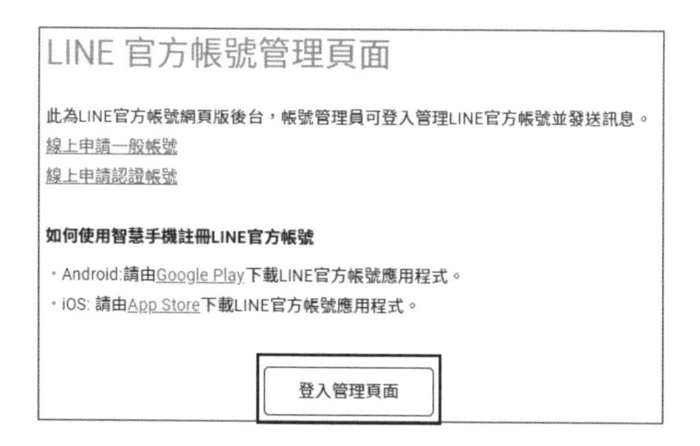

2. 接著依自己申請官方帳號的情況，選擇使用「使用 LINE 帳號登入」或「使用商用帳號登入」，因為先前筆者是以新建帳號的方式，所以這個地方筆者按下「使用商用帳號登入」鈕：

3. 接著輸入先前申請商用帳號的電子郵件及密碼，並自行決定是否要勾選「下次起自動登入」核取方塊，最後再按下「登入」鈕。

11-4-2 官方帳號管理畫面

當各位順利登入 LINE 官方帳號管理畫面後，會在帳號一覽處看到已建立過的官方帳號，各位只要選按自己所建立的帳號名稱，就會進入官方帳號的管理畫面：

下圖就是 LINE 官方帳號的管理畫面，各位可以在不同的標籤間進行切換，來幫助商家進行各種訊息發送、建立優惠券、集點卡、訊息結果提醒、數據分析、訊息回覆、基本資料設定…等工作。

包括大頭貼與帳號名稱、ID、使用方案、好友人數、回應模式。

各標籤功能簡介如下：

- **主頁標籤：**包括設定群發訊息、加入好友的歡迎訊息、自動回應訊息、AI 自動回應訊息、圖文訊息、進階影片訊息、多頁訊息、圖文選單、優惠券、集點卡、問卷調查、增加好友人數等功能。
- **提醒標籤：**最新資訊、群發訊息、帳號滿意度調查、貼文串、預約…等的各種類型的提醒。
- **分析標籤：**分析好友數、訊息數量、聊天情況、貼文串、優惠券、集點卡等各種情況。
- **貼文串標籤：**查看各種貼文一覽、建立新貼文與貼文的設定。
- **聊天標籤：**如果處於聊天機器人模式時，無法使用聊天功能。各位必須先變更為聊天模式，才可手動傳送訊息給好友。但是當處於聊天模式時，則可以設定回應時間。若於非回應時間收到訊息，系統將傳送自動回應訊息代您回覆。
- **基本檔案標籤：**會進入基本檔案的頁面設定。

■ **口袋商店標籤**：LINE 口袋商店是一款幫助 LINE 官方帳號線上賣家的最新服務，此標籤會開啟如何申請口袋商店的相關說明。

■ **功能表**：會顯示各種標籤的功能選單，以「主頁」標籤為例，其功能選單如下：

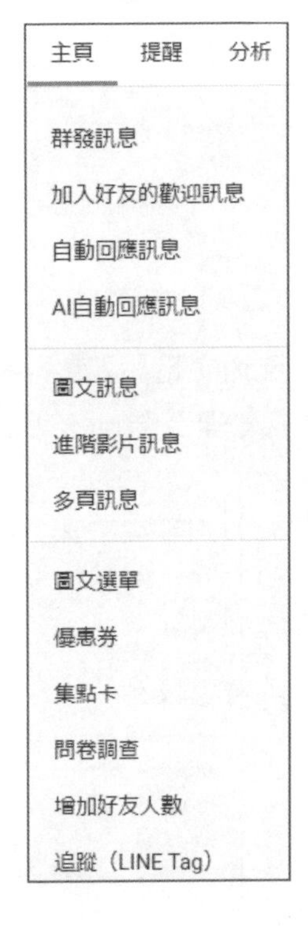

■ **編輯區**：會根據所切換的標籤或功能，於這個區域顯示相關的編輯內容。下圖為「主頁」標籤的編輯區。

至於按下「帳號」可以進行各種和帳號相關的設定工作。

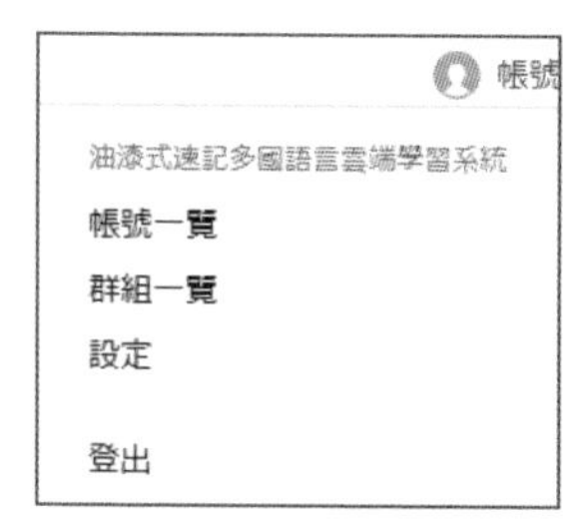

至於按下「設定」可以進行各種和官方帳號、權限、帳務…等相關的設定工作與管理工作。

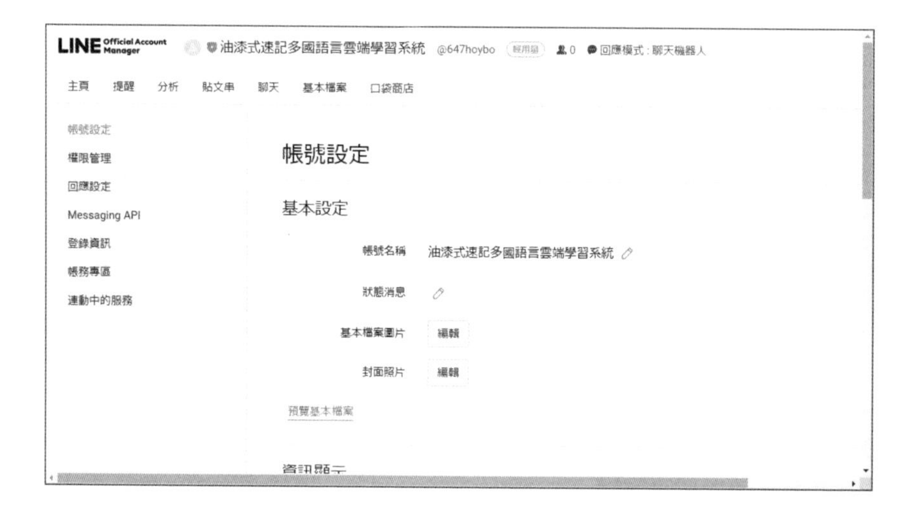

如果對官方帳號的使用上有需要一些線上文件協助，按下「Help」會提供操作教學手冊及常見問題等線上輔助學習資源。

11-4-3 大頭貼與封面照片

完成帳號建立後，下一步就是設定帳號的各種基本資訊，當我們在 LINE 裡面點選某一帳號時，首先跳出的小畫面，或是按下「主頁」鈕所看到的畫面就是「主頁封面」。「主頁封面」照片關係到店家的品牌形象，假如不做設定，好友看到的只是一張藍灰色的底，這樣就無法凸顯出店家想表現的特色。主頁封面或大頭貼照，主要是讓用戶對你的品牌或形象產生影響和聯結，主頁封面是佔據官方帳號版面最大版面的圖片，所以在加入好友之前，一定要先設定好主頁封面照片，一開始就要努力緊抓粉絲的視覺動線，這樣才能凸顯帳號的特色。

主頁封面照片

主頁封面照片

從設計上來看，各位最好嘗試整合大頭照與封面照，例如在大頭貼部分，我們將選擇上傳店家的 Logo 或專屬商標，主頁封面則是展現出店內的特色景觀，加上運用創意且吸睛的配色，讓你的品牌被一眼認出。由 LINE 官方帳號進行「大頭貼」及「封面照片」的設定時，請切換到「首頁」並選按「設定」鈕，於「帳號設定 / 基本設定」的「基本檔案圖片」右側的「編輯」鈕可以設定大頭貼，目前基本檔案圖片的圖片規格需求如下：

> 檔案格式：JPG、JPEG、PNG
> 檔案容量：3MB 以下
> 建議圖片尺寸：640px × 640px

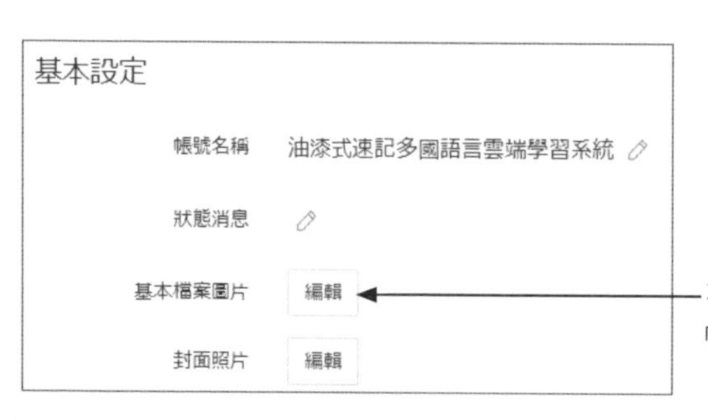

在電腦後台管理頁頁按下「設定」鈕

在「帳號設定 / 基本設定」底下的「基本檔案圖片」右側的「編輯」鈕

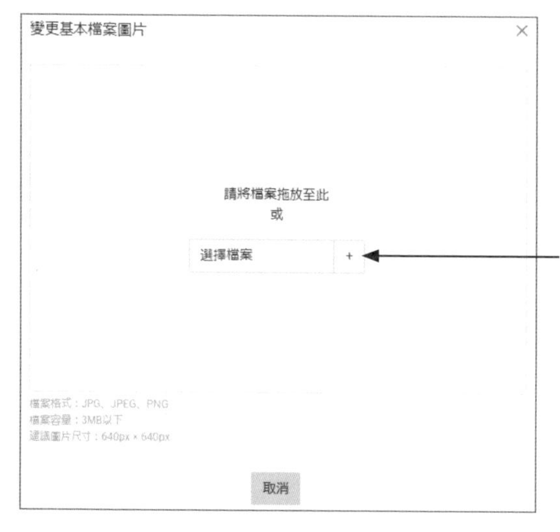

直接將圖片檔案拖放至此或按「+」鈕選擇檔案

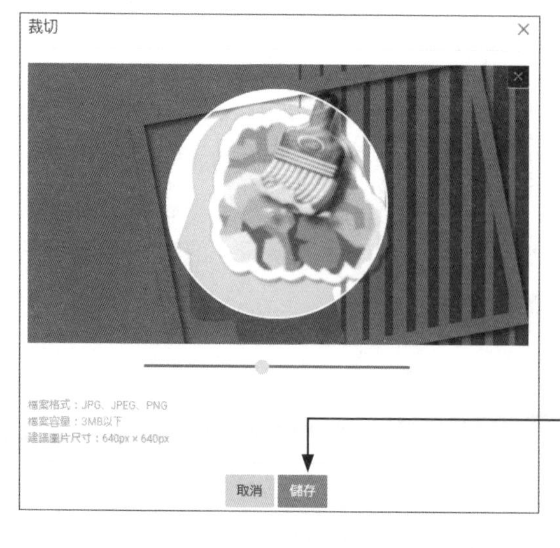

選取檔案後適檔裁切圖片的範圍，最後按下「儲存」鈕

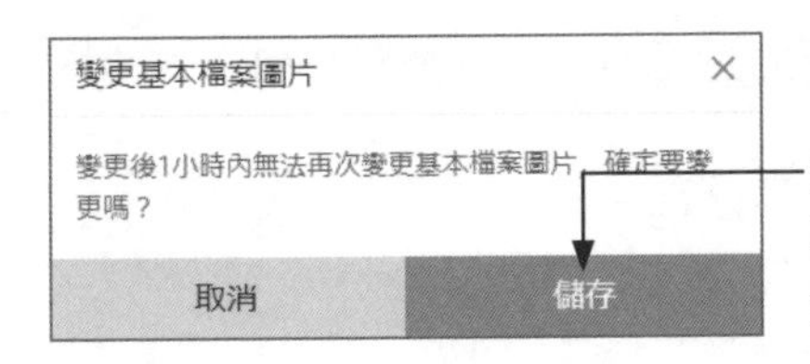

接著會出現此提醒視窗告知變更後 1 小時內無法再次變更基本檔案圖片，如果確定要變更圖片，請再按下「儲存」鈕

同理請於「封面照片」右側的「編輯」鈕可以加入官方建議的封面照片的尺寸大小，各位可以選擇現有的照片或直接使用相機進行拍攝，目前基本檔案圖片的圖片規格需求如下：

檔案格式：JPG、JPEG、PNG
檔案容量：3MB 以下
建議圖片尺寸：1080px × 878px

如果需裁切範圍請自行按下「裁切範圍」鈕進行設定，裁切好想要的圖片範圍後，就可以按下「套用」鈕。

接著會出現如下圖的詢問視窗，如果要將新的封面照片張貼至貼文串，則請按下「貼文」鈕。

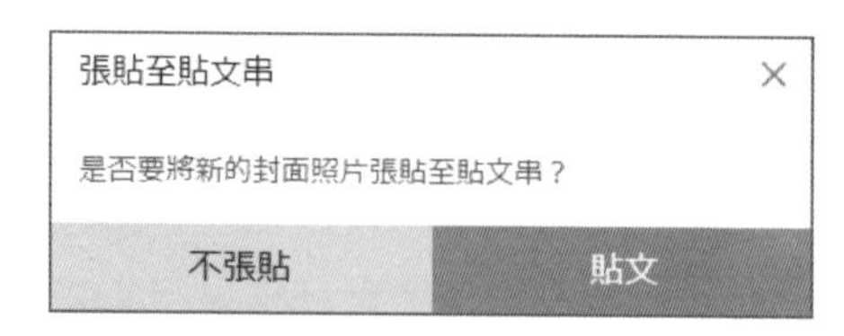

11-4-4　變更狀態消息

在好友列表中，通常帳號名稱後方有時會出現一排比較小的文字，這排文字就是「狀態消息」，例如讓顧客知道店家已經有了自己的新官方帳號，這裡設定的文字可以幫助商家被搜尋到，增加曝光機會，善用它也可以增加好友的認同感。

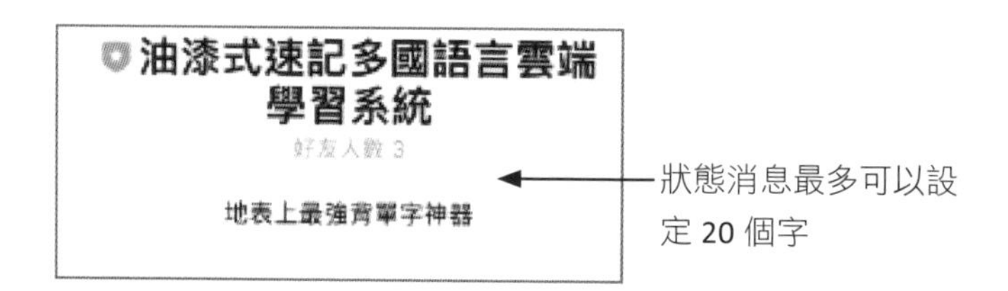

你可以在狀態消息中設定與商店有關且易懂的關鍵字，以便宣傳帳號內商店的特色或資訊。如果進行狀態消息變更，一小時內將不得再次變更。如果要從電腦版管理後台進行變更，請於官方帳號管理頁面的「主頁」標籤按右側的 設定 鈕，於「帳號設定 / 基本設定」選按「狀態消息」右側的 鈕圖示。

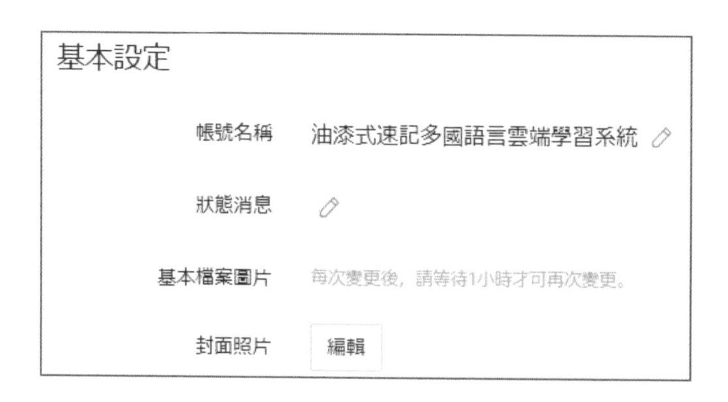

接著設定 20 個字以內的狀態消息顯示的文字，設定完畢後記得按下「儲存」鈕。

基本設定

帳號名稱　油漆式速記多國語言雲端學習系統

狀態消息　地表上最強背單字神器　儲存　10/20

基本檔案圖片　每次變更後，請等待1小時才可再次變更。

同樣地，會接著出現如下圖的警告視窗，告知你變更後 1 小時內無法再次修改，最後請再按下「儲存」鈕完成變更狀態消息的設定工作。

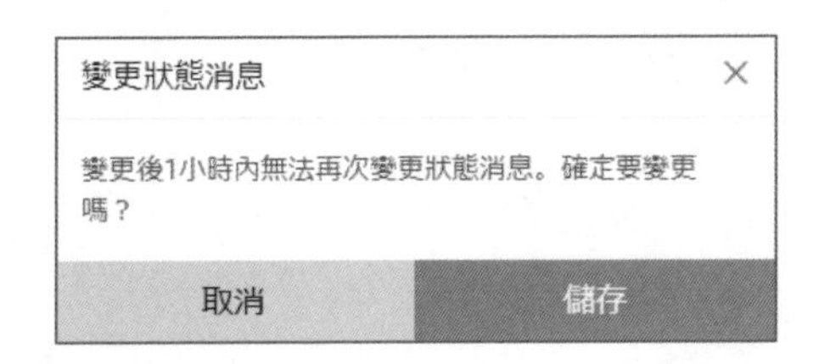

11-4-5　基本檔案的魅力

基本檔案的建立主要是設定商家的基本資訊，基本資料填寫越詳細對好友 / 目標受眾在搜尋上有很大的幫助，包括營業時間、商家介紹、商家的網址…等，這些檔案的資訊，有助於讓好友快速了解的重點資訊，更多一個給消費者快速查找的管道，也不是一件壞事。首先請在官方帳號的管理畫面，切換到「基本檔案」標籤，接著會開啟一個「基本檔案的頁面設定」，這些基本檔案除了有官方帳號的大頭貼照的預覽及狀態訊息外，也可以修改官方帳號的基本資訊，但是要切換到另一個頁面時，記得要按下「儲存」鈕才可以將所修正的內容更新。

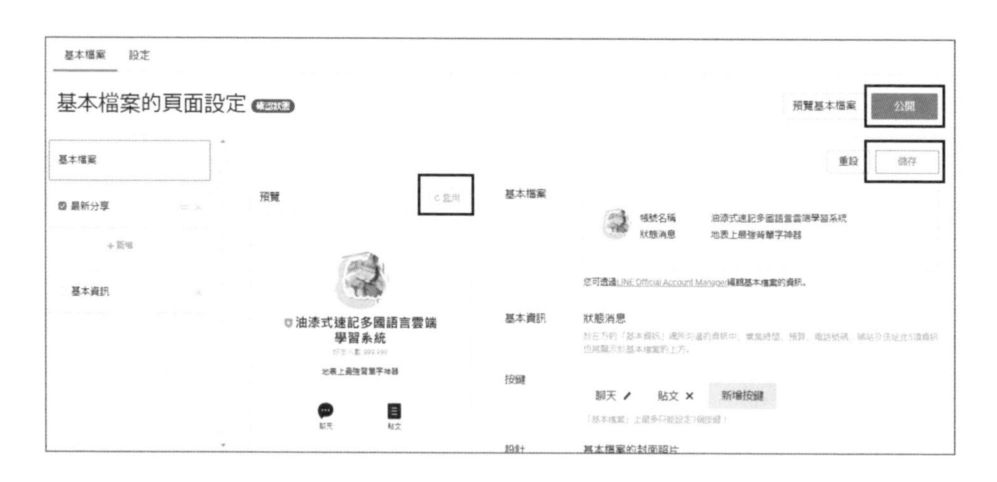

這個基本檔案的頁面設定，還可以切換到「設定」標籤，可允許管理者做進階設定，例如：位置資訊的變更，如下圖所示：

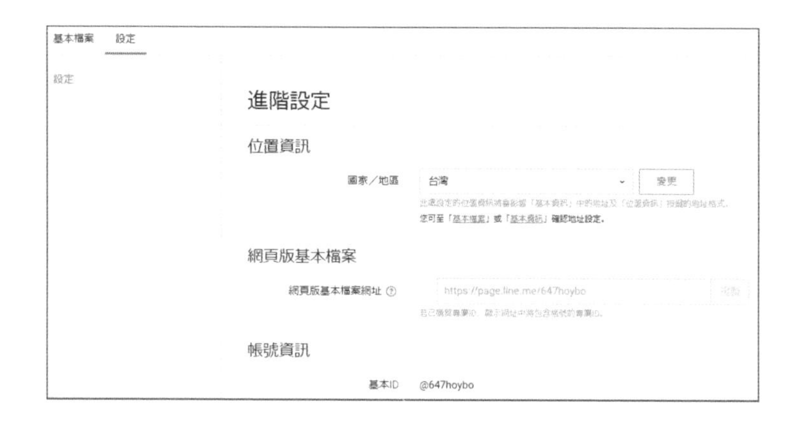

各位也可以於左側按下「基本資訊」，這個設定區塊可以讓商家勾選打算公開給顧客的資訊，例如：營業時間、網址、電話…等，當完成基本檔案的頁面設定工作後，記得要先按下「儲存」鈕存下這些修改的設定，一切無誤後，最後再按下「套用」鈕就可以預覽目前設定的資訊，各位也可以勾選要公開的基本資訊，最後再按下「公開」鈕即可。

LINE Official Account Manager
油漆式速記多國語言雲端學習系統
基本檔案
設定
基本檔案的頁面設定
預覽基本檔案
公開
重設
複製
儲存
基本檔案
最新分享
+新增
基本資訊
預覽
介紹
最適合多國語言學習的入口網站
14/30
營業時間
週一
週二
週三
週四
週五
週六
週日
直接輸入
+新增時段
最適合多國語言學習的入口網站
週日 00:00 - 00:00
https://pmm.zct.com.tw/trial/
0/30
預算
$ (TW, NTD)

買氣紅不讓的官方帳號經營眉角

今天行銷人員面對行動通路的擴張與消費者互動率提升的事實，如何提供更豐富的用戶體驗已經成為品牌的共識，LINE 平台的盛行，讓台灣店家們有了全新的行銷管道。LINE 官方帳號能藉由專屬帳號與好友互動，並能串連與好友之間的生活圈，就有機會拉近彼此的關係，將線上的好友轉成實際消費顧客群，並定期更新動態訊息，爭取最大的品牌曝光機會。各位如果期望透過 LINE 官方帳號行銷，那麼首先你就該懂得如何包裝你的商品與服務，官方帳號的經營不只是技術，更是一門藝術，好友絕對不是為了買東西而來，特別是內容絕對是吸引人潮與否最重要的因素之一，本章內容就要為各位介紹買氣紅不讓的帳號經營攻略。

12-1 呼朋引伴集客心要

經營官方帳號就跟開店一樣，特別是剛開立時，商家想讓帳號可以觸及更多的人，就是要吸引那些認同你、喜歡你、需要你的好友，簡單來說，就像在談戀愛一樣，進行自家商品的行銷推廣，商家想讓官方帳號可以觸及更多的人，首先好友數目當然不可少，擁有越多的好友時，當貼文或訊息一發佈出去，立馬讓所有好友都看得到。LINE 官方帳號提供多種獲取好的方式，不管是 LINE、Facebook、Twitter、電子郵件…等，各種的社群網站上的好友，都可以有效的告知他們你已將開始使用 LINE 官方帳號，讓他們可以用最簡便的方式就能輕鬆將你加為好友。

▲ 經營官方帳號就跟開店一樣

如果顧客想與商家所建立的官方帳號成為好友，只要顧客已安裝好 LINE，就可以直接透過「官方帳號 ID」進行搜尋，就可以與所搜尋的官方帳號成為好友。除了這個方式外，各位也可透過分享官方帳號的行動條碼、在網站上設置連結按鍵，或在將官方帳號的網址貼至所要發佈的社群或網站上等數種方式來宣傳帳號，吸引更多用戶加入好友！

12-1-1 官方帳號 ID

店家要提供完整的官方帳號 ID（必須包含 @ 字元）給顧客，如此一來，顧客就可以透過 ID 搜尋的方式加入好友。那麼要如何查詢到商家的官方帳號 ID 呢？各位可於官方帳號管理畫面中的最上方有關官方帳號資訊中找到 ID，請記住，在利用 ID 搜尋官方帳號時，必須輸入完整的 ID，即必須包括 @ 字元，例如下圖的的「@647hoybo」：

接下來就來示範如何於 iOS 版本的 LINE 以 ID 搜尋好友的方式來與商家的官方帳號成為好友。

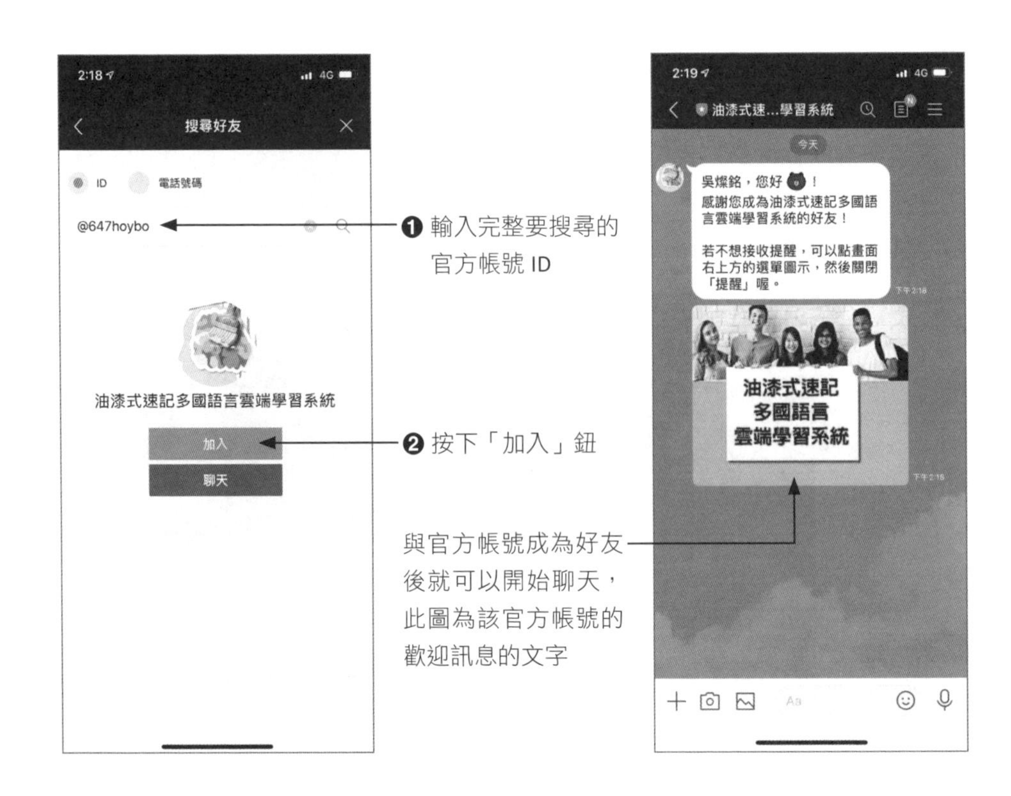

12-1-2　官方帳號網址

在官方帳號管理畫面的「主頁」中點選「增加好友人數」，將會出現此視窗，點選「複製」鈕即可複製該網址，再將網址貼至所要發佈的社群或網站上或電子郵件分享給更多用戶，用戶可前往此網址並將您的帳號加入好友。

12-1-3 官方帳號行動條碼

當各位在「增加好友人數」的畫面中點選「行動條碼」右側的「下載」鈕就可以下載「qr.zip」檔案，解壓後會有不同尺寸的 QRCode 的 PNG 檔案格式，你只要把該圖片貼至部落格或任何社群網站、名片、店家海報…等，有興趣的人就能以手機掃描和讀取你的行動條碼，進而加你為好友。另外，如果你也懂網頁編輯，可在 LINE 官方帳號管理後台取得你的行動條碼的 HTML 語法。

12-1-4 加入好友鍵

我們也可以在網站設置連結鍵，點選或按一下此按鍵後，用戶即可將您的帳號加入好友。各位可以如下圖按下「複製」鈕，就可以複製「加入好友鍵」的 HTML 語法標籤，並張貼至網站或部落格分享給用戶，這樣一來，顧客就可以按「加入好友」鈕，成為店家官方帳號的好友。

另外也可以在官方帳號管理畫面中建立海報（PDF 檔案）並列印輸出，以利店家以海報進行宣傳，並方便顧客成為您的商店官方帳號的好友，不過要建立海報必須是「認證官方帳號」，一般的官方帳號則無法使用這項功能。

當然如果想讓使用 LINE Pay 付款的用戶，在付款完成畫面將您的官方帳號加入好友，也必須完成 LINE 官方帳號認證後，才可以與 LINE Pay 連動。

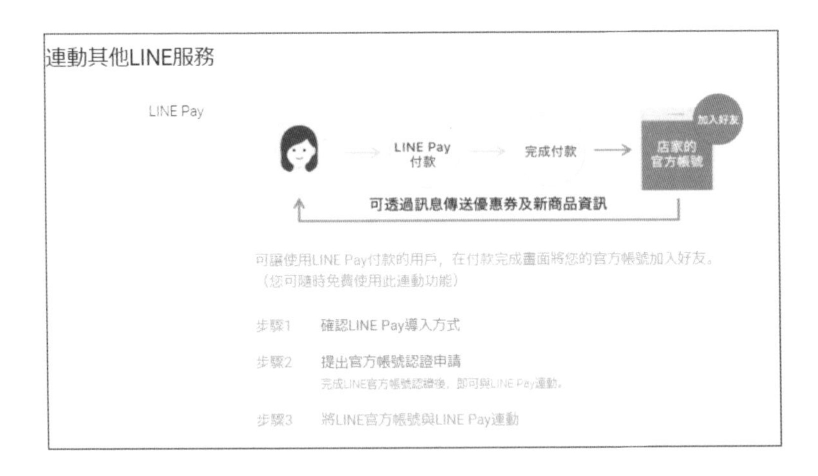

Tips

LINE Pay 主要以網路店家為主，將近 200 個品牌以上都可以支付，LINE Pay 支付的通路相當多元化，越來越多商家加入 LINE 購物平台，可讓您透過信用卡或現金儲值，信用卡只需註冊一次，同時支援線上與實體付款，而且 Line pay 累積點數非常快速，且許多通路都可以使用點數折抵。

▲ LINE Pay 行動錢包，可以快速累積點數

12-2 速學管理後台設定功能

有關 LINE 官方帳號的設定功能，可以從電腦版的後台管理功能右側的「設定」鈕進入相關的設定頁面，可以設定的項目包括：帳號設定、權限管理、回應設定、Message API、登錄資訊、帳務資訊、連動中的服務等。如下圖左側各項的設定功能：

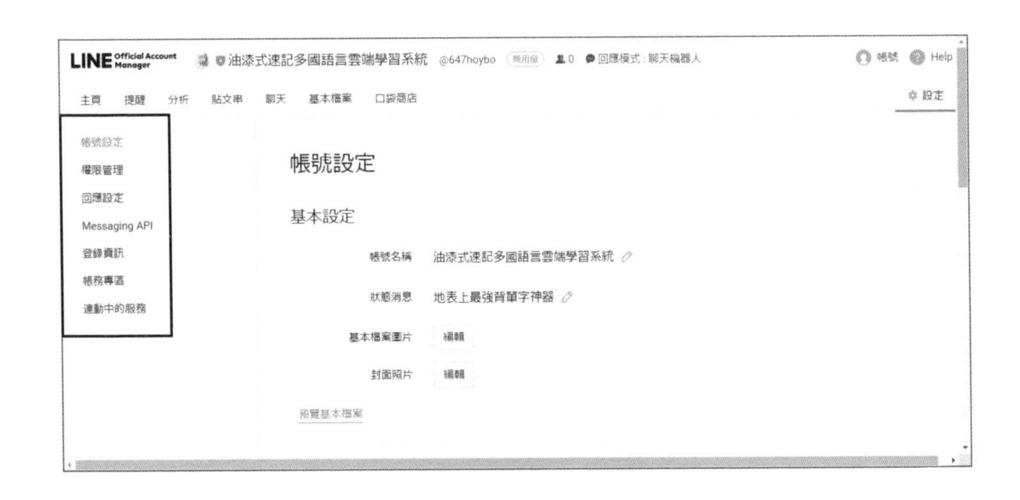

12-2-1　權限設定

LINE 官方帳號允許多人管理，因此我們可以將原先只有商家老闆或高階主管的管理權指定給特定員工，可以達到分工及分層負責的團隊合作，並減少主管維護官方帳號的時間成本。目前可以增加管理的人數最多可高達 100 人，下圖則為不同的管理人員的權限種類及權限內容：

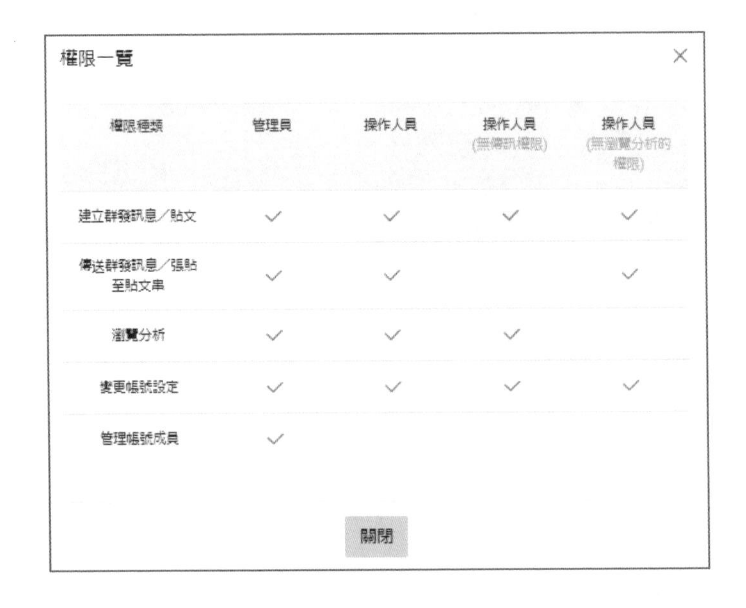

權限一覽

權限種類	管理員	操作人員	操作人員(無傳訊權限)	操作人員(無瀏覽分析的權限)
建立群發訊息／貼文	✓	✓	✓	✓
傳送群發訊息／張貼至貼文串	✓	✓		✓
瀏覽分析	✓	✓	✓	
變更帳號設定	✓	✓	✓	✓
管理帳號成員	✓			

關閉

店家要新增管理成員只要按下「新增管理成員」鈕就可以設定每位管理員的不同權限種類，只要一旦被指定為官方帳號的管理員，被指定的人就可以使用他自己的 LINE 帳號與密碼登入官方帳號的管理畫面。底下為新增管理成員的操作流程：

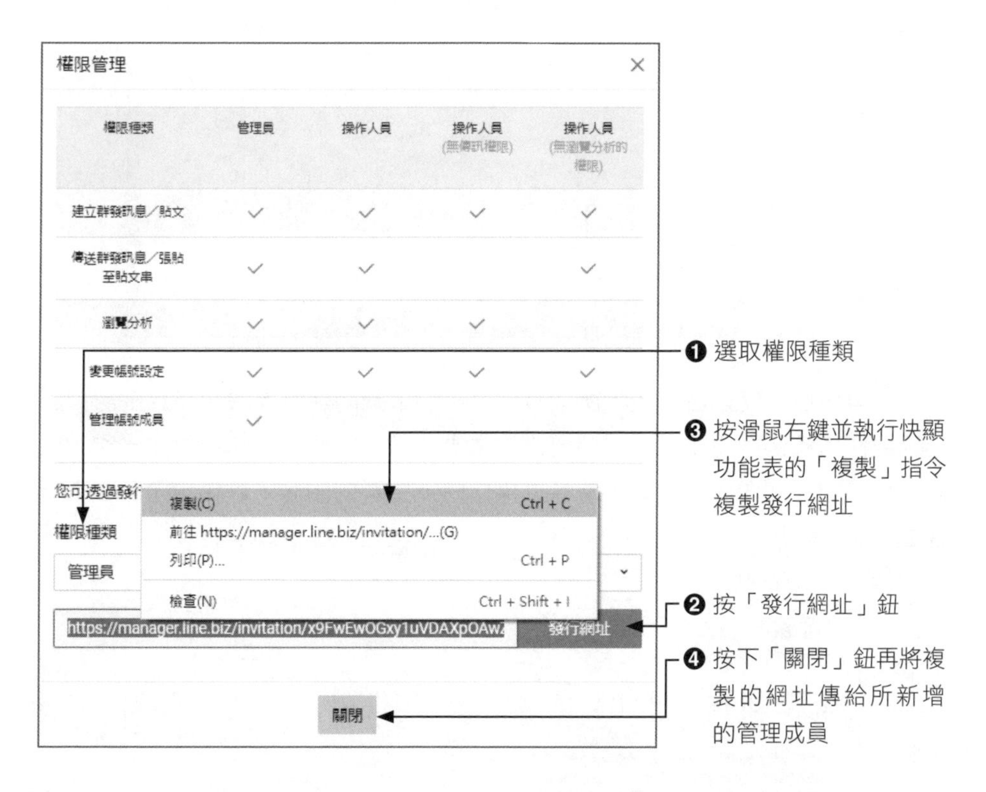

權限種類	管理員	操作人員	操作人員(無傳訊權限)	操作人員(無瀏覽分析的權限)
建立群發訊息／貼文	✓	✓	✓	✓
傳送群發訊息／張貼至貼文串	✓	✓		✓
瀏覽分析	✓	✓	✓	
變更帳號設定	✓	✓	✓	✓
管理帳號成員	✓			

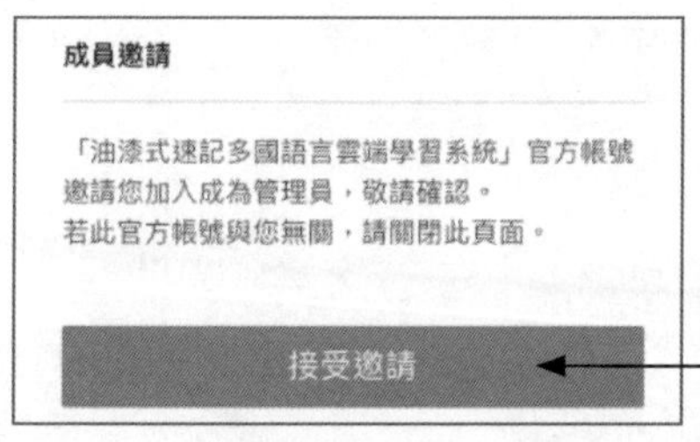

當對方收到該網址後，開啟該連結，並輸入他個人的帳號及密碼，並按下「接受邀請」鈕就可以成為該官方帳號新加入的管理員

12-2-2 帳號設定

在這個頁面是有關帳號資訊的基本設定，除此之外，此處也可以進行官方帳號的刪除工作，不過因為刪除帳號是一種破壞性動作。因此在刪除前一定要三思而後行，否則之前辛苦建立的官方帳號就會真正被移除而無法使用。想要刪除官方帳號，只要在「帳號設定」頁面的下方按「刪除帳號」鈕，如下圖的位置所示：

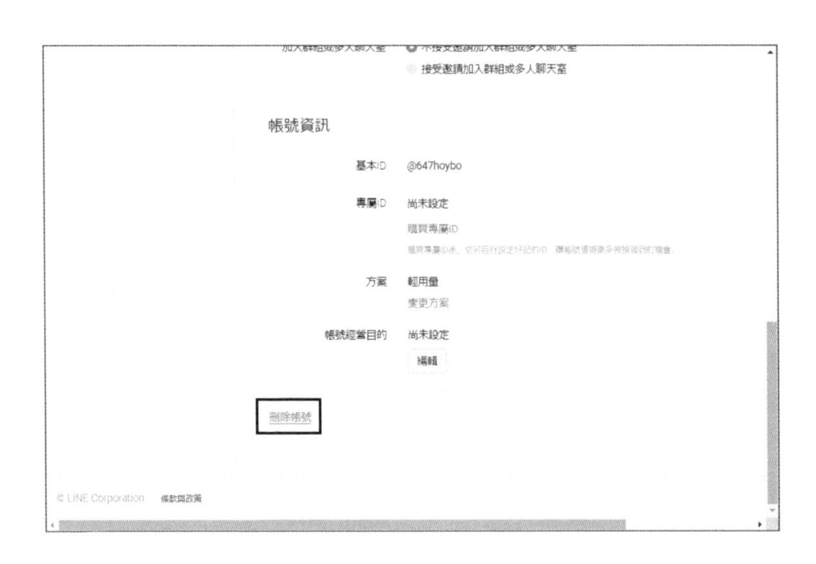

帳號一旦被刪除就無法復原，所以會再次出現下圖的注意事項，如果確認細節後仍要刪除這個官方帳號，就請勾選注意事項下方的核取方塊，再按一次「刪除帳號」鈕，此處僅是示範，請各位操作時不要真的刪除，以免誤刪各位辛苦建立的官方帳號。

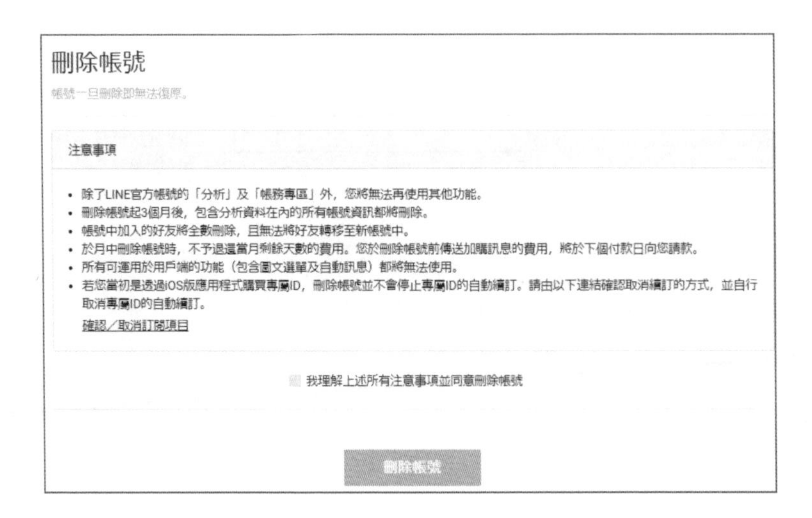

12-2-3 回應設定

這個頁面可以進行回應模式、加入好友的歡迎訊息、自動回應訊息的設定工作。

12-2-4 登錄資訊

店家可於此登錄及編輯帳號的相關資訊。包括：公司資訊、管理員資訊、店家／機構資訊等。

12-2-5 帳務專區

帳務專區則包括：總覽頁面、推廣方案、專屬 ID、付款記錄、付款方式、電子發票資訊等，就以推廣方案為例，您可於此確認或變更目前的方案。不過必須先登錄付款方式，才可購買推廣方案。

12-3 貼文串的活用技巧

近年來國人越來越愛花時間在使用 LINE 生態圈的產品，LINE 社群主要也是依靠互動回覆訊息來增加黏著性，回答好友的留言要將心比心，如此才能增加好友對商家的黏著性（Stickiness）。各位想要在好友的狀態消息上面顯示更多的商家資訊，「貼文串」功能（前身為 LINE 動態消息）就能輕鬆為各位辦到。

▲ 白蘭氏官方帳號的貼文串相當吸睛

因為好友們可以在你的貼文底下進行留言、按讚或分享在貼文串宣傳產品與服務，除了可以提升與好友的互動程度之外，如果貼文的內容被好友按讚，就會將該貼文分享至好友的貼文串上，那麼好友的好友也有機會看到，還可能創造「病毒行銷」(Viral Marketing) 效應，增加商家的曝光機會。

Tips

「病毒行銷」(Viral Marketing) 主要方式倒不是設計電腦病毒讓造成主機癱瘓，它是利用一個真實事件，以「奇文共欣賞」的模式分享給周遭朋友，身處在數位世界，每個人都是一個媒體中心，可以快速的自製並上傳影片、圖文，行銷如病毒般擴散，並且一傳十、十傳百地快速轉寄這些精心設計的商業訊息，病毒行銷要成功，關鍵是內容必須在「吵雜紛擾」的網路世界脫穎而出，才能成功引爆話題。

在官方帳號管理後台的「貼文串」標籤可以建立貼立與管理貼文串投稿的設定。這些功能包含貼文串的「貼文一覽」、「建立新貼文」，以及用於管理貼文串的「設定」。要進行貼文串設定，請在官方帳號管理畫面切換到「貼文串」標籤：

如下圖所示：

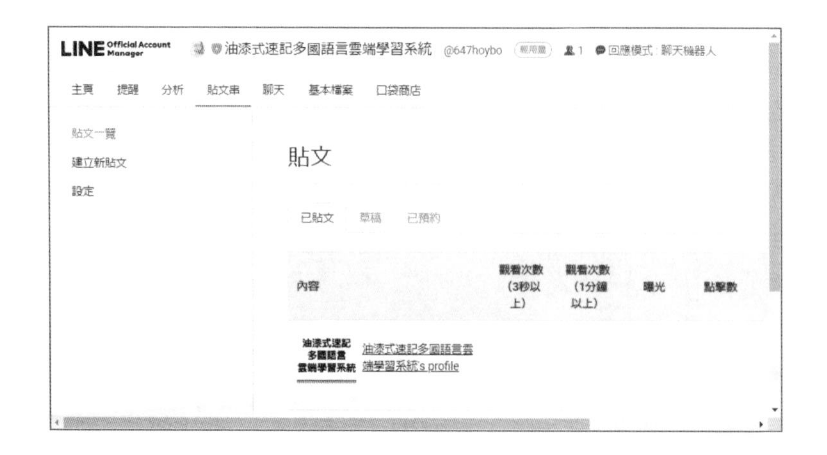

12-3-1 貼文串的設定

各位不要小看免費使用的貼文串，其實是很重要的曝光管道，設定方法也很簡單，請按下下圖中左側的「設定」，進入「貼文串設定」畫面可以設定如何與用戶互動，例如設定是否開放讚及留言，也可以設定是否自動核准留言，在「其他設定」則可以編輯「限制用語」及「黑名單」，當貼文串的設定動作完成後，最後要記得按下「儲存」鈕。

12-3-2 建立新貼文

要建立新貼文，首先請先在官方帳號管理畫面切換到「貼文串」標籤，接著按下「建立」鈕。

首先設定貼文時間，共有兩種設定方式，一種是「立即貼文」，另一種則可以指定貼文的日期及時間。

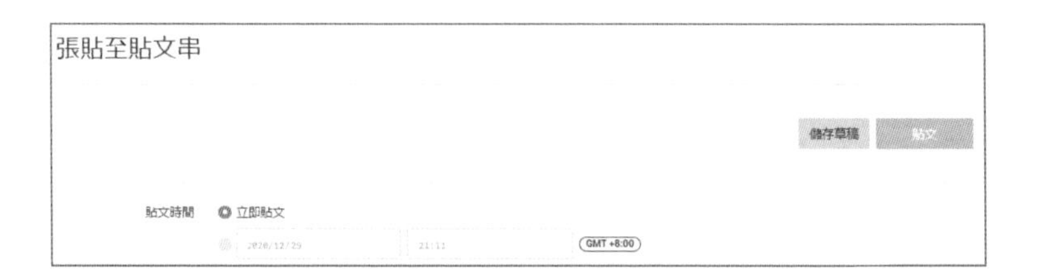

接著將這個畫面往下滑動，可以設定訊息的格式，例如上傳相片、影片、貼圖、優惠券、網址、問卷調查等，請留意，一則貼文只能選用一種訊息格式，以圖片為例，一次最多只能上傳 9 張，如果還要再上傳另一張圖片，則再按下「+」鈕即可。

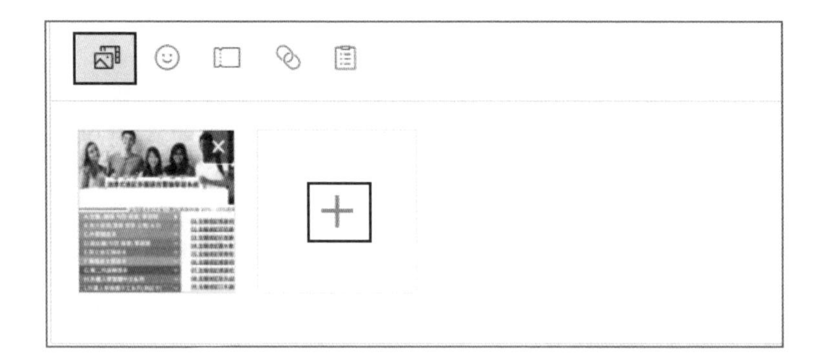

至於貼文內容輸入完畢後，如果預覽畫面和預期的結果一致，請按下「貼文」鈕。

會再出現下圖的詢問視窗，只要再按一次「貼文」鈕，就可以立即發佈這次的新貼文。

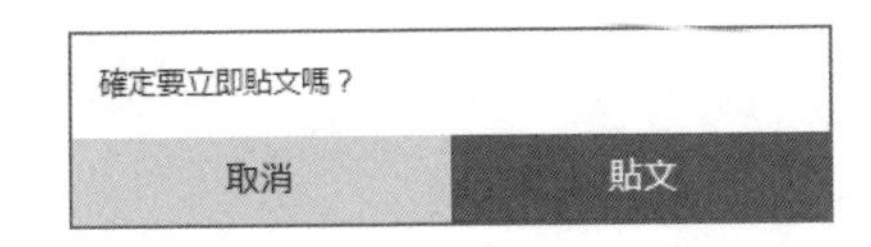

12-3-3 內容修改與回覆

貼文串內容不僅是官方帳號進行 LINE 行銷的關鍵，而且可以説是最重要的關鍵！用心回覆訪客貼文更是提升商品信賴感的方式之一，如果要修改某一則貼文，首先請在官方帳號管理畫面切換到「貼文串」標籤，並在貼文一覽中選按想要編輯的貼文，會進入該貼文的編輯畫面，接著就可以依自己的需求，按下「刪除」鈕可以將貼文刪除，按「編輯」鈕則可以修改貼文的內容。

如果將貼文管理畫面往下捲動到下方，會看到三種標籤收集各種留言，分別為「已核准」、「審核中」、「垃圾訊息」三種。如果想回覆留言，只要在該位留言好友名稱右側按下「回覆」鈕就可以回覆該位好友的留言。

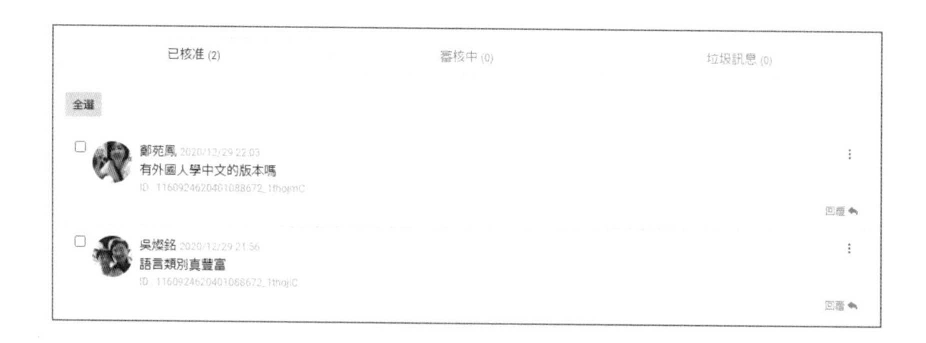

至於每位好友右側的「⋮」鈕，則包含進階的功能選單，其功能清單如下圖所示：

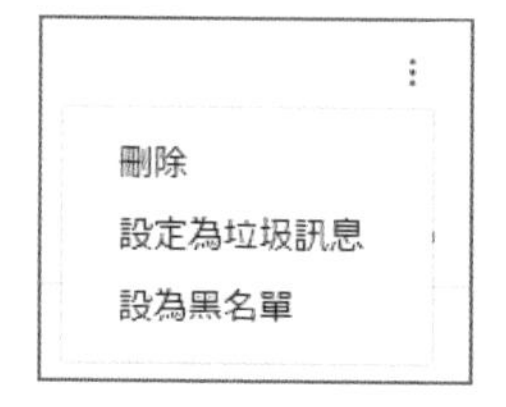

12-3-4　圖文訊息

在這個講究視覺體驗的年代，比起閱讀廣告文字，80% 的消費者更喜歡透過圖片瞭解產品內容。圖文訊息是 LINE 獨有的訊息格式，透過簡單設定就能製作出滿版的視覺效果內容，以吸引顧客好友目光。 除了它可供即刻點閱的特色，可以說是非常棒的店家行銷工具。

首先我們就先來看如何建立新的圖文訊息，不過，圖文訊息目前只支援在電腦官方帳號管理畫面中設定。作法如下：

1. 首先於官方帳號管理畫面中的「主頁」標籤左側功能選單點選「圖文訊息」，接著按下「建立」鈕開始建立圖文訊息。

2. 接著輸入標題，這個訊息標題將顯示於推播通知及聊天一覽中。

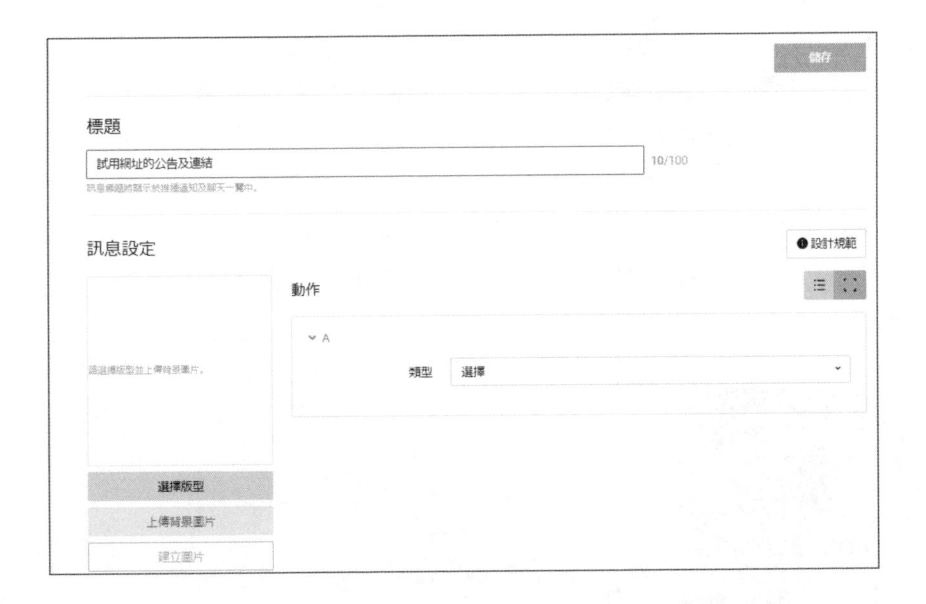

3. 再按「選擇版型」鈕，會進入下圖視窗，提供多種不同的版型，其中正方形版型為 1040px × 1040px、自訂版型為寬度 1040px × 高度 520 ～ 2080px。各位可以視自己的圖文訊息選擇適當的圖片數及版型，確定後再按「選擇」鈕。

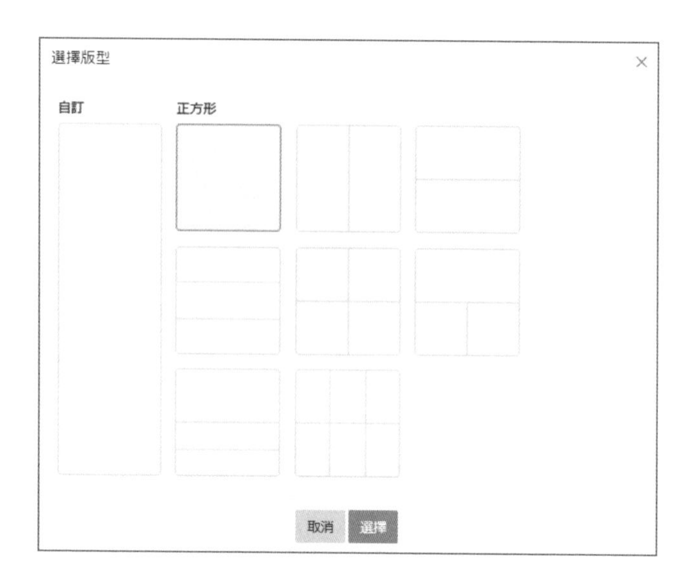

4. 最後可以上傳圖片或進行圖片的設計，第一種設計圖片的工具，請按下方的「建立圖片」鈕，可以開啟圖片的編輯器，接著就可以在編輯器中加入圖片、文字或背景顏色…等，當設計完成後再按「套用」鈕就完成圖片的設計工作，接著就可以在所選擇的版型指定各個區域的動作，例如此例我們想要讓圖片連接到某一個試用網址，就可以將類型設定為「連結」，並輸入要超連結的網址，最後則輸入動作標籤的文字說明內容，如下圖所示：

完成圖文訊息的建立之後，最後要記得按下「儲存」鈕。如此一來，將來就可以透過群發訊息、歡迎訊息…等方式，將這個設計好的商家的圖文訊息，以滿版的圖片呈現方式，來吸引顧客的眼光。

12-3-5　進階影片訊息

每個行銷人都知道影音的重要性，比起文字與圖片，透過影片的傳播，更能完整傳遞商品資訊。「進階影片訊息」和「圖文訊息」的設定方式非常類似，只要透過簡單設定就能製作出滿版的視覺效果內容，您可以使用影片傳送視覺效果更豐富的訊息進行宣傳，也是一項店家行銷非常生動的工具。首先我們就先來看如何建立新的進階影片訊息，不過，進階影片訊息目前只支援在電腦官方帳號管理畫面中設定。作法如下：

1. 首先於官方帳號管理畫面中的「主頁」標籤左側功能選單點選「進階影片訊息」，接著按下「建立」鈕開始建立進階影片訊息。

進階影片訊息　建立
您可以使用影片傳送視覺效果更豐富的訊息進行宣傳。

2. 輸入標題，這個訊息標題將顯示於推播通知及聊天一覽中。

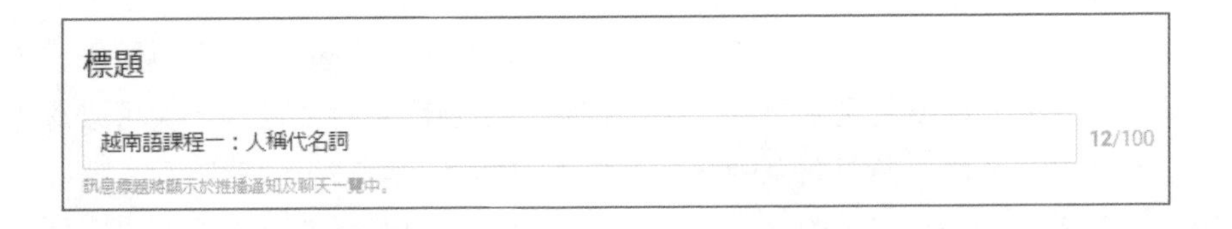

3. 接著請按「請點選此處上傳影片」，有關建議格式：MP4、MOV、WMV，而檔案容量則建議在 200MB 以下，影片上傳後，請注意要事先將「動作鍵」設定為「顯示」，接著設定「連結網址」及「動作鍵顯示文字」，例如此例我們想要讓圖片連接到某一個網頁，就可以將「動作鍵顯示文字」設定為「瀏覽其他影片」，並輸入要超連結的網址：

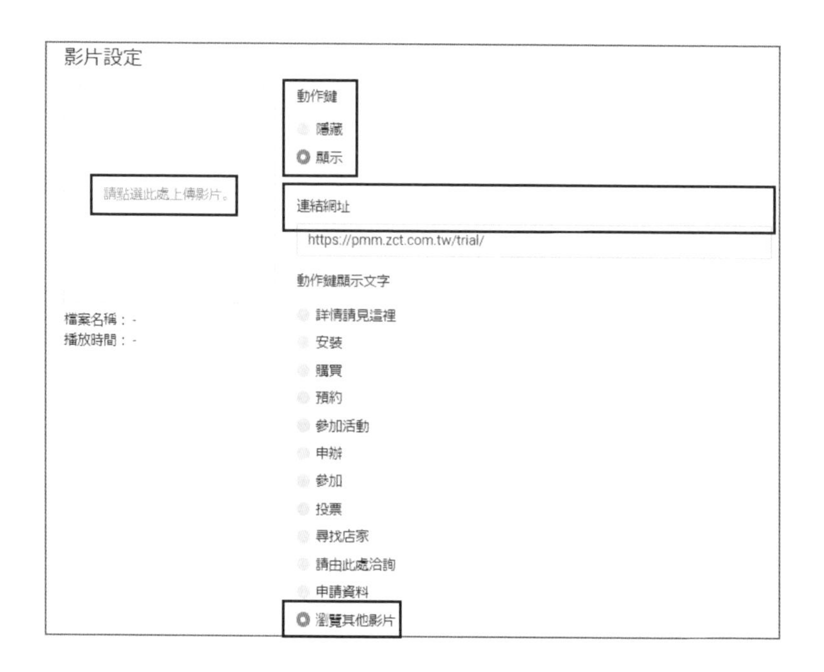

完成進階影片訊息的建立之後，最後要記得按下「儲存」鈕，如此一來，將來就可以透過群發訊息、歡迎訊息…等方式，將這個設計好的商家的影片訊息，以滿版的影片呈現方式，來吸引顧客的眼光。

12-3-6　多頁訊息

請留意！多頁訊息目前只支援在電腦官方帳號管理畫面中設定。「多頁訊息」將以滑動方式來呈現多頁訊息內容，目前 LINE 的多頁訊息功能最高一次可以傳送高達 9 個頁面，使用多頁訊息的好處就是在協助商家用較少的費用及訊息量來達到多種產品或資訊同步傳送的好處，也可以降低過多的推播訊息造成顧客的反感或過多商品行銷訊息的困擾。

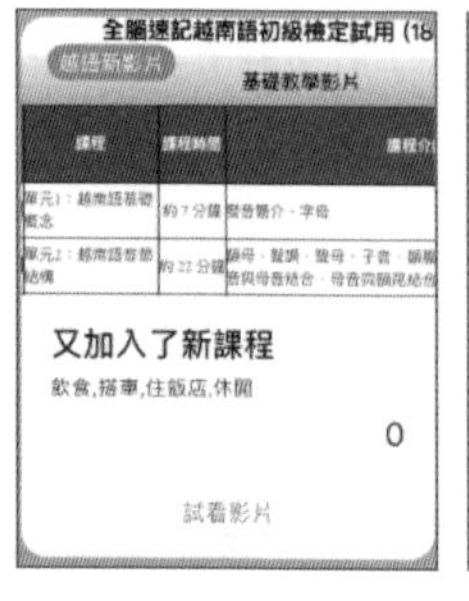

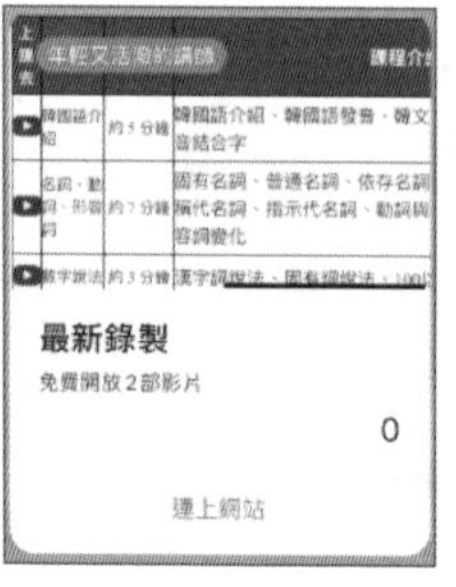

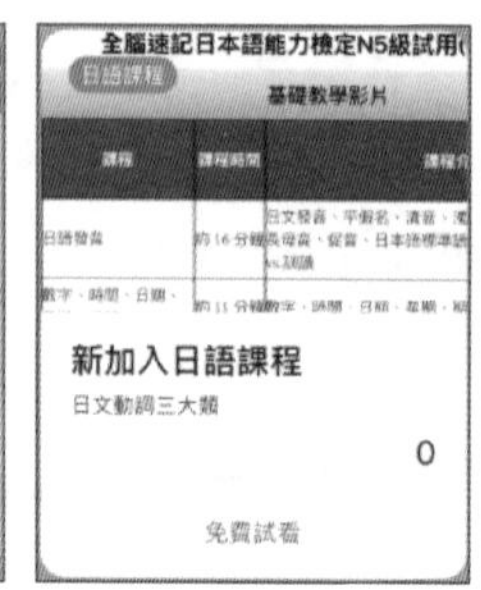

首先我們就先來看如何建立新的多頁訊息，不過，多頁訊息目前只支援在電腦官方帳號管理畫面中設定。作法如下：

1. 首先於官方帳號管理畫面中的「主頁」標籤左側功能選單點選「多頁訊息」，接著按下「建立」鈕開始建立多頁訊息。

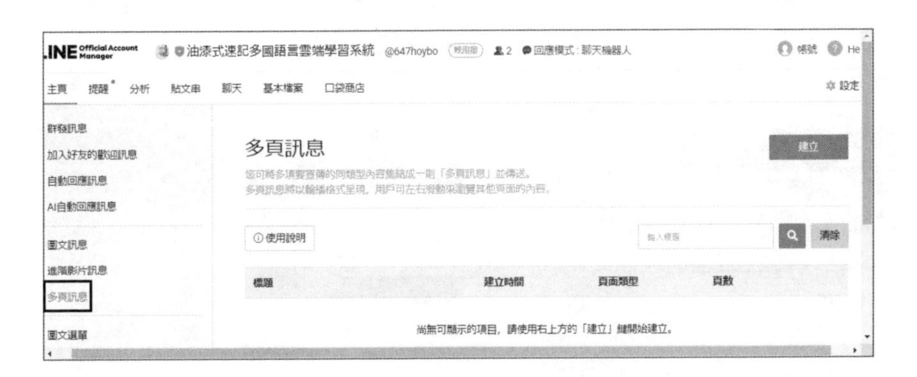

2. 輸入「多頁訊息」的標題，這個訊息標題將顯示於推播通知及聊天一覽中。接著在「頁面設定」的「頁面類型」按「選擇」鈕，依這次多頁訊息想要呈現的商品資訊挑選適合的頁面類型。

標題
又有新的影音課程
訊息標題將顯示於推播通知及聊天一覽中。
頁面設定
頁面類型 選擇

3. 此處我們以「商品服務」進行示範，確定頁面類型後，再按下「選擇」鈕。

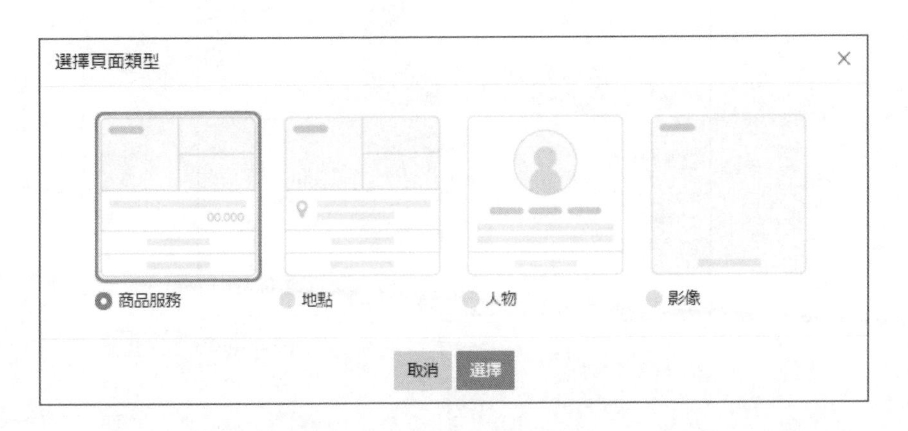

4. 接著輸入所需的內容及資訊以完成訊息設定，此處可設定的資訊包括：宣傳標語的文字及宣傳標語的色彩，共有六種顏色可以挑選其一，接著設定每一頁訊息所要上傳的圖片數量，並進行圖片上傳的工作，接著輸入頁面標題及本頁面的文字說明，此設定頁面的左側可以看到顯示訊息的預覽畫面，並會即時顯示最新設定內容。而此設定頁面上如果設定項目勾選核取方塊，該項目的內容將會顯示在訊息上（未勾選的項目則不會顯示）。

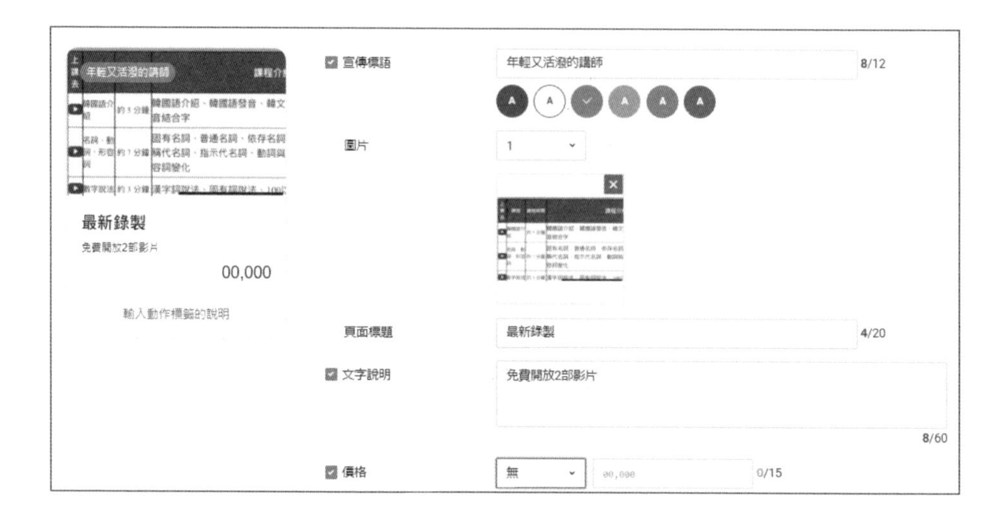

5. 若勾選動作的核取方塊則可於此設定當用戶點選訊息上的動作鍵時所執行的動作，有關動作可選用的類型包括：網址、優惠券、集點卡、問卷調查、文字。

6. 您可於此增加訊息中的頁數，也可調整頁面的排列順序。如果按下「新增頁面」鈕就可以增加新的一頁訊息，每新增一個頁面，其設定的方式和前面所介紹的流程相同，

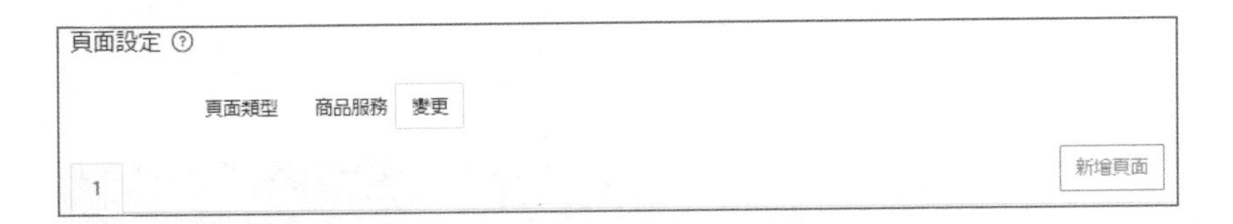

7. 您可於此為訊息加入具有連結功能的「結尾頁」，作為補充說明或引導用戶瀏覽更多訊息以外的內容。設定訊息完畢後，請記得按「儲存」來存檔！

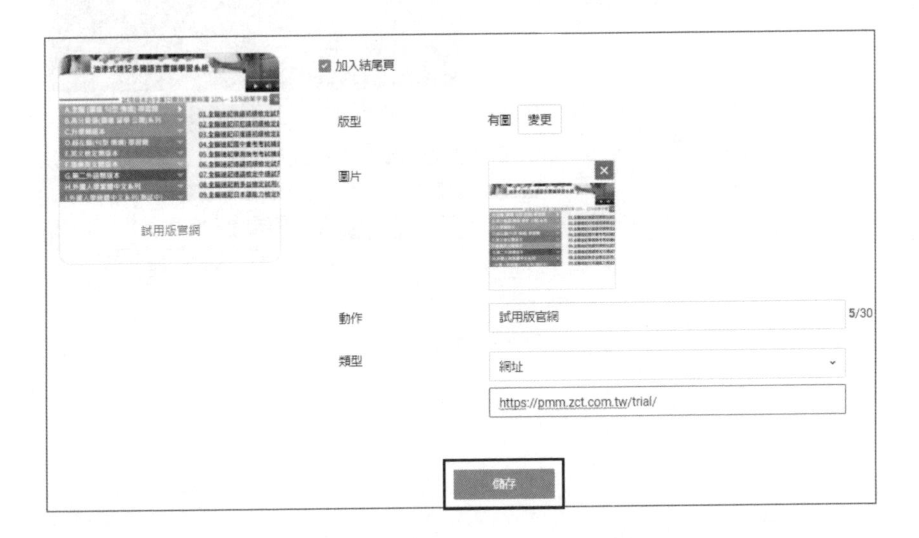

8. 設定好的多頁訊息就可以採用各種不同的訊息發送方式傳遞給顧客，將商品的資訊以滑動式圖片呈現訊息。如下圖當好友收到多頁訊息時，就可以在手機上左右滑動的方式一次觀看多頁的訊息。

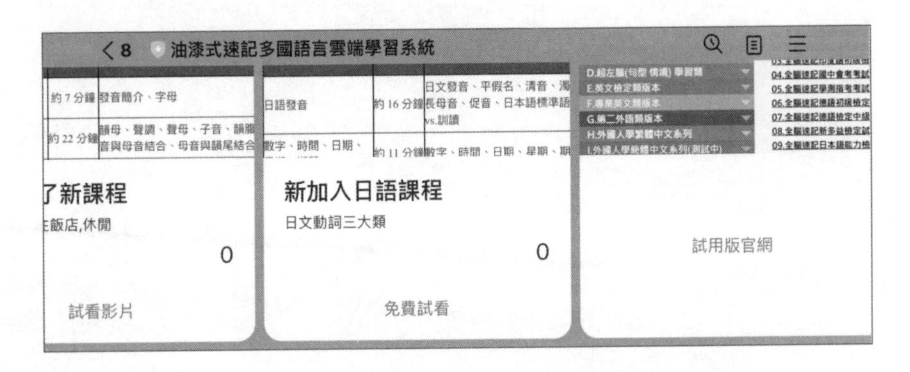

各位也可以根據各頁商品或資訊服務的訊息，進行各種互動，例如選擇訊息頁上的超連結，就可以開啟指定網址的網頁。例如下圖筆者點選了結尾頁所設定的「試用版官網」，便會自動開啟指定網址的頁面（https://pmm.zct.com.tw/trial/）。

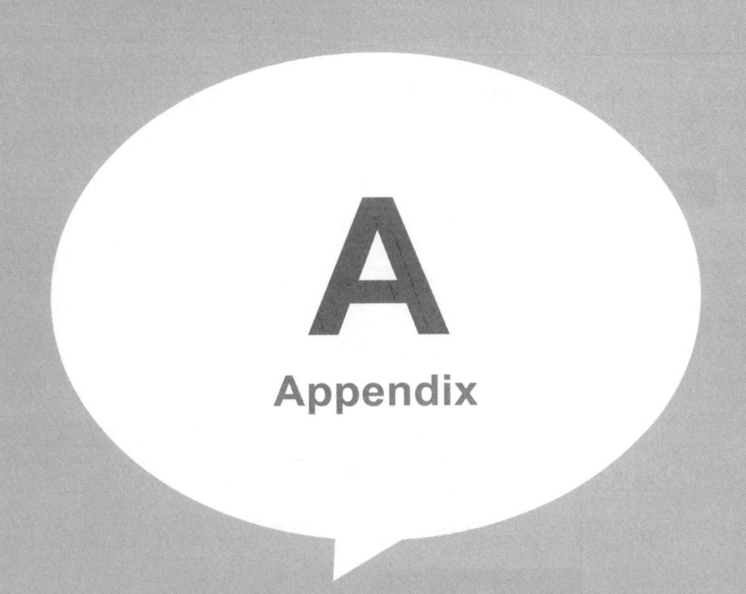

老鳥鐵了心都要懂得最夯社群行銷專業術語

每個行業都有該領域的專業術語，網路行銷產業也不例外，面對一個已經成熟的網路行銷環境，通常不是經常在網路行銷相關工作的從業人員，面對這些術語可能就沒這麼熟悉了，以下我們特別整理出網路行銷產業中常見的專業術語：

- **Accelerated Mobile Pages, AMP（加速行動網頁）**：是 Google 的一種新項目，網址前面顯示一個小閃電型符號，設計的主要目的是在追求效率，就是簡化版 HTML，透過刪掉不必要的 CSS 以及 JavaScript 功能與來達到速度快的效果，對於圖檔、文字字體、特定格式等限定，網頁如果有製作 AMP 頁面，幾乎不需要等待就能完整瀏覽頁面與加載完成，因此 AMP 也有加強 SEO 作用。
- **Active User（活躍使用者）**：在 Google Analytics「活躍使用者」報表可以讓分析者追蹤 1 天、7 天、14 天或 28 天內有多少使用者到您的網站拜訪，進而掌握使用者在指定的日期內對您網站或應用程式的熱衷程度。
- **Ad Exchange（廣告交易平台）**：類似一種股票交易平臺的概念運作，讓廣告賣方和聯繫在一起，在此進行媒合與競價。
- **Advertising（廣告主）**：出錢買廣告的一方，例如最常見的電商店家。
- **Advertorial（業配）**：所謂「業配」是「業務配合」的簡稱，也就是商家付錢請電視台的業務部或是網路紅人對該店家進行採訪，透過電視台的新聞播放或網路紅人的推薦，例如在自身創作影片上以分享產品及商品介紹為主的內容，達成品牌置入性行銷廣告目的，透過影片即可達到觀眾獲取歸屬感，來吸引更多的用戶眼球，並讓觀看者跟著對產品趨之若鶩。
- **Agency（代理商）**：有些廣告對於廣告投放沒有任何經驗，通常會選擇直接請廣告代理商來幫忙規劃與操作。
- **Affiliate Marketing（聯盟行銷）**：在歐美是已經廣泛被運用的廣告行銷模式，是一種讓網友與商家形成聯盟關係的新興數位行銷模式，廠商與聯盟會員利用聯盟行銷平台建立合作夥伴關係，讓沒有產品的推廣者也能輕鬆幫忙銷售商品。
- **App Store**：是蘋果公司針對使用 iOS 作業系統的系列產品，讓用戶可透過手機或上網購買或免費試用裡面 App。

- **Apple Pay**：是 Apple 的一種手機信用卡付款方式，只要使用該公司推出的 iPhone 或 Apple Watch（iOS 9 以上）相容的行動裝置，並將自己卡號輸入 iPhone 中的 Wallet App，經過驗證手續完畢後，就可以使用 Apple Pay 來購物，還比傳統信用卡來得安全。
- **Application（App）**：就是軟體開發商針對智慧型手機及平版電腦所開發的一種應用程式，APP 涵蓋的功能包括了圍繞於日常生活的的各項需求。
- **Application Service Provider，ASP（應用軟體租賃服務業）**：只要可以透過網際網路或專線，以租賃的方式向提供軟體服務的供應商承租，定期僅需固定支付租金，即可迅速導入所需之軟體系統，並享有更新升級的服務。
- **Artificial Intelligence, AI（人工智慧）**：人工智慧的概念最早是由美國科學家 John McCarthy 於 1955 年提出，目標為使電腦具有類似人類學習解決複雜問題與展現思考等能力，也就是由電腦所模擬或執行，具有類似人類智慧或思考的行為，例如推理、規畫、問題解決及學習等能力。
- **Asynchronous JavaScript and XML, AJAX**：是一種新式動態網頁技術，結合了 Java 技術、XML 以及 JavaScript 技術，類似 DHTML。可提高網頁開啟的速度、互動性與可用性，並達到令人驚喜的網頁特效。
- **Augmented Reality, AR（擴增實境）**：就是一種將虛擬影像與現實空間互動的技術，透過攝影機影像的位置及角度計算，在螢幕上讓真實環境中加入虛擬畫面，強調的不是要取代現實空間，而是在現實空間中添加一個虛擬物件，並且能夠即時產生互動，各位應該看過電影鋼鐵人在與敵人戰鬥時，頭盔裡會自動跑出敵人路徑與預估火力，就是一種 AR 技術的應用。
- **Average Order Value, AOV（平均訂單價值）**：所有訂單帶來收益的平均金額，AOV 越高當然越好。
- **Avg. Session Duration（平均工作階段時間長度）**：「平均工作階段時間長度」是指所有工作階段的總時間長度（秒）除以工作階段總數所求得的數值。網站訪客平均單次訪問停留時間，這個時間當然是越長越好。
- **Avg. Time on Page（平均網頁停留時間）**：是用來顯示訪客在網站特定網頁上的平均停留時間。

- **Backlink（反向連結）**：「反向連結」（Backlink）就是從其他網站連到你的網站的連結，如果你的網站擁有優質的反向連結（例如：新聞媒體、學校、大企業、政府網站），代表你的網站越多人推薦，當反向連結的網站越多、就越容易被搜尋引擎所重視。

- **Bandwidth（頻寬）**：是指固定時間內網路所能傳輸的資料量，通常在數位訊號中是以 bps 表示，即每秒可傳輸的位元數（bits per second）。

- **Banner Ad（橫幅廣告）**：最常見的收費廣告，自 1994 年推出以來就廣獲採用至今，在所有與品牌推廣有關的網路行銷手段中，橫幅廣告的作用最為直接，主要利用在網頁上的固定位置，至於橫幅廣告活動要能成功，全賴廣告素材的品質。

- **Beacon**：是種藉由低功耗藍牙技術（Bluetooth Low Energy, BLE），藉由室內定位技術應用，可做為物聯網和大數據平台的小型串接裝置，具有主動推播行銷應用特性，比 GPS 有更精準的微定位功能，是連結店家與消費者的重要環節，只要手機安裝特定 App，透過藍芽接收到代碼便可觸發 App 做出對應動作，可以包括在室內導航、行動支付、百貨導覽、人流分析，及物品追蹤等近接感知應用。

- **Big data（大數據）**：由 IBM 於 2010 年提出，大數據不僅僅是指更多資料而已，主要是指在一定時效（Velocity）內進行大量（Volume）且多元性（Variety）資料的取得、分析、處理、保存等動作，主要特性包含三種層面：大量性（Volume）、速度性（Velocity）及多樣性（Variety）。

- **Black hat SEO（黑帽 SEO）**：「黑帽 SEO」（Black hat SEO）是指有些手段較為激進的 SEO 做法，希望透過欺騙或隱瞞搜尋引擎演算法的方式，獲得排名與免費流量，常用的手法包括在建立無效關鍵字的網頁、隱藏關鍵字、關鍵字填充、購買舊網域、不相關垃圾網站建立連結或付費購買連結等。

- **Bots Traffic（機器人流量）**：非人為產生的作假流量，就是機器流量的俗稱。

- **Bounce Rate（跳出率、彈出率）**：是指單頁造訪率，也就是訪客進入網站後在固定時間內（通常是 30 分鐘）只瀏覽了一個網頁就離開網站的次數百分比，這個比例數字越低越好，愈低表示你的內容抓住網友的興趣跳出率太高多半是網站設計不良所造成。

- **Breadcrumb Trail（麵包屑導覽列）**：也稱為導覽路徑，是一種基本的橫向文字連結組合，透過層級連結來帶領訪客更進一步瀏覽網站的方式，對於提高用戶體驗來說，是相當有幫助。
- **Business to Business, B2B（企業對企業間）**：指的是企業與企業間或企業內透過網際網路所進行的一切商業活動。例如上下游企業的資訊整合、產品交易、貨物配送、線上交易、庫存管理等。
- **Business to Customer, B2C（企業對消費者間）**：是指企業直接和消費者間的交易行為，一般以網路零售業為主，將傳統由實體店面所銷售的實體商品，改以透過網際網路直接面對消費者進行實體商品或虛擬商品的交易活動，大大提高了交易效率，節省了各類不必要的開支。
- **Button Ad（按鈕式廣告）**：是一種小面積的廣告形式，因為收費較低，較符合無法花費大筆預算的廣告主，例如 Call-to-Action, CAT（行動號召）鈕就是一個按鈕式廣告模式，就是希望召喚消費者去採取某些有助消費的活動。
- **Buzz Marketing（話題行銷）**：或稱蜂鳴行銷和口碑行銷類似，企業或品牌利用最少的方法主動進行宣傳，在討論區引爆話題，造成人與人之間的口耳相傳，如蜜蜂在耳邊嗡嗡作響的 buzz，然後再吸引媒體與消費者熱烈討論。
- **Call-to-Action, CAT（行動號召）**：希望訪客去達到某些目的的行動，就是希望召喚消費者去採取某些有助消費的活動，例如故意將訪客引導至網站策劃的「到達頁面」（Landing Page），會有特別的 CAT，讓訪客參與店家企畫的活動。
- **Cascading Style Sheets, CSS**：一般稱之為串聯式樣式表，其作用主要是為了加強網頁上的排版效果（圖層也是 CSS 的應用之一），可以用來定義 HTML 網頁上物件的大小、顏色、位置與間距，甚至是為文字、圖片加上陰影等等功能。
- **Channel Grouping（管道分組）**：因為每一個流量的來源特性不一致，而且網路流量的來源可能非常多種管道，為了有效管理及分析各個流量的成效，就有必要將流量根據它的性質來加以分類，這就是所謂的管道分組（Channel Grouping）。

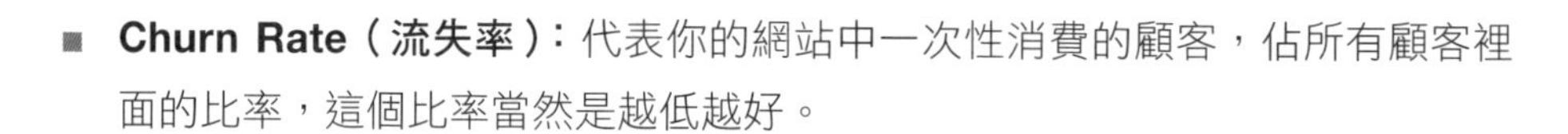

- **Churn Rate（流失率）**：代表你的網站中一次性消費的顧客，佔所有顧客裡面的比率，這個比率當然是越低越好。
- **Click（點擊數）**：是指網路用戶使用滑鼠點擊某個廣告的次數，每點選一次即稱為 one click。
- **Click Through Rate, CTR（點閱率）**：或稱為點擊率，是指在廣告曝光的期間內有多少人看到廣告後決定按下的人數百分比，也就是指廣告獲得的點擊次數除以曝光次數的點閱百分比，可作為一種衡量網頁熱門程度的指標。
- **Cloud Computing（雲端運算）**：已經被視為下一波電子商務與網路科技結合的重要商機，雲端運算時代來臨將大幅加速電子商務市場發展，「雲端」其實就是泛指「網路」，來表達無窮無際的網路資源，代表了龐大的運算能力。
- **Cloud Service（雲端服務）**：其實就是「網路運算服務」，如果將這種概念進而衍伸到利用網際網路的力量，透過雲端運算將各種服務無縫式的銜接，讓使用者可以連接與取得由網路上多台遠端主機所提供的不同服務。
- **Computer Version, CV（電腦視覺）**：CV 是一種研究如何使機器「看」的系統，讓機器具備與人類相同的視覺，以做為產品差異化與大幅提升系統智慧的手段。
- **Content Marketing（內容行銷）**：滿足客戶對資訊的需求，與多數傳統廣告相反，是一門與顧客溝通但不做任何銷售的藝術，就在於如何設定內容策略，可以既不直接宣傳產品，不但能達到吸引目標讀者，又能夠圍繞在產品周圍，並且讓消費者喜歡，最後驅使消費者採取購買行動的行銷技巧，形式可以包括文章、圖片、影片、網站、型錄、電子郵件等。
- **Conversion Rate Optimization, CRO（轉換優化）**：則是藉由讓網站內容優化來提高轉換率，達到以最低的成本得到最高的投資報酬率。轉換優化是數位行銷當中至關重要的環節，涉及了解使用者如何在您的網站上移動與瀏覽細節，電商品牌透過優化每一個階段的轉換率，讓顧客對瀏覽的體驗過程更加滿意，提升消費者購買的意願，一步步地把訪客轉換為顧客。
- **Cookie（餅乾）**：小型文字檔，網站經營者可以利用 Cookies 來瞭解到使用者的造訪記錄，例如造訪次數、瀏覽過的網頁、購買過哪些商品等。

- **Cost of Acquiring, CAC（客戶購置成本）**：所有說服顧客到你的網店購買之前所有投入的花費。
- **Crowdfunding（群眾集資）**：群眾集資就是過群眾的力量來募得資金，使 C2C 模式由生產銷售模式，延伸至資金募集模式，以群眾的力量共築夢想，來支持個人或組織的特定目標。近年來群眾募資在各地掀起浪潮，募資者善用網際網路吸引世界各地的大眾出錢，用小額贊助來尋求贊助各類創作與計畫。
- **Customization（客制化）**：是廠商依據不同顧客的特性而提供量身訂製的產品與不同的服務，消費者可在任何時間和地點，透過網際網路進入購物網站買到各種樣式的個人化商品。
- **Conversion Rate, CR（轉換率）**：網路流量轉換成實際訂單的比率，訂單成交次數除以同個時間範圍內帶來訂單的廣告點擊總數，就是從網路廣告過來的訪問者中最終成交客戶的比率。
- **Cross-Border Ecommerce（跨境電商）**：是全新的一種國際電子商務貿易型態，也就是消費者和賣家在不同的關境（實施同一海關法規和關稅制度境域）交易主體，透過電子商務平台完成交易、支付結算與國際物流送貨、完成交易的一種國際商業活動，讓消費者滑手機，就能直接購買全世界任何角落的商品。
- **Cross-selling（交叉銷售）**：當顧客進行消費的時候，發現顧客可能有多種需求時，說服顧客增加花費而同時售賣出多種相關的服務及產品。
- **Computer Version, CV（電腦視覺）**：是一種研究如何使機器「看」的系統，讓機器具備與人類相同的視覺，以做為產品差異化與大幅提升系統智慧的手段。
- **Content Marketing（內容行銷）**：內容行銷是一門與顧客溝通但不做任何銷售的藝術，形式可以包括文章、圖片、影片、網站、型錄、電子郵件等，必須避免直接明示產品或服務，透過消費者感興趣的內容來潛移默化傳遞品牌價值，更容易帶來長期的行銷效益，甚至進一步讓人們主動幫你分享內容，以達到產品行銷的目的。

- **Cost per Action CPA（回應數收費）**：廣告店家付出的行銷成本是以實際行動效果來計算付費，例如註冊會員、下載 APP、填寫問卷等。畢竟廣告對店家而言，最實際的就是廣告期間帶來的訂單數，可以有效降低廣告店家的廣告投放風險。

- **Cost Per Click, CPC（點擊數收費）**：一種依點擊數付費廣告方式，是指搜尋引擎的付費競價排名廣告推廣形式，就是按照點擊次數計費，不管廣告曝光量多少，沒人點擊就不用付錢。例如關鍵字廣告一般採用這種定價模式，不過這種方式比較容易作弊，經常導致廣告店家利益受損。

- **Cost per Impression, CPI（播放數收費）**：傳統媒體多採用這種計價方式，是以廣告總共播放幾次來收取費用，通常對廣告店家較不利，不過由於手機播放較容易吸引用戶的注意，仍然有些行動廣告是使用這種方式。

- **Cost per Mille, CPM（廣告千次曝光費用）**：全文應該是 Cost per Mille Impression，指廣告曝光一千次所要花費的費用，就算沒有產生任何點擊，要千次曝光就會計費，通常多在數百元之間。

- **Cost per Sales, CPS（實際銷售筆數付費）**：近年日趨流行的計價收方式，按照廣告點擊後產生的實際銷售筆數付費，也就是點擊進入廣告不用收費，算是一種 CPA 的變種廣告方式，目前相當受到許多電子商務網站歡迎，例如各大網路商城廣告。

- **Cost Per Lead, CPL（每筆名單成本）**：以收集潛在客戶名單的數量來收費，也算是一種 CPC 的變種方式，例如根據聯盟行銷的會員數推廣效果來付費。

- **Cost Per Response, CPR（訪客留言付費）**：根據每位訪客留言回應的數量來付費，這種以訪客的每一個回應計費方式是屬於輔助銷售的廣告模式。

- **Coverage Rate（覆蓋率）**：一個用來記錄廣告實際與希望觸及到了多少人的百分比。

- **Creative Commons, CC（創用 CC）**：是源自著名法律學者美國史丹佛大學 Lawrence Lessig 教授於 2001 年在美國成立 Creative Commons 非營利性組織，目的在提供一套簡單、彈性的「保留部分權利」（Some Rights Reserved）著作權授權機制。

- **Creator（創作者）**：包含文字、相片與影片內容的人，例如像 blogger、Youtuber。
- **Customer's Lifetime value, CLV（顧客終身價值）**：是指每一位顧客未來可能為企業帶來的所有利潤預估值，也就是透過購買行為，企業會從一個顧客身上獲得多少營收。
- **Customer Relationship Management, CRM（顧客關係管理）**：顧客關係管理（CRM）是由 Brian Spengler 在 l999 年提出，最早開始發展顧客關係管理的國家是美國。CRM 的定義是指企業運用完整的資源，以客戶為中心的目標，讓企業具備更完善的客戶交流能力，透過所有管道與顧客互動，並提供適當的服務給顧客。
- **Customer-to-Busines, C2B（消費者對企業型電子商務）**：是一種將消費者帶往供應者端，並產生消費行為的電子商務新類型，也就是主導權由廠商手上轉移到了消費者手中。
- **Customer-to-Customer, C2C（客戶對客戶型的電子商務）**：就是個人使用者透過網路供應商所提供的電子商務平臺與其他消費者者進行直接交易的商業行為，消費者可以利用此網站平臺販賣或購買其他消費者的商品。
- **Cybersquatter（網路蟑螂）**：近年來網路出現了出現了一群搶先一步登記知名企業網域名稱的「網路蟑螂」（Cybersquatter），讓網域名稱爭議與搶註糾紛日益增加，不願妥協的企業公司就無法取回與自己企業相關的網域名稱。
- **Database Marketing（資料庫行銷）**：是利用資料庫技術動態的維護顧客名單，並加以尋找出顧客行為模式特和潛在需求，也就是回到行銷最基本的核心「分析消費者行為」，針對每個不同喜好的客戶給予不同的行銷文宣以達到企業對目標客戶的需求供應。
- **Data Highlighter（資料螢光筆）**：是一種 Google 網站管理員工具，讓您以點選方式進行操作，只需透過滑鼠就可以讓資料螢光筆標記網站上的重要資料欄位（如標題、描述、文章、活動等）。
- **Data Mining（資料探勘）**：則是一種資料分析技術，可視為資料庫中知識發掘的一種工具，可以從一個大型資料庫所儲存的資料中萃取出有價值的知識，廣泛應用於各行各業中，現代商業及科學領域都有許多相關的應用。

- **Data Warehouse（資料倉儲）**：於 1990 年由資料倉儲 Bill Inmon 首次提出，是以分析與查詢為目的所建置的系統，目的是希望整合企業的內部資料，並綜合各種外部資料，經由適當的安排來建立一個資料儲存庫。

- **Data Manage Platform, DMP（數據管理平台）**：主要應用於廣告領域，是指將分散的大數據進行整理優化，確實拼湊出顧客的樣貌，進而再使用來投放精準的受眾廣告，在數位行銷領域扮演重要的角色。

- **Data Science（資料科學）**：就是為企業組織解析大數據當中所蘊含的規律，就是研究從大量的結構性與非結構性資料中，透過資料科學分析其行為模式與關鍵影響因素，也就是在模擬決策模型，進而發掘隱藏在大數據資料背後的商機。

- **Deep Learning, DL（深度學習）**：算是 AI 的一個分支，也可以看成是具有層次性的機器學習法，源自於類神經網路（Artificial Neural Network）模型，並且結合了神經網路架構與大量的運算資源，目的在於讓機器建立與模擬人腦進行學習的神經網路，以解釋大數據中圖像、聲音和文字等多元資料。

- **Demand Side Platform, DSP（需求方服務平台）**：可以讓廣告主在平台上操作跨媒體的自動化廣告投放，像是設置廣告的目標受眾、投放的裝置或通路、競價方式、出價金額等等。

- **Differentiated Marketing（差異化行銷）**：現代企業為了提高行銷的附加價值，開始對每個顧客量身打造產品與服務，塑造個人化服務經驗與採用差異化行銷（Differentiated Marketing），蒐集並分析顧客的購買產品與習性，並針對不同顧客需求提供產品與服務，為顧客提供量身訂做式的服務。

- **Digital Marketing（數位行銷）**：或稱為網路行銷（Internet Marketing），是一種雙向的溝通模式，能幫助無數電商網站創造訂單創造收入，本質其實和傳統行銷一樣，最終目的都是為了影響目標消費者（Target Audience），主要差別在於行銷溝通工具不同，現在則可透過網路通訊的數位性整合，使文字、聲音、影像與圖片可以結合在一起，讓行銷的標的變得更為生動與即時。

- **Dimension（維度）**：Google Analytics 報表中所有的可觀察項目都稱為「維度（Dimension）」，例如訪客的特徵：這位訪客是來自哪一個國家 / 地區，或是這位訪客是使用哪一種語言。

- **Direct Traffic（直接流量）**：指訪問者直接輸入網址產生的流量，例如透過別人的電子郵件，然後透過信件中的連結到你的網站。
- **Directory listing submission, DLS（網站登錄）**：如果想增加網站曝光率，最簡便的方式可以在知名的入口網站中登錄該網站的基本資料，讓眾多網友可以透過搜尋引擎找到，稱為「網站登錄」（Directory listing submission, DLS）。國內知名的入口及搜尋網站如 PChome、Google、Yahoo! 奇摩等，都提供有網站資訊登錄的服務。
- **Down-sell（降價銷售）**：當顧客對於銷售產品或服務都沒有興趣時，唯一一個銷售策略就是降價銷售。
- **E-commerce ecosystem（電子商務生態系統）**：則是指以電子商務為主體結合商業生態系統概念。
- **E-Distribution（電子配銷商）**：是最普遍也最容易了解的網路市集，將數千家供應商的產品整合到單一線上電子型錄，一個銷售者服務多家企業，主要優點是銷售者可以為大量的客戶提供更好的服務，將數千家供應商的產品整合到單一電子型錄上。
- **E-Learning（數位學習）**：是指在網際網路上建立一個方便的學習環境，在線上存取流通的數位教材，進行訓練與學習，讓使用者連上網路就可以學習到所需的知識，且與其他學習者互相溝通，不受空間與時間限制，也是知識經濟時代提升人力資源價值的新利器，可以讓學習者學習更方便、自主化的安排學習課程。
- **Electronic Commerce, EC（電子商務）**：就是一種在網際網路上所進行的交易行為，等與「電子」加上「商務」，主要是將供應商、經銷商與零售商結合在一起，透過網際網路提供訂單、貨物及帳務的流動與管理。
- **Electronic Funds Transfer, EFT（電子資金移轉或稱為電子轉帳）**：使用電腦及網路設備，通知或授權金融機構處理資金往來帳戶的移轉或調撥行為。例如在電子商務的模式中，金融機構間之電子資金移轉（EFT）作業就是一種 B2B 模式。
- **Electronic Wallet（電子錢包）**：是一種符合安全電子交易的電腦軟體，就是你在網路上購買東西時，可直接用電子錢包付錢，而不會看到個人資料，將可有效解決網路購物的安全問題。

- **Email Direct Marketing（電子報行銷）**：依舊是企業經營老客戶的主要方式，多半是由使用者訂閱，再經由信件或網頁的方式來呈現行銷訴求。由於電子報費用相對低廉，加上可以追蹤，這種作法將會大大的節省行銷時間及提高成交率。
- **Email Marketing（電子郵件行銷）**：含有商品資訊的廣告內容，以電子郵件的方式寄給不特定的使用者，除擁有成本低廉的優點外，更大的好處其實是能夠發揮「病毒式行銷」（Viral Marketing）的威力，創造互動分享（口碑）的價值。
- **E-Market Place（電子交易市集）**：在全球電子商務發展中所扮演的角色日趨重要，改變了傳統商場的交易模式，透過網路與資訊科技輔助所形成的虛擬市集，本身是一個網路的交易平台，具有能匯集買主與供應商的功能，其實就是一個市場，各種買賣都在這裡進行。
- **Engaged time（互動時間）**：了解網站內容和瀏覽者的互動關係，最理想的方式是紀錄他們實際上在網站互動與閱讀內容的時間。
- **Enterprise Information Portal, EIP（企業資訊入口網站）**：是指在 Internet 的環境下，將企業內部各種資源與應用系統，整合到企業資訊的單一入口中。EIP 也是未來行動商務的一大利器，以企業內部的員工為對象，只要能夠無線上網，為顧客提供服務時，一旦臨時需要資料，都可以馬上查詢，讓員工幫你聰明地賺錢，還能更多元化的服務員工。
- **E-Procurement（電子採購商）**：是擁有的許多線上供應商的獨立第三方仲介，因為它們會同時包含競爭供應商和競爭電子配銷商的型錄，主要優點是可以透過賣方的競標，達到降低價格的目的，有利於買方來控制價格。
- **E-Tailer（線上零售商）**：是銷售產品與服務給個別消費者，而賺取銷售的收入，使製造商更容易地直接銷售產品給消費者，而除去中間商的部份。
- **Exit Page（離開網頁）**：離開網頁是指於使用者工作階段中最後一個瀏覽的網頁。是指使用者瀏覽網站的過程中，訪客離開網站的最終網頁的機率。也就是說，離開率是計算網站多個網頁中的每一個網頁是訪客離開這個網站的最後一個網頁的比率。
- **Exit Rate（離站率）**：訪客在網站上所有的瀏覽過程中，進入某網頁後離開網站的次數，除以所有進入包含此頁面的總次數。

- **Expert System, ES（專家系統）**：是一種將專家（如醫生、會計師、工程師、證券分析師）的經驗與知識建構於電腦上，以類似專家解決問題的方式透過電腦推論某一特定問題的建議或解答。例如環境評估系統、醫學診斷系統、地震預測系統等都是大家耳熟能詳的專業系統。
- **eXtensible Markup Language, XML（可延伸標記語言）**：中文譯為「可延伸標記語言」，可以定義每種商業文件的格式，並且能在不同的應用程式中都能使用，由全球資訊網路標準制定組織 W3C，根據 SGML 衍生發展而來，是一種專門應用於電子化出版平台的標準文件格式。
- **External link（反向連結）**：就是從其他網站連到你的網站的連結，如果你的網站擁有優質的反向連結（例如：新聞媒體、學校、大企業、政府網站），代表你的網站越多人推薦，當反向連結的網站越多、就越被搜尋引擎所重視。
- **Extranet（商際網路）**：是為企業上、下游各相關策略聯盟企業間整合所構成的網路，需要使用防火牆管理，通常 Extranet 是屬於 Intranet 的子網路，可將使用者延伸到公司外部，以便客戶、供應商、經銷商以及其它公司，可以存取企業網路的資源。
- **Fashionfluencer（時尚網紅）**：在時尚界具有話語權的知名網紅。
- **Featured Snippets（精選摘要）**：Google 從 2014 年起，為了提升用戶的搜尋經驗與針對所搜尋問題給予最直接的解答，會從前幾頁的搜尋結果節錄適合的答案，並在 SERP 頁面最顯眼的位置產生出內容區塊（第 0 個位置），通常會以簡單的文字、表格、圖片、影片，或條列解答方式，內容包括商品、新聞推薦、國際匯率、運動賽事、電影時刻表、產品價格、天氣，與知識問答等，還會在下方帶出店家網站標題與網址。
- **Fifth-Generation（5G）**：是行動電話系統第五代，也是 4G 之後的延伸，5G 技術是整合多項無線網路技術而來，包括幾乎所有以前幾代行動通訊的先進功能，對一般用戶而言，最直接的感覺是 5G 比 4G 又更快、更不耗電，預計未來將可實現 10Gbps 以上的傳輸速率。這樣的傳輸速度下可以在短短 6 秒中，下載 15GB 完整長度的高畫質電影。
- **File Transfer Protocol, FTP（檔案傳輸協定）**：透過此協定，不同電腦系統，也能在網際網路上相互傳輸檔案。檔案傳輸分為兩種模式：下載（Download）和上傳（Upload）。

- **Financial Electronic Data Interchange, FEDI（金融電子資料交換）**：是一種透過電子資料交換方式進行企業金融服務的作業介面，就是將 EDI 運用在金融領域，可作為電子轉帳的建置及作業環境。
- **Filter（過濾）**：是指捨棄掉報表上不需要或不重要的數據。
- **Fitfluencer（健身網紅）**：經常在針對運動、健身或瘦身、飲食分享許多經驗及小撇步，例如知名的館長。
- **Followers（追蹤訂閱）**：增加訂閱人數，主動將網站新資訊傳送給他們，是提高品牌忠誠度與否的一大指標。
- **Foodfluencer（美食網紅）**：指在美食、烹調與餐飲領域有影響力的人，通常會分享餐廳、美食、品酒評論等。
- **Fourth-generation（4G）**：行動電話系統的第四代，是 3G 之後的延伸，為新一代行動上網技術的泛稱，傳輸速度理論值約比 3.5G 快 10 倍以上，能夠達成更多樣化與私人化的網路應用。LTE（Long Term Evolution，長期演進技術）是全球電信業者發展 4G 的標準。
- **Fragmentation Era（碎片化時代）**：代表現代人的生活被很多碎片化的內容所切割，因此想要抓住受眾的眼球越來越難，同樣的品牌接觸消費者的地點也越來越不固定，接觸消費者的時間越來越短暫，碎片時間搖身一變成為贏得消費者的黃金時間。
- **Fraud（作弊）**：特別是指流量作弊。
- **Gamification Marketing（遊戲化行銷）**：是指將遊戲中有好玩的元素與機制，透過行銷活動讓受眾「玩遊戲」，同時深化參與感，將你的目標客戶緊緊黏住，因此成了各個品牌不斷探索的新行銷模式。
- **Google AdWords（關鍵字廣告）**：是一種 Google 推出的關鍵字行銷廣告，包辦所有 Google 的廣告投放服務，例如您可以根據目標決定出價策略，選擇正確的廣告出價類型，例如是否要著重在獲得點擊、曝光或轉換。Google Adwords 的運作模式就好像世界級拍賣會，瞄準你想要購買的關鍵字，出一個你覺得適合的價格，如果你的價格比別人高，你就有機會取得該關鍵字，並在該關鍵字曝光你的廣告。

- **Google Analytics, GA**：Google 所提供的 Google Analytics（GA）就是一套免費且功能強大的跨平台網路行銷流量分析工具，能提供最新的數據分析資料，包括網站流量、訪客來源、行銷活動成效、頁面拜訪次數、訪客回訪等，幫助客戶有效追蹤網站數據和訪客行為，稱得上是全方位監控網站與 APP 完整功能的必備網站分析工具。

- **Google Analytics Tracking Code（Google Analytics 追蹤碼）**：這組追蹤碼會追蹤到訪客在每一頁上所進行的行為，並將資料送到 Google Analytics 資料庫，再透過各種演算法的運算與整理，再將這些資料以儲存起來，並在 Google Analytics 以各種類型的報表呈現。

- **Google Data Studio**：是一套免費的資料視覺化製作報表的工具，它可以串接多種 Google 的資料，再將所取得的資料結合該工具的多樣圖表、版面配置、樣式設定…等功能，讓報表以更為精美的外觀呈現。

- **Google Hummingbird（蜂鳥演算法）**：蜂鳥演算法 與以前的熊貓演算法和企鵝演算法演算模式不同，主要是加入了自然語言處理（Natural Language Processing, NLP）的方式，讓 Google 使用者的查詢，與搜尋搜尋結果更精準且快速，還能打擊過度關鍵字填充，為大幅改善 Google 資料庫的準確性，針對用戶的搜尋意圖進行更精準的理解，去判讀使用者的意圖，期望是給用戶快速精確的答案，而不再是只是一大堆的相關資料。

- **Google Play**：Google 也推出針對 Android 系統所提供的一個線上應用程式服務平台 -Google Play，透過 Google Play 網頁可以尋找、購買、瀏覽、下載及評比使用手機免費或付費的 APP 和遊戲，Google Play 為一開放性平台，任何人都可上傳其所發的應用程式。

- **Google Panda（熊貓演算法）**：熊貓演算法主要是一種確認優良內容品質的演算法，負責從搜索結果中刪除內容整體品質較差的網站，目的是減少內容農場或劣質網站的存在，例如有複製、抄襲、重複或內容不良的網站，特別是避免用目標關鍵字填充頁面或使用不正常的關鍵字用語，這些將會是熊貓演算法首要打擊的對象，只要是原創品質好又經常更新內容的網站，一定會獲得 Google 的青睞。

- **Google Penguin（企鵝演算法）**：我們知道連結是 Google SEO 的重要因素之一，企鵝演算法主要是為了避免垃圾連結與垃圾郵件的不當操縱，並確認優良連結品質的演算法，Google 希望網站的管理者應以產生優質的外部連結為目的，垃圾郵件或是操縱任何鏈接都不會帶給網站額外的價值，不要只是為了提高網站流量、排名，刻意製造相關性不高或虛假低品質的外部連結。
- **Graphics Processing Unit，GPU（圖形處理器）**：可說是近年來科學計算領域的最大變革，是指以圖形處理單元（GPU）搭配 CPU，GPU 則含有數千個小型且更高效率的 CPU，不但能有效處理平行運算（Parallel Computing），還可以大幅增加運算效能。
- **Gray hat SEO（灰帽 SEO）**：是一種介於黑帽 SEO 跟白帽 SEO 的優化模式，簡單來說，就是會有一點投機取巧，卻又不會嚴重的犯規，用險招讓網站承擔較小風險，遊走於規則的「灰色地帶」，因為這樣可以利用某些技巧藉來提升網站排名，同時又不會被搜尋引擎懲罰到，例如一些連結建置、交換連結、適當反覆使用關鍵字（盡量不違反 Google 原則）等及改寫別人文章，不過仍保有一定可讀性，也是目前很多 SEO 團隊比較偏好的優化方式。
- **Global Positioning System, GPS（全球定位系統）**：是透過衛星與地面接收器，達到傳遞方位訊息、計算路程、語音導航與電子地圖等功能，目前有許多汽車與手機都安裝有 GPS 定位器作為定位與路況查詢之用。
- **Growth Hacking（成長駭客）**：主要任務就是跨領域地結合行銷與技術背景，直接透過「科技工具」和「數據」的力量來短時間內快速成長與達成各種增長目標，所以更接近「行銷 + 程式設計」的綜合體。成長駭客和傳統行銷相比，更注重密集的實驗操作和資料分析，目的是創造真正流量，達成增加公司產品銷售與顧客的營利績效。
- **Guy Kawasaki（蓋伊 . 川崎）**：社群媒體的網紅先驅者，經常會分享重要的社群行銷觀念。
- **Hadoop**：源自 Apache 軟體基金會（Apache Software Foundation）底下的開放原始碼計劃（Open source project），為了因應雲端運算與大數據發展所開發出來的技術，使用 Java 撰寫並免費開放原始碼，用來儲存、處理、分析大數據的技術，兼具低成本、靈活擴展性、程式部署快速和容錯能力等特點。

- **Hashtag（主題標籤）**：只要在字句前加上 #，便形成一個標籤，用以搜尋主題，是目前社群網路上相當流行的行銷工具，不但已經成為成為品牌行銷重要一環，可以利用時下熱門的關鍵字，並以 Hashtag 方式提高曝光率。

- **Heat map（熱度圖、熱感地圖）**：在一個圖上標記哪項廣告經常被點選，是獲得更多關注的部分，可瞭解使用者有興趣的瀏覽區塊。

- **High Performance Computing, HPC（高效能運算）**：能力則是透過應用程式平行化機制，就是在短時間內完成複雜、大量運算工作，專門用來解決耗用大量運算資源的問題。

- **Horizontal Market（水平式電子交易市集）**：水平式電子交易市集的產品是跨產業領域，可以滿足不同產業的客戶需求。此類網交易商品，都是一些具標準化流程與服務性商品，同時也比較不需要個別產業專業知識與銷售與服務，可以經由電子交易市集可進行統一採購，讓所有企業對非專業的共同業務進行採買或交易。

- **Host Card Emulation, HCE（主機卡模擬）**：Google 於 2013 年底所推出的行動支付方案，可以透過 APP. 或是雲端服務來模擬 SIM 卡的安全元件。HCE（Host Card Emulation）的加入已經悄悄點燃了行動支付大戰，僅需 Android 5.0（含）版本以上且內建 NFC 功能的手機，申請完成後卡片資訊（信用卡卡號）將會儲存於雲端支付平台，交易時由手機發出一組虛擬卡號與加密金鑰來驗證，驗證通過後才能完成感應交易，能避免刷卡時卡片資料外洩的風險。

- **Hotspot（熱點）**：是指在公共場所提供無線區域網路（WLAN）服務的連結地點，讓大眾可以使用筆記型電腦或 PDA，透過熱點的「無線網路橋接器」（AP）連結上網際網路，無線上網的熱點愈多，無線上網的涵蓋區域便愈廣。

- **Hunger Marketing（飢餓行銷）**：是以「賣完為止、僅限預購」來創造行銷話題，製造產品一上市就買不到的現象，促進消費者購買該產品的動力，讓消費者覺得數量有限而不買可惜。

- **Hypertext Markup Language, HTML**：標記語言是一種純文字型態的檔案，以一種標記的方式來告知瀏覽器將以何種方式來將文字、圖像等多媒體資料呈現於網頁之中。通常要撰寫網頁的 HTML 語法時，只要使用 Windows 預設的記事本就可以了。

- **Impression, IMP（曝光數）**：經由廣告到網友所瀏覽的網頁上一次即為曝光數一次。
- **Influencer（影響者 / 網紅）**：在網路上某個領域具有影響力的人。
- **Influencer Marketing（網紅行銷）**：虛擬社交圈更快速取代傳統銷售模式，網紅的推薦甚至可以讓廠商業績翻倍，素人網紅似乎在目前的社群平台比明星代言人更具行銷力。
- **Intellectual Property Rights, IPR（智慧財產權）**：劃分為著作權、專利權、商標權等三個範疇進行保護規範，這三種領域保護的智慧財產權並不相同，在制度的設計上也有所差異，例如發明專利、文學和藝術作品、表演、錄音、廣播、標誌、圖像、產業模式、商業設計等等。
- **Internal link（內部連結）**：內部連結指的是在同一個網站上向另一個頁面的超連結對於在超連結前或後的文字或圖片。
- **Internet（網際網路）**：最簡單的說法就是一種連接各種電腦網路的網路，以 TCP/IP 為它的網路標準，也就是說只要透過 TCP/IP 協定，就能享受 Internet 上所有一致性的服務。網際網路上並沒有中央管理單位的存在，而是數不清的個人網路或組織網路，這網路聚合體中的每一成員自行營運與付擔費用。
- **Internet Bank（網路銀行）**：係指客戶透過網際網路與銀行電腦連線，無須受限於銀行營業時間、營業地點之限制，隨時隨地從事資金調度與理財規劃，並可充分享有隱密性與便利性，即可直接取得銀行所提供之各項金融服務，現代家庭中有許多五花八門的帳單，都可以透過電腦來進行網路轉帳與付費。
- **Internet Celebrity Marketing（網紅行銷）**：並非是一種全新的行銷模式，就像過去品牌找名人代言，主要是透過與藝人結合，提升本身品牌價值，相對於企業砸重金請明星代言，網紅的推薦甚至可以讓廠商業績翻倍，素人網紅似乎在目前的行動平台更具說服力，逐漸地取代過去以明星代言的行銷模式。
- **Internet Content Provider, ICP（線上內容提供者）**：是向消費者提供網際網路資訊服務和增值業務，主要提供有智慧財產權的數位內容產品與娛樂，包括期刊、雜誌、新聞、CD、影帶、線上遊戲等。

- **Internet of Things, IOT（物聯網）**：是近年資訊產業中一個非常熱門的議題，被認為是網際網路興起後足以改變世界的第三次資訊新浪潮，它的特性是將各種具裝置感測設備的物品，例如 RFID、環境感測器、全球定位系統（GPS）、雷射掃描器等裝置與網際網路結合起來而形成的一個巨大網路系統，並透過網路技術讓各種實體物件、自動化裝置彼此溝通和交換資訊，也就是透過網路把所有東西都連結在一起

- **Internet Marketing（網路行銷）**：藉由行銷人員將創意、商品及服務等構想，利用通訊科技、廣告促銷、公關及活動方式在網路上執行。

- **Intranet（企業內部網路）**：則是指企業體內的 Internet，將 Internet 的產品與觀念應用到企業組織，透過 TCP/IP 協定來串連企業內外部的網路，以 Web 瀏覽器作為統一的使用者界面，更以 Web 伺服器來提供統一服務窗口。

- **JavaScript**：是一種直譯式（Interpret）的描述語言，是在客戶端（瀏覽器）解譯程式碼，內嵌在 HTML 語法中，當瀏覽器解析 HTML 文件時就會直譯 JavaScript 語法並執行，JavaScript 不只能讓我們隨心所欲控制網頁的介面，也能夠與其他技術搭配做更多的應用。

- **jQuery**：是一套開放原始碼的 JavaScript 函式庫（Library），可以說是目前最受歡迎的 JS 函式庫，不但簡化了 HTML 與 JavaScript 之間與 DOM 文件的操作，讓我們輕鬆選取物件，並以簡潔的程式完成想做的事情，也可以透過 jQuery 指定 CSS 屬性值，達到想要的特效與動畫效果。

- **Key Opinion Leader, KOL（關鍵意見領袖）**：能夠在特定專業領域對其粉絲或追隨者有發言權及強大影響力的人，也就是我們常說的網紅。

- **Keyword（關鍵字）**：就是與各位網站內容相關的重要名詞或片語，也就是在搜尋引擎上所搜尋的一組字，例如企業名稱、網址、商品名稱、專門技術、活動名稱等。

- **Keyword Advertisements（關鍵字廣告）**：是許多商家網路行銷的入門選擇之一，它的功用可以讓店家的行銷資訊在搜尋關鍵字時，會將店家所設定的廣告內容曝光在搜尋結果最顯著的位置，讓各位以最簡單直接的方式，接觸到搜尋該關鍵字的網友所而產生的商機。

- **Landing Page（到達頁）**：到達網頁是指使用者拜訪網站的第一個網頁，這一個網頁不一定是該網站的首頁，只要是網站內所有的網頁都可能是到達網頁。到達頁和首頁最大的不同，就是到達頁只有一個頁面就要完成讓訪客馬上吸睛的任務，通常這個頁面是以誘人的文案請求訪客完成購買或登記。

- **Law of Diminishing Firms（公司遞減定律）**：由於摩爾定律及梅特卡菲定律的影響之下，專業分工、外包、策略聯盟、虛擬組織將比傳統業界來的更經濟及更有績效，形成一價值網路（Value Network），而使得公司的規模有遞減的現象。

- **Law of Disruption（擾亂定律）**：結合了「摩爾定律」與「梅特卡夫定律」的第二級效應，主要是指出社會、商業體制與架構以漸進的方式演進，但是科技卻以幾何級數發展，速度遠遠落後於科技變化速度，當這兩者之間的鴻溝愈來愈擴大，使原來的科技、商業、社會、法律間的平衡被擾亂，因此產生了所謂的失衡現象，就愈可能產生革命性的創新與改變。

- **LINE Pay**：主要以網路店家為主，將近 200 個品牌都可以支付，LINE Pay 支付的通路相當多元化，越來越多商家加入 LINE 購物平台，可讓您透過信用卡或現金儲值，信用卡只需註冊一次，同時支援線上與實體付款，而且 LINE Pay 累積點數非常快速，且許多通路都可以使用點數折抵。

- **Location Based Service, LBS（定址服務）**：或稱為「適地性服務」，就是行動行銷中相當成功的環境感知的種創新應用，就是指透過行動隨身設備的各式感知裝置，例如當消費者在到達某個商業區時，可以利用手機快速查詢所在位置周邊的商店、場所以及活動等即時資訊。

- **Logistics（物流）**：是電子商務模型的基本要素，定義是指產品從生產者移轉到經銷商、消費者的整個流通過程，透過有效管理程序，並結合包括倉儲、裝卸、包裝、運輸等相關活動。

- **Long Tail Keyword（長尾關鍵字）**：是網頁上相對不熱門，不過也可以帶來搜索流量，但接近主要關鍵字的關鍵字詞。

- **Long Term Evolution, LTE（長期演進技術）**：是以現有的 GSM ／ UMTS 的無線通信技術為主來發展，不但能與 GSM 服務供應商的網路相容，用戶在靜止狀態的傳輸速率達 1 Gbps，而在行動狀態也可以達到最快的理論傳輸速度 170Mbps 以上，是全球電信業者發展 4G 的標準。例如各位傳輸 1 個 95M 的影片檔，只要 3 秒鐘就完成。

- **Machine Learning, ML（機器學習）**：機器通過演算法來分析數據、在大數據中找到規則，機器學習是大數據發展的下一個進程，可以發掘多資料元變動因素之間的關聯性，進而自動學習並且做出預測，充分利用大數據和演算法來訓練機器。
- **Marketing Mix（行銷組合）**：可以看成是一種協助企業建立各市場系統化架構的元素，藉著這些元素來影響市場上的顧客動向。美國行銷學學者麥卡錫教授（Jerome McCarthy）在 20 世紀的 60 年代提出了著名的 4P 行銷組合，所謂行銷組合的 4P 理論是指行銷活動的四大單元，包括產品（Product）、價格（Price）、通路（Place）與促銷（Promotion）等四項。
- **Market Segmentation（市場區隔）**：是指任何企業都無法滿足所有市場的需求，應該著手建立產品的差異化，行銷人員根據市場的觀察進行判斷，在經過分析市場的機會後，接著便在該市場中選擇最有利可圖的區隔市場，並且集中企業資源與火力，強攻下該市場區隔的目標市場。
- **Merchandise Turnover Rate（商品迴轉率）**：指商品從入庫到售出時所經過的這一段時間和效率，也就是指固定金額的庫存商品在一定的時間內週轉的次數和天數，可以作為零售業的銷售效率或商品生產力的指標。
- **Metcalfe's Law（梅特卡夫定律）**：是一種網路技術發展規律，也就是使用者越多，其價值便大幅增加，對原來的使用者而言，反而產生的效用會越大。
- **Metrics（指標）**：觀察項目量化後的數據被稱為「指標（Metrics）」，也就是是進一步觀察該訪客的相關細節，這是資料的量化評估方式。舉例來說，「語言」維度可連結「使用者」等指標，在報表中就可以觀察到特定語言所有使用者人數的總計值或比率。
- **Micro Film（微電影）**：又稱為「微型電影」，它是在一個較短時間且較低預算內，把故事情節或角色／場景，以視訊方式傳達其理念或品牌，適合在短暫的休閒時刻或移動的情況下觀賞。

- **Mobile-Friendliness（行動友善度）**：就是讓行動裝置操作環境能夠盡可能簡單化與提供使用者最佳化行動瀏覽體驗，包括閱讀時的舒適程度，介面排版簡潔、流暢的行動體驗、點選處是否有足夠空間、字體大小、橫向滾動需求、外掛程式是否相容等等。

- **Mixed Reality（混合實境）**：介於 AR 與 VR 之間的綜合模式，打破真實與虛擬的界線，同時擷取 VR 與 AR 的優點，透過頭戴式顯示器將現實與虛擬世界的各種物件進行更多的結合與互動，產生全新的視覺化環境，並且能夠提供比 AR 更為具體的真實感，未來很有可能會是視覺應用相關技術的主流。

- **Mobile Advertising（行動廣告）**：就是在行動平臺上做的廣告，與一般傳統與網路廣告的方式並不相同，擁有隨時隨地互動的特性與一般傳統廣告的方式並不相同。

- **Mobile Commerce, m-Commerce（行動商務）**：電商發展最新趨勢，不但促進了許多另類商機的興起，更有可能改變現有的產業結構。自從 2015 年開始，現代人人手一機，人們的視線已經逐漸從電視螢幕轉移到智慧型手機上，從網路優先（Web First）向行動優先（Mobile First）靠攏的數位浪潮上，而且這股行銷趨勢越來越明顯。

- **Mobile Marketing（行動行銷）**：主要是指伴隨著手機和其他以無線通訊技術為基礎的行動終端的發展而逐漸成長起來的一種全新的行銷方式，不僅突破了傳統定點式網路行銷受到空間與時間的侷限，也就是透過行動通訊網路來進行的商業交易行為。

- **Mobile Payment（行動支付）**：就是指消費者通過手持式行動裝置對所消費的商品或服務進行帳務支付的一種方式，很多人以為行動支付就是用手機付款，其實手機只是一個媒介，平板電腦、智慧手錶，只要可以連網都可以拿來做為行動支付。

- **Moore's law（摩爾定律）**：表示電子計算相關設備不斷向前快速發展的定律，主要是指一個尺寸相同的 IC 晶片上，所容納的電晶體數量，因為製程技術的不斷提升與進步，每隔約十八個月會加倍，執行運算的速度也會加倍，但製造成本卻不會改變。

- **Multi-Channel（多通路）**：是指企業採用兩條或以上完整的零售通路進行銷售活動，每條通路都能完成銷售的所有功能，例如同時採用直接銷售、電話購物或在 PChome 商店街上開店，也擁有自己的品牌官方網站，就是每條通路都能完成買賣的功能。

- **Native Advertising（原生廣告）**：一種讓大眾自然而然閱讀下去，不容易發現自己在閱讀廣告的廣告形式，讓訪客瀏覽體驗時的干擾降到最低，不僅傳達產品廣告訊息，也提升使用者的接受度。

- **Natural Language Processing, NLP（自然語言處理）**：就是讓電腦擁有理解人類語言的能力，也就是一種藉由大量的文本資料搭配音訊數據，並透過複雜的數學聲學模型（Acoustic model）及演算法來讓機器去認知、理解、分類並運用人類日常語言的技術。

- **Nav tag（Nav 標籤）**：能夠設置網站內的導航區塊，可以用來連結到網站其他頁面，或者連結到網站外的網頁，例如主選單、頁尾選單等，能讓搜尋引擎把這個標籤內的連結視為重要連結。

- **Near Field Communication, NFC（近場通訊）**：是由 PHILIPS、NOKIA 與 SONY 共同研發的一種短距離非接觸式通訊技術，可在您的手機與其他 NFC 裝置之間傳輸資訊，例如手機、NFC 標籤或支付裝置，因此逐漸成為行動交易、行銷接收工具的最佳解決方案。

- **Network Economy（網路經濟）**：是一種分散式的經濟，帶來了與傳統經濟方式完全不同的改變，最重要的優點就是可以去除傳統中間化，降低市場交易成本，整個經濟體系的市場結構也出現了劇烈變化，這種現象讓自由市場更有效率地靈活運作。

- **Network Effect（網路效應）**：對於網路經濟所帶來的效應而言，有一個很大的特性就是產品的價值取決於其總使用人數，透過網路無遠弗屆的特性，一旦使用者數目跨過門檻，也就是越多人有這個產品，那麼它的價值自然越高，登時展開噴出行情。

- **New Visit（新造訪）**：沒有任何造訪紀錄的訪客，數字愈高表示廣告成功地吸引了全新的消費訪客。

- **Nofollow tag（Nofollow 標籤）**：由於連結是影響搜尋排名的其中一項重要指標，Nofollow 標籤就是用於向搜尋引擎表示目前所處網站與特定網站之間沒有關連，這個標籤是在告訴搜尋引擎，不要前往這個連結指向的頁面，也不要將這個連結列入權重。
- **Omni-Channel（全通路）**：全通路是利用各種通路為顧客提供交易平台，以消費者為中心的 24 小時營運模式，並且消除各個通路間的壁壘，以前所未見的速度與範圍連結至所有消費者，包括在實體和數位商店之間的無縫轉換，去真正滿足消費者的需要，提供了更客製化的行銷服務，不管是透過線上或線下都能達到最佳的消費體驗。
- **Online Analytical Processing ,OLAP（線上分析處理）**：可被視為是多維度資料分析工具的集合，使用者在線上即能完成的關聯性或多維度的資料庫（例如資料倉儲）的資料分析作業並能即時快速地提供整合性決策。
- **Online and Offline, ONO**：就是將線上網路商店與線下實體店面能夠高度結合的共同經營模式，從而實現線上線下資源互通，雙邊的顧客也能彼此引導與消費的局面。
- **Online Broker（線上仲介商）**：主要的工作是代表其客戶搜尋適當的交易對象，並協助其完成交易，藉以收取仲介費用，本身並不會提供商品，包括證券網路下單、線上購票等。
- **Online Community Provider, OCP（線上社群提供者）**：是聚集相同興趣的消費者形成一個虛擬社群來分享資訊、知識、甚或販賣相同產品。多數線上社群提供者會提供多種讓使用者互動的方式，可以為聊天、寄信、影音、互傳檔案等。
- **Online interacts with Offline, OIO**：就是線上線下互動經營模式，近年電商業者陸續建立實體據點與體驗中心，即除了電商提供網購服務之外，並協助實體零售業者在既定的通路基礎上，可以給予消費者與商品面對面接觸，並且為消費者提供交貨或者送貨服務，彌補了電商平台經營服務的不足。
- **Offline mobile Online, OMO 或 O2M**：更強調的是行動端，打造線上 - 行動 - 線下三位一體的全通路模式，形成實體店家、網路商城、與行動終端深入整合行銷，並在線下完成體驗與消費的新型交易模式。

- **Online Service Offline, OSO**：所謂 OSO（Online Service Offline）模式並不是線上與線下的簡單組合，而是結合 O2O 模式與 B2C 的行動電商模式，把用戶服務納入進來的新型電商運營模式即線上商城 + 直接服務 + 線下體驗。
- **Offline to Online（反向 O2O）**：從實體通路連回線上，消費者可透過在線下實際體驗後，透過 QR Code 或是行動終端連結等方式，引導消費者到線上消費，並且在線上平台完成購買並支付。
- **Online to Offline, O2O**：O2O 模式就是整合「線上（Online）」與「線下（Offline）」兩種不同平台所進行的一種行銷模式，也就是將網路上的購買或行銷活動帶到實體店面的模式。
- **On-Line Transaction Processing, OLTP（線上交易處理）**：是指經由網路與資料庫的結合，以線上交易的方式處理一般即時性的作業資料。
- **Organic Traffic（自然流量）**：指訪問者通過搜尋引擎，由搜尋結果進去你的網站的流量，通常品質是較好。
- **Page View, PV（頁面瀏覽次數）**：是指在瀏覽器中載入某個網頁的次數，如果使用者在進入網頁後按下重新載入按鈕，就算是另一次網頁瀏覽。簡單來說就是瀏覽的總網頁數。數字越高越好，表示你的內容被閱讀的次數越多。
- **Paid Search（付費搜尋流量）**：這類管道和自然搜尋有一點不同，它不像自然搜尋是免費的，反而必須付費的，例如 Google、Yahoo 關鍵字廣告（如 Google Ads 等關鍵字廣告），讓網站能夠在特定搜尋中置入於搜尋結果頁面，簡單的說，它是透過搜尋引擎上的付費廣告的點擊進入到你的網站。
- **Parallel Processing（平行處理）**：這種技術是同時使用多個處理器來執行單一程式，借以縮短運算時間。其過程會將資料以各種方式交給每一顆處理器，為了實現在多核心處理器上程式性能的提升，還必須將應用程式分成多個執行緒來執行。
- **PayPal**：是全球最大的線上金流系統與跨國線上交易平台，適用於全球 203 個國家，屬於 eBay 旗下的子公司，可以讓全世界的買家與賣家自由選擇購物款項的支付方式。

- **Pay Per Click, PPC（點擊數收費）**：就是一種依點擊數付費廣告方式，是指搜尋引擎的付費競價排名廣告推廣形式，就是按照點擊次數計費，不管廣告曝光量多少，沒人點擊就不用付錢，多數新手都會使用單次點擊出價。
- **Pay per Mille, PPM（廣告千次曝光費用）**：這種收費方式是以曝光量計費也，就是廣告曝光一千次所要花費的費用，就算沒有產生任何點擊，只要千次曝光就會計費，這種方式對商家的風險較大，不過最適合加深大眾印象，需要打響商家名稱的廣告客戶，並且可將廣告投放於有興趣客戶。
- **Pop-Up Ads（彈出式廣告）**：當網友點選連結進入網頁時，會彈跳出另一個子視窗來播放廣告訊息，強迫使用者接受，並連結到廣告主網站。
- **Portal（入口網站）**：是進入 WWW 的首站或中心點，它讓所有類型的資訊能被所有使用者存取，提供各種豐富個別化的服務與導覽連結功能。當各位連上入口網站的首頁，可以藉由分類選項來達到各位要瀏覽的網站，同時也提供許多的服務，諸如：搜尋引擎、免費信箱、拍賣、新聞、討論等，例如 Yahoo、Google、蕃薯藤、新浪網等。
- **Porter five forces analysis（五力分析模型）**：全球知名的策略大師麥可・波特（Michael E. Porter）於 80 年代提出以五力分析模型（Porter five forces analysis）作為競爭策略的架構，他認為有 5 種力量促成產業競爭，每一個競爭力都是為對稱關係，透過這五方面力的分析，可以測知該產業的競爭強度與獲利潛力，並且有效的分析出客戶的現有競爭環境。五力分別是供應商的議價能力、買家的議價能力、潛在競爭者進入的能力、替代品的威脅能力、現有競爭者的競爭能力。
- **Positioning（市場定位）**：是檢視公司商品能提供之價值，向目標市場的潛在顧客介紹商品的價值。品牌定位是 STP 的最後一個步驟，也就是針對作好的市場區隔及目標選擇，為企業立下一個明確不可動搖的層次與品牌印象。
- **Pre-roll（插播廣告）**：影片播放之前的插播廣告。
- **Private Cloud（私有雲）**：是將雲基礎設施與軟硬體資源建立在防火牆內，以供機構或企業共享數據中心內的資源。
- **Public Cloud（公用雲）**：是透過網路及第三方服務供應者，提供一般公眾或大型產業集體使用的雲端基礎設施，通常公用雲價格較低廉。

- **Publisher（出版商）**：平台上的個體，廣告賣方，例如媒體網站 Blogger 的管理者，以提供網站固定版位給予廣告主曝光。例如 Facebook 發展至今，已經成為網路出版商（Online Publishers）的重要平台。
- **Quick Response Code, QR Code**：是在 1994 年由日本 Denso-Wave 公司發明，利用線條與方塊所除了文字之外，還可以儲存圖片、記號等相關資訊。QR Code 連結行銷相關的應用相當廣泛，可針對不同屬性活動搭配不同的連結內容。
- **Radio Frequency IDentification, RFID（無線射頻辨識技術）**：是一種自動無線識別數據獲取技術，可以利用射頻訊號以無線方式傳送及接收數據資料，例如在所出售的衣物貼上晶片標籤，透過 RFID 的辨識，可以進行衣服的管理，例如全球最大的連鎖通路商 Wal-Mart 要求上游供應商在貨品的包裝上裝置 RFID 標籤，以便隨時追蹤貨品在供應鏈上的即時資訊。
- **Reach（觸及）**：一定期間內，用來記錄廣告至少一次觸及到了多少人的總數。
- **Real-time bidding, RTB（即時競標）**：即時競標為近來新興的目標式廣告模式，相當適合強烈網路廣告需求的電商業者，由程式瞬間競標拍賣方式，廣告購買方對某一個曝光出價，價高者得標，贏家的廣告會馬上出現在媒體廣告版位，可以提升廣告主的廣告投放效益。至於無得標（Zero Win Rate）則是在即時競價（RTB）中，沒有任何特定廣告買主得標的狀況。
- **Referral（參照連結網址）**：Google Analytics 會自動識別是透過第三方網站上的連結而連上你的網站，這類流量來源則會被認定為參照連結網址，也就是從其他網站到我們網站的流量。
- **Referral Traffic（推薦流量）**：其他網站上有你的網站連結，訪客透過點擊連結，進去你的網站的流量。
- **Relationship Marketing（關係行銷）**：是以一種建構在「彼此有利」為基礎的觀念，強調銷售是關係的開始，而非交易的結束，發展出了解顧客需求，而進行顧客服務，以建立並維持與個別顧客的關係，謀求雙方互惠的利益。
- **Repeat Visitor（重複訪客）**：訪客至少有一次或以上造訪紀錄。

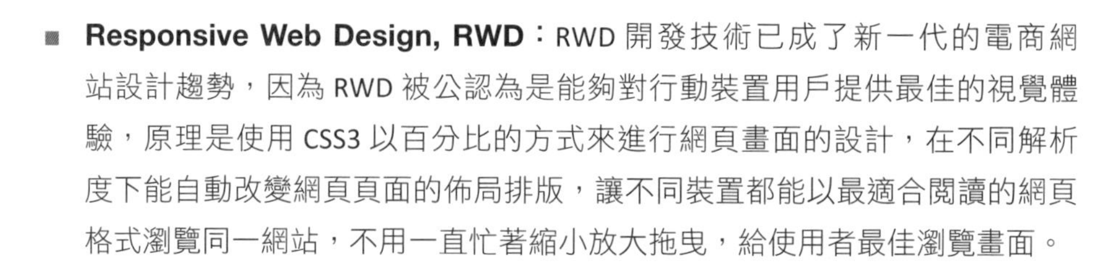

- **Responsive Web Design, RWD**：RWD 開發技術已成了新一代的電商網站設計趨勢，因為 RWD 被公認為是能夠對行動裝置用戶提供最佳的視覺體驗，原理是使用 CSS3 以百分比的方式來進行網頁畫面的設計，在不同解析度下能自動改變網頁頁面的佈局排版，讓不同裝置都能以最適合閱讀的網頁格式瀏覽同一網站，不用一直忙著縮小放大拖曳，給使用者最佳瀏覽畫面。

- **Retention time（停留時間）**：是指瀏覽者或消費者在網站停留的時間。

- **Return of Investment, ROI（投資報酬率）**：指通過投資一項行銷活動所得到的經濟回報，以百分比表示，計算方式為淨收入（訂單收益總額 – 投資成本）除以「投資成本」。

- **Return on Ad Spend, ROAS（廣告收益比）**：計算透過廣告所有花費所帶來的收入比率。

- **Revenue-per-mille, RPM（每千次觀看收益）**：代表每 1,000 次影片觀看次數，你所賺取的收益金額，RPM 就是為 Youtuber 量身訂做的制度，RPM 是根據多種收益來源計算而得，也就是 Youtuber 所有項目的總瀏覽量，包括廣告分潤、頻道會員、Premium 收益、超級留言和貼圖等等，主要就是概算出你每千次展示的可能收入，有助於你瞭解整體營利成效。

- **Revolving-door Effect（旋轉門效應）**：許多企業往往希望不斷的拓展市場，經常把焦點放在吸收新顧客上，卻忽略了手邊原有的舊客戶，如此一來，也就是費盡心思地將新顧客拉進來時，被忽略的舊用戶又從後門悄悄的溜走了。

- **Segmentation（市場區隔）**：是指任何企業都無法滿足所有市場的需求，應該著手建立產品的差異化，企業在經過分析市場的機會後，接著便在該市場中選擇最有利可圖的區隔市場，並且集中企業資源與火力，強攻下該市場區隔的目標市場。

- **Search Engine Results Page, SERP（搜尋結果頁面）**：是使用關鍵字，經搜尋引擎根據內部網頁資料庫查詢後，所呈現給使用者的自然搜尋結果的清單頁面，SERP 的排名是越前面越好。

- **Search Engine Marketing, SEM（搜尋引擎行銷）**：指的是與搜尋引擎相關的各種直接或間接行銷行為，由於傳播力量強大，吸引了許許多多網路行銷人員與店家努力經營。廣義來說，也就是利用搜尋引擎進行數位行銷的各種方法，包括增進網站的排名、購買付費的排序來增加產品的曝光機會、網站的點閱率與進行品牌的維護。

- **Search Engine Optimization, SEO（搜尋引擎最佳化）**：也稱作搜尋引擎優化，是近年來相當熱門的網路行銷方式，就是一種讓網站在搜尋引擎中取得 SERP 排名優先方式，終極目標就是要讓網站的 SERP 排名能夠到達第一。

- **Secure Electronic Transaction, SET（安全電子交易機制）**：由信用卡國際大廠 VISA 及 MasterCard，在 1996 年共同制定並發表的安全交易協定，並陸續獲得 IBM、Microsoft、HP 及 Compaq 等軟硬體大廠的支持，加上 SET 安全機制採用非對稱鍵值加密系統的編碼方式，並採用知名的 RSA 及 DES 演算法技術，讓傳輸於網路上的資料更具有安全性。

- **Secure Socket Layer, SSL（網路安全傳輸協定）**：於 1995 年間由網景（Netscape）公司所提出，是一種 128 位元傳輸加密的安全機制，目前大部分的網頁伺服器或瀏覽器，都能夠支援 SSL 安全機制。

- **Service Provider（服務提供者）**：是比傳統服務提供者更有價值、便利與低成本的網站服務，收入可包括訂閱費或手續費。例如翻開報紙的求職欄，幾乎都被五花八門分類小廣告佔領所有廣告版面，而一般正當的公司企業，除了偶爾刊登求才廣告來塑造公司形象外，大部分都改由網路人力銀行中尋找人才。

- **Session（工作階段）**：工作階段（Session）代表指定的一段時間範圍內在網站上發生的多項使用者互動事件；舉例來說，一個工作階段可能包含多個網頁瀏覽、滑鼠點擊事件、社群媒體連結和金流交易。當一個工作階段的結束，可能就代表另一個工作階段的開始。一位使用者可開啟多個工作階段。

- **Sharing Economy（共享經濟）**：這種模式正在日漸成長，共享經濟的成功取決於建立互信，以合理的價格與他人共享資源，同時讓閒置的商品和服務創造收益，讓有需要的人得以較便宜的代價借用資源。

- **Shopping Cart Abandonment, CTAR（購物車放棄率）**：是指顧客最後拋棄購物車的數量與總購物車成交數量的比例。

- **Six Degrees of Separation（六度分隔理論）**：哈佛大學心理學教授米爾格藍（Stanely Milgram）所提出的「六度分隔理論」（Six Degrees of Separation, SDS）運作，是說在人際網路中，要結識任何一位陌生的朋友，中間最多只要通過六個朋友就可以。換句話說，最多只要透過六個人，你就可以連結到全世界任何一個人。例如像 Facebook 類型的 SNS 網路社群就是六度分隔理論的最好證明。

- **Social Media Marketing（社群行銷）**：就是透過各種社群媒體網站，讓企業吸引顧客注意而增加流量的方式。由於大家都喜歡在網路上分享與交流，透過朋友間的串連、分享、社團、粉絲頁與動員令的高速傳遞，創造了互動性與影響力強大的平台，進而提高企業形象與顧客滿意度，並間接達到產品行銷及消費，所以被視為是便宜又有效的行銷工具。

- **Social Networking Service, SNS（社群網路服務）**：Web 2.0 體系下的一個技術應用架構，隨著各類部落格及社群網站（SNS）的興起，網路傳遞的主控權已快速移轉到網友手上，從早期的 BBS、論壇，一直到近期的部落格、Plurk（噗浪）、Twitter（推特）、Pinterest、Instagram、微博、Facebook 或 YouTube 影音社群，主導了整個網路世界中人跟人的對話。

- **Social、Location、Mobile, SoLoMo（SoLoMo 模式）**：是由 KPCB 合夥人約翰、杜爾（John Doerr）在 2011 年提出的一個趨勢概念，強調「在地化的行動社群活動」，主要是因為行動裝置的普及和無線技術的發展，讓 Social（社交）、Local（在地）、Mobile（行動）三者合一能更為緊密結合，顧客會同時受到社群（Social）、行動裝置（Mobile）、以及本地商店資訊（Local）的影響，稱為 SOMOLO 消費者。

- **Social Traffic（社交媒體流量）**：社交（Social）媒體是指透過社群網站的管道來拜訪你的網站的流量，例如 Facebook、IG、Google+，當然來自社交媒體也區分為免費及付費，藉由這些管量的流量分析，可以作為投放廣告方式及預算的決策參考。

- **Spam（垃圾郵件）**：網路上亂發的垃圾郵件之類的廣告訊息。

- **Spark**：Apache Spark，是由加州大學柏克萊分校的 AMPLab 所開發，是目前大數據領域最受矚目的開放原始碼（BSD 授權條款）計畫，Spark 相當容易上手使用，可以快速建置演算法及大數據資料模型，目前許多企業也轉而採用

Spark 做為更進階的分析工具，也是目前相當看好的新一代大數據串流運算平台。

- **Start Page（起始網頁）**：訪客用來搜尋您網站的網頁。
- **Stay at Home Economic（宅經濟）**：這個名詞迅速火紅，在許多報章雜誌中都可以看見它的身影，「宅男、宅女」這名詞是從日本衍生而來，指許多整天呆坐在家中看 DVD、玩線上遊戲等地消費群，在這一片不景氣當中，宅經濟帶來的「宅」商機卻創造出另一個經濟奇蹟，也為遊戲產業注入一股新的活水。
- **Streaming Media（串流媒體）**：是近年來熱門的一種網路多媒體傳播方式，它是將影音檔案經過壓縮處理後，再利用網路上封包技術，將資料流不斷地傳送到網路伺服器，而用戶端程式則會將這些封包一一接收與重組，即時呈現在用戶端的電腦上，讓使用者可依照頻寬大小來選擇不同影音品質的播放。
- **Structured Data（結構化資料）**：則是目標明確，有一定規則可循，每筆資料都有固定的欄位與格式，偏向一些日常且有重覆性的工作，例如薪資會計作業、員工出勤記錄、進出貨倉管記錄等。
- **Structured Schema（結構化資料）**：是指放在網站後台的一段 HTML 中程式碼與標記，用來簡化並分類網站內容，讓搜尋引擎可以快速理解網站，好處是可以讓搜尋結果呈現最佳的表現方式，然後依照不同類型的網站就會有許多不同資訊分類，例如在健身網頁上，結構化資料就能分類工具、體位和體脂肪、熱量、性別等內容。
- **Supply Chain（供應鏈）**：觀念源自於物流（Logistics），目標是將上游零組件供應商、製造商、流通中心，以及下游零售商上下游供應商成為夥伴，以降低整體庫存之水準或提高顧客滿意度為宗旨。
- **Supply Chain Management, SCM（供應鏈管理）**：此理論的目標是將上游零組件供應商、製造商、流通中心，以及下游零售商上下游供應商成為夥伴，以降低整體庫存之水準或提高顧客滿意度為宗旨。如果企業能作好供應鏈的管理，可大為提高競爭優勢，而這也是企業不可避免的趨勢。

- **Supply Side Platform, SSP（供應方平台）**：幫助網路媒體（賣方，如部落格、FB 等），託管其廣告位和廣告交易，就是擁有流量的一方，出版商能夠在 SSP 上管理自己的廣告位，可以獲得最高的有效展示費用。
- **SWOT Analysis（SWOT 分析）**：是由世界知名的麥肯錫咨詢公司所提出，又稱為態勢分析法，是一種很普遍的策略性規劃分析工具。當使用 SWOT 分析架構時，可以從對企業內部優勢與劣勢與面對競爭對手所可能的機會與威脅來進行分析，然後從面對的四個構面深入解析，分別是企業的優勢（Strengths）、劣勢（Weaknesses）、與外在環境的機會（Opportunities）和威脅（Threats），就此四個面向去分析產業與策略的競爭力。
- **Target Audience, TA（目標受眾）**：又稱為目標顧客，是一群有潛在可能會喜歡你品牌、產品或相關服務的消費者，也就是一群「對的消費者」。
- **Targeting（市場目標）**：是指完成了市場區隔後，我們就可以依照我們的區隔來進行目標的選擇，把這適合的目標市場當成你的最主要的戰場，將目標族群進行更深入的描述，設定那些最可能族群，從中選擇適合的區隔做為目標對象。
- **Target Keyword（目標關鍵字）**：就是網站確定的主打關鍵字，也就是網站上目標使用者搜索量相對最大與最熱門的關鍵字，會為網站帶來大多數的流量，並在搜尋引擎中獲得排名的關鍵字。
- **The Long Tail（長尾效應）**：克裡斯·安德森（Chris Anderson）於 2004 年首先提出長尾效應（The Long Tail）的現象，也顛覆了傳統以暢銷品為主流的觀念，過去一向不被重視，在統計圖上像尾巴一樣的小眾商品，因為全球化市場的來臨，即眾多小市場匯聚成可與主流大市場相匹敵的市場能量，可能就會成為具備意想不到的大商機，足可與最暢銷的熱賣品匹敵。
- **The Sharing Economy（共享經濟）**：這樣的經濟體系是讓個人都有額外創造收入的可能，就是透過網路平台所有的產品、服務都能被大眾使用、分享與出租的概念，例如類似計程車「共乘服務」（Ride-sharing Service）的 Uber。
- **The Two Tap Rule（兩次點擊原則）**：一旦你打開你的 APP，如果要點擊兩次以上才能完成使用程序，就應該馬上重新設計。

- **Third-Party Payment（第三方支付）**：就是在交易過程中，除了買賣雙方外由具有實力及公信力的「第三方」設立公開平台，做為銀行、商家及消費者間的服務管道代收與代付金流，就可稱為第三方支付。第三方支付機制建立了一個中立的支付平台，為買賣雙方提供款項的代收代付服務。

- **Traffic（流量）**：是指該網站的瀏覽頁次（Page view）的總合名稱，數字愈高表示你的內容被點擊的次數越高。

- **Trueview（真實觀看）**：通常廣告出現 5 秒後便可以跳過，但觀眾一定要看滿 30 秒才有算有效廣告，這種廣告被稱為「Trueview」（真實觀看），YouTube 會向廣告主收費後，才會分潤給 Youtuber。

- **Trusted Service Manager, TSM（信任服務管理平台）**：是銀行與商家之間的公正第三方安全管理系統，也是一個專門提供 NFC 應用程式下載的共享平台，主要負責中間的資料交換與整合，在台灣建立 TSM 平台的業者共有四家，商家可向 TSM 請款，銀行則付款給 TSM。

- **Ubiquinomics（隨經濟）**：盧希鵬教授所創造的名詞，是指因為行動科技的發展，讓消費時間不再受到實體通路營業時間的限制，行動通路成了消費者在哪裡，通路即在哪裡，消費者隨時隨處都可以購物。

- **Ubiquity（隨處性）**：能夠清楚連結任何地域位置，除了隨處可見的行銷訊息，還能協助客戶隨處了解商品及服務，滿足使用者對即時資訊與通訊的需求。

- **Unstructured Data（非結構化資料）**：是指那些目標不明確，不能數量化或定型化的非固定性工作、讓人無從打理起的資料格式，例如社交網路的互動資料、網際網路上的文件、影音圖片、網路搜尋索引、Cookie 紀錄、醫學記錄等資料。

- **Upselling（向上銷售、追加銷售）**：鼓勵顧客在購買時是最好的時機進行追加銷售，能夠銷售出更高價或利潤率更高的產品，以獲取更多的利潤。

- **Unique Page view（不重複瀏覽量）**：是指同一位使用者在同一個工作階段中產生的網頁瀏覽，也代表該網頁獲得至少一次瀏覽的工作階段數（或稱拜訪次數）。

- **Unique User, UV（不重複訪客）**：在特定的時間內時間之內所獲得的不重複（只計算一次）訪客數目，如果來造訪網站的一台電腦用戶端視為一個不重複訪客，所有不重複訪客的總數。
- **Uniform Resource Locator, URL（全球資源定址器）**：主要是在 WWW 上指出存取方式與所需資源的所在位置來享用網路上各項服務，也可以看成是網址。
- **User（使用者）**：在 GA 中，使用者指標是用識別使用者的方式（或稱不重複訪客），所謂使用者通常指同一個人，「使用者」指標會顯示與所追蹤的網站互動的使用者人數。例如如果使用者 A 使用「同一部電腦的相同瀏覽器」在一個禮拜內拜訪了網站 5 次，並造成了 12 次工作階段，這種情況就會被 Google Analytics 紀錄為 1 位使用者、12 次工作階段。
- **User Generated Content, UCG（使用者創作內容）**：是代表由使用者來創作內容的一種行銷方式，這種聚集網友創作來內容，也算是近年來蔚為風潮的內容行銷手法的一種。
- **User Interface, UI（使用者介面）**：是一種虛擬與現實互換資訊的橋樑，以浩瀚的網際網路資訊來說，UI 是人們真正會使用的部分，它算是一個工具，用來和電腦做溝通，以便讓瀏覽者輕鬆取得網頁上的內容。
- **User Experience, UX（使用者體驗）**：著重在「產品給人的整體觀感與印象」，這印象包括從行銷規劃開始到使用時的情況，也包含程式效能與介面色彩規劃等印象。所以設計師在規劃設計時，不單只是考慮視覺上的美觀清爽而已，還要考慮使用者使用時的所有細節與感受。
- **Urchin Tracking Module, UTM**：UTM 是發明追蹤網址成效表現的公司縮寫，作法是將原本的網址後面連接一段參數，只要點擊到帶有這段參數的連結，Google Analytics 都會記錄其來源與在網站中的行為。
- **Video On Demand, VOD（隨選視訊）**：是一種嶄新的視訊服務，使用者可不受時間、空間的限制，透過網路隨選並即時播放影音檔案，並且可以依照個人喜好「隨選隨看」，不受播放權限、時間的約束。
- **Viral Marketing（病毒式行銷）**：身處在數位世界，每個人都是一個媒體中心，可以快速的自製並上傳影片、圖文，行銷如病毒般擴散，並且一傳十、十傳百地快速轉寄這些精心設計的商業訊息，病毒行銷要成功，關鍵是內容必須在「吵雜紛擾」的網路世界脫穎而出，才能成功引爆話題。

- **Virtual Hosting（虛擬主機）**：是網路業者將一台伺服器分割模擬成為很多台的「虛擬」主機，讓很多個客戶共同分享使用，平均分攤成本，也就是請網路業者代管網站的意思，對使用者來說，就可以省去架設及管理主機的麻煩。

- **Virtual Reality Modeling Language, VRML（虛擬實境技術）**：是一種程式語法，主要是利用電腦模擬產生一個三度空間的虛擬世界，提供使用者關於視覺、聽覺、觸覺等感官的模擬，利用此種語法可以在網頁上建造出一個 3D 的立體模型與立體空間。VRML 最大特色在於其互動性與即時反應，可讓設計者或參觀者在電腦中就可以獲得相同的感受，如同身處在真實世界一般，並且可以與場景產生互動，360 度全方位地觀看設計成品。

- **Visibility（廣告能見度）**：廣告的能見度就是指廣告有沒有被網友給看到，也就是確保廣告曝光的有效性，例如以 IAB/MRC 所制定的基準，是指影音廣告有 50% 在持續播放過程中至少可被看見兩秒。

- **Voice Assistant（語音助理）**：就是依據使用者輸入的語音內容、位置感測而完成相對應的任務或提供相關服務，讓你完全不用動手，輕鬆透過說話來命令機器打電話、聽音樂、傳簡訊、開啟 App、設定鬧鐘等功能。

- **Virtual Youtuber, Vtuber（虛擬頻道主）**：他們不是真人，而是以虛擬人物（如動畫、卡通人物）來進行 Youtube 平台相關的影音創作與表現。

- **Web Analytics（網站分析）**：所謂網站分析就是透過網站資料的收集，進一步作為種網站訪客行為的研究，接著彙整成有用的圖表資訊，透過這些所得到的資訊與關鍵績效指標來加以判斷該網站的經營情況，以作為網站修正、行銷活動或決策改進的依據。

- **Webinar**：是指透過網路舉行的專題討論或演講，稱為「網路線上研討會」（Web Seminar 或 Online Seminar），目前多半可以透過社群平台的直播功能，提供演講者與參與者更多互動的新式研討會。

- **Website（網站）**：就是用來放置網頁（Page）及相關資料的地方，當我們使用工具設計網頁之前，必須先在自己的電腦上建立一個資料夾，用來儲存所設計的網頁檔案，而這個檔案資料夾就稱為「網站資料夾」。

- **White hat SEO（白帽 SEO）**：所謂白帽 SEO（White hat SEO）是腳踏實地來經營 SEO，也就是以正當方式優化 SEO，核心精神是只要對用戶有實質幫助的內容，排名往前的機會就能提高，例如加速網站開啟速度、選擇適合的關鍵字、優化使用者體驗、定期更新貼文、行動網站優先、使用較短的 URL 連結等。
- **Widget Ad**：是一種桌面的小工具，可以在電腦或手機桌面上獨立執行，讓店家花極少的成本，就可迅速匯集超人氣，由於手機具有個人化的優勢，算是目前市場滲透率相當高的行銷裝置。
- **Youtuber（頻道主）**：所謂 YouTuber，是指經營 YouTuber 頻道的影音內容創作者，或稱為頻道主、直播主或實況主。

讀者回函

讀者回函

GIVE US A PIECE OF YOUR MIND

感謝您購買本公司出版的書，您的意見對我們非常重要！由於您寶貴的建議，我們才得以不斷地推陳出新，繼續出版更實用、精緻的圖書。因此，請填妥下列資料(也可直接貼上名片)，寄回本公司(免貼郵票)，您將不定期收到最新的圖書資料！

購買書號： **書名：**

姓　　名：________________

職　　業：□上班族　□教師　□學生　□工程師　□其它

學　　歷：□研究所　□大學　□專科　□高中職　□其它

年　　齡：□10~20　□20~30　□30~40　□40~50　□50~

單　　位：________________ 部門科系：________________

職　　稱：________________ 聯絡電話：________________

電子郵件：________________

通訊住址：□□□ ________________

____

您從何處購買此書：

□書局________ □電腦店________ □展覽________ □其他________

您覺得本書的品質：

內容方面：□很好　□好　□尚可　□差

排版方面：□很好　□好　□尚可　□差

印刷方面：□很好　□好　□尚可　□差

紙張方面：□很好　□好　□尚可　□差

您最喜歡本書的地方：________________

您最不喜歡本書的地方：________________

假如請您對本書評分，您會給(0~100分)：________ 分

您最希望我們出版那些電腦書籍：

請將您對本書的意見告訴我們：

您有寫作的點子嗎？□無　□有　專長領域：________________

歡迎您加入博碩文化的行列哦！

✂請沿虛線剪下寄回本公司

Give Us a Piece Of Your Mind

博碩文化網站　http://www.drmaster.com.tw

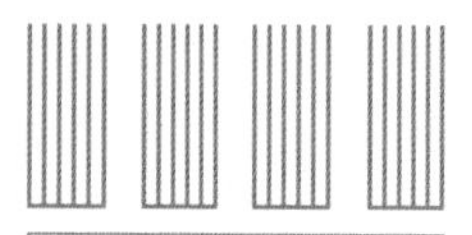

廣告回函
台灣北區郵政管理局登記證
北台字第4647號
印刷品・免貼郵票

221

博碩文化股份有限公司 產品部

新北市汐止區新台五路一段112號10樓A棟

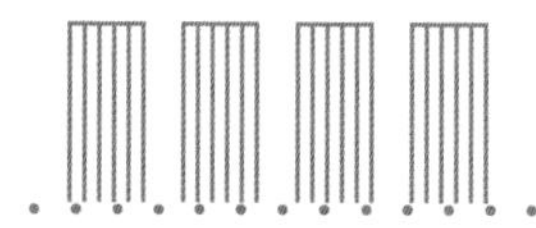

如何購買博碩書籍

全省書局

請至全省各大書局、連鎖書店、電腦書專賣店直接選購。

（書店地圖可至博碩文化網站查詢，若遇書店架上缺書，可向書店申請代訂）

信用卡及劃撥訂單（優惠折扣85折，未滿1,000元請加運費80元）

請於劃撥單備註欄註明欲購之書名、數量、金額、運費，劃撥至

帳號：17484299 戶名：博碩文化股份有限公司，並將收據及

訂購人連絡方式傳真至(02)26962867。

線上訂購

請連線至「博碩文化網站 http://www.drmaster.com.tw」，於網站上查詢

優惠折扣訊息並訂購即可。